CHACHE CAOZUOGONG

PEIXUN JIAOCHENG

叉车操作工

培训教程

● 徐州宏昌工程机械职业培训学校　组织编写

● 李 宏　主编

● 李 波　张钦良　副主编

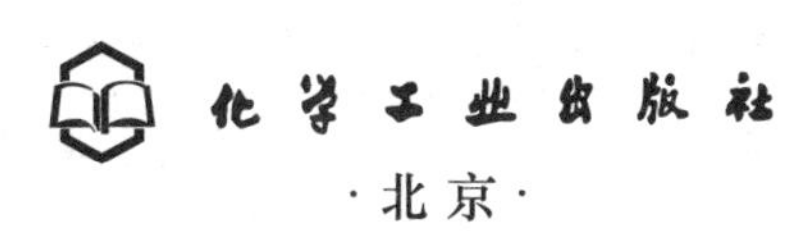

化学工业出版社

·北京·

全书从叉车驾驶培训的实际需要出发，注重培养学生的驾驶和作业过程中的操作能力，并介绍了叉车基本机构以及常见故障诊断与维修知识。其主要内容包括操作技术部分和维护保养部分，操作技术部分主要讲述叉车基本常识、安全驾驶注意事项和驾驶作业技术；维护保养部分主要讲述发动机、底盘、工作装置、电气系统在使用过程中的基本知识，以及常见的一般故障诊断与维修等。

本书内容通俗易懂，图文并茂，形式新颖活泼，突出了理论与实践的结合，体现了科学性和实用性。

本书可作为职业院校叉车驾驶教学和社会培训的教材。

图书在版编目（CIP）数据

叉车操作工培训教程/李宏主编. —北京：化学工业出版社，2008.7（2023.5重印）
ISBN 978-7-122-03215-7

Ⅰ.叉… Ⅱ.李… Ⅲ.叉车-技术培训-教材 Ⅳ.TH242

中国版本图书馆CIP数据核字（2008）第097365号

责任编辑：张兴辉　　装帧设计：刘丽华
责任校对：蒋　宇

出版发行：化学工业出版社（北京市东城区青年湖南街13号　邮政编码100011）
印　　装：三河市延风印装有限公司
850mm×1168mm　1/32　印张10¾　字数290千字
2023年5月北京第1版第18次印刷

购书咨询：010-64518888　　售后服务：010-64518899
网　　址：http://www.cip.com.cn
凡购买本书，如有缺损质量问题，本社销售中心负责调换。

定　　价：35.00元　

前言

当前，工程机械行业发展迅速，国内各种工程机械（挖掘机、装载机、起重机、叉车等）的拥有量日渐增多，社会急切需要大批量的工程机械操作工。为了满足中等职业技术学校工程机械专业教学以及企业工程机械驾驶培训的需要，我们在总结以往装载机驾驶教学培训经验的基础上，收集、整理已有的教材资料，组织编写了《叉车操作工培训教程》一书。

本教程从叉车操作工的需要出发，注重培养学生的驾驶和作业过程中的操作能力，并介绍了叉车基本机构以及常见故障诊断与维修知识。其主要内容包括操作技术部分和维护保养部分，操作技术部分主要讲述叉车基本常识、安全驾驶注意事项和驾驶作业技术；维护保养部分主要讲述发动机、底盘、工作装置、电气系统在使用过程中的基本知识，以及常见的一般故障诊断与维修等。本书在编写过程中文字力求通俗易懂，图文并茂，形式新颖活泼，克服了传统培训教材理论内容偏深、偏多、抽象的弊端，突出了理论与实践的结合。让学员既学到真本领又可应对技能鉴定考试，体现了科学性和实用性。

本教程由李宏主编，李波、张钦良副主编，参与编写的还有徐州宏昌工程机械职业培训学校的齐墩建、李峥、程学冲、周莉、王勇以及其他一些教师、驾驶教练等。

本教程的编写征求了从事叉车职业培训、维修和驾驶人员的宝贵意见，在此表示衷心的感谢！

鉴于编者能力有限，书中不当之处在所难免，敬请广大读者批评指正。

主编

目录

第1章　叉车基础知识

1.1 概述

叉车是起重运输机械中发展较晚的一个机种，世界上第一台叉车是由美国克拉克公司在1932年投放市场的，随后得到了迅速的发展，特别是第二次世界大战后，欧美各国的叉车品种和产量急剧上升。目前叉车产量较大的几个国家是美国、日本、德国、英国和保加利亚。

我国的电瓶叉车生产于1954年，内燃叉车生产于1958年。目前国内叉车制造的品种、机型很多，就其起重量来说，0.5～50t的叉车国内都能制造。自从我国改革开放以来，引进和开发了新技术、新装置，在叉车上采用液压转向、液力变矩器、常啮合齿轮液压挂挡变速器、行星式轮边减速器、选用高强度和宽视野门架等，使操作简便省力，机动性强，安全可靠，提高了作业效率。

1.1.1　叉车的功能

叉车又称为万能装卸机、自动装载机、自动升降机等，它是无轨流动的起重运输机械。叉车是实现成件货物和散装物料机械化装卸、堆垛和短途运输的高效率工作车辆，广泛用于国民经济各部门。适用于车站、码头、机场、仓库、工地、货厂和工矿企业，是现代化企业必备的装卸机械。

叉车的使用促进了托盘运输和集装箱搬运的发展，带来了搬运革命，使用叉车的效果表明：

① 减轻劳动强度、节约劳动力。一台叉车可以代替8～15个装卸工人。

② 缩短作业时间、提高作业效率，加速车船的周转。

③ 提高仓库容积的利用率，促进多层货架和高层仓库的发展，容积利用系数可提高40%。

④ 减少货物破损、提高作业的安全性、可靠性。

1.1.2 类型

叉车的类型很多，且分类方法有所不同。

根据货叉位置的不同可分为：

① 直叉式叉车。它是使用较多的叉车类型。直叉式又称为平衡重式，它的货叉装在叉车前部；由于货叉伸出在前轮轴线以外，为了平衡货物重量产生的倾覆力矩，在叉车后部装有平衡配重，以保持叉车稳定性。

② 侧式叉车：它的货叉装在叉车一侧。

叉车根据其动力装置的不同可分为：

① 电瓶（蓄电池）叉车。

② 内燃叉车。内燃叉车的发动机又分为汽油机和柴油机（一般起重量在5t以上）两种。内燃叉车的传动方式分为机械传动、液力传动和全液压传动三种。

1.1.3 特点

叉车的使用特点有如下几点：

① 在起升车辆中叉车的机动性和牵引性能最好、充气轮胎的内燃叉车可在室内外作业，电瓶叉车则适合在室内作业。

② 叉车常用起升高度在2～4m之间，有的起升高度可达到8m，叉车方便在车站、码头装卸物资，也有在工地和企业的车间内外搬运机件。

③ 叉车的作业生产率在起升车辆中最高，它的行驶速度、起升速度爬坡能力也最强，在选用起升车辆时可优先考虑。

④ 叉车主要用于装卸作业，也可在50m左右的距离做搬运作业。

⑤ 叉车可带各种辅具，以扩大其用途。它们的具体定义、应用和图示如表1-1所示。

表1-1 常见几种类型电动叉车的主要用途

序号	名称	定义	主要用途	图示
1	平衡重式叉车	具有载货的货叉，货物相对于前轮呈悬臂状态，依靠叉车的自重来平衡的轮式机械	用于成件物资的装卸、堆拆垛和物资的短距离搬运	
2	侧面式叉车	货叉或门架相对于运行方向能横向伸出和缩回，进行侧面堆垛或拆垛作业的叉车	可用于长件物资，在较小空间内进行装卸、堆拆垛和物资的短距离搬运	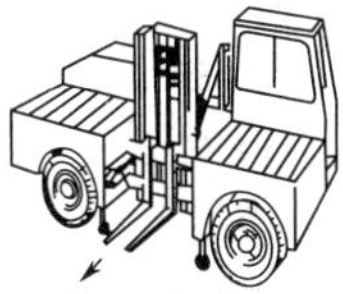
3	插腿式叉车	车体前两条外伸的车轮支腿作业时跨在货物两侧，货叉位于支腿之间，使货物重心总是处于车辆支撑面内的堆垛用起升车辆	用于在较小空间内进行装卸、堆拆垛和物资的短距离搬运	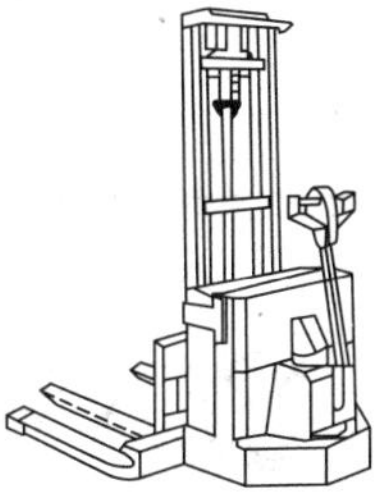
4	前移式叉车	前移时使货叉上承载的货物相对于前轮呈悬臂状态的堆垛用起升车辆	用于在较小空间内进行装卸、堆拆垛和物资的短距离搬运	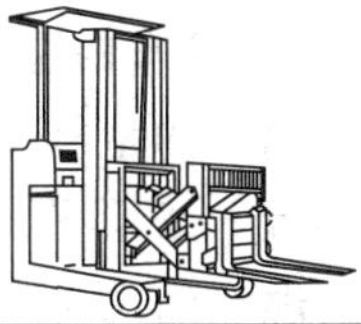
5	随车携行式叉车	利用自身动力装上运输车或固定在运输车辆的后面，进行伴随保障的叉车	具有叉车的各项功能，并可实施伴随保障，随行速度高	
6	拣选车	操作者可随操作台及承载的货叉或平台一同起升，在货架中拣选存取货物	主要用于库内货架间工作	

续表

序号	名　　称	定　　义	主要用途	图　　示
7	侧向堆垛式叉车	门架正向布置，货叉可在车辆横向的一侧或两侧进行堆垛作业的起升车辆	要用于侧向堆垛	
8	三向堆垛式叉车	门架正向布置，货叉可在车辆正向及横向两侧进行堆垛作业的起升车辆	可用于多向的堆、码垛作业	

1.2 叉车的型号与技术规格

1.2.1 叉车的型号

叉车的型号编制方法是：第一位用字母 C 表示叉车；第二位用字母 P 表示平衡重式；第三位用字母表示动力装置，即用 Q 表示内燃汽油叉车，用 C 表示内燃柴油叉车，用 D 表示动力装置为蓄电池（电瓶）动力形式；字母后面的数字表示额定起重量。以 CPQ3 型 3t 平衡重式叉车为例说明如下：

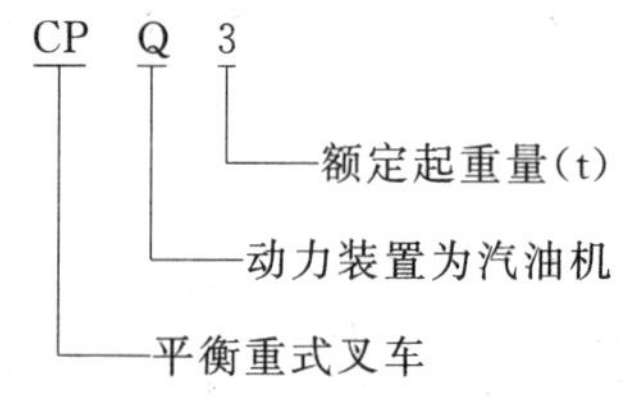

1.2.2 叉车的主要性能参数

电动叉车的技术参数主要表明叉车的性能和结构特征，包括

表 1-2 电动叉车主要技术参数

主要技术参数		单 位	型 号		
			CPD04	CPD1	CPD3
额定起重量		t	0.4	1	3
载荷中心距		mm	350	500	500
最大起升高度		mm	2500	3000	3000
最大起升速度		mm/s	6.2	18	23
最高行驶速度(满载)		km/h	7	11	25
门架倾角			3°/10°	6°12°	6°12°
最小转弯半径(外侧)		mm	1120	1700	2275
最大爬坡度(满载)		%	10	10	15
最小离地间隙		mm	80	100	110
轴距		mm	822	1150	1600
轮距	前轮	mm	675	880	1010
	后轮	mm	471	880	960
行驶电动机	功率	kW	1.35	4.5	10
	电压	V	24	48	48
	转速	r/min	1730	1300/1500	
油泵	类型		CBF-E14	CBF-E18	
	工作压力	MPa	14	16	
	额定流量	L/min	14	18	
油泵电动机	功率	kW	1.35	8	10
	电压	V	24	48	48
	转速	r/min	1730	1500	
蓄电池组	电池数	个	12	24	24
	容量	A	350	350	480
	总电压	V	24	48	48
自重		kg	1310	2500	4700

电动叉车的性能参数、尺寸参数和质量参数等。其中，性能参数有：额定起重量、实际起重量、载荷中心距、最大起升高度、最大起升速度、门架倾角、最大运行速度、最小转弯半径、最大爬坡度、最小离地间隙、最小通道宽度等；尺寸参数有：轴距、前后轮距、外形尺寸等；质量参数有：自重、桥负荷、挂钩牵引力等。常用电动叉车的额定起重量（t）有：0.4、0.5、1.0、1.5、2.0、2.5、3.0、4.0、5.0、6.0 等。电动叉车的主要技术参数如表 1-2 所示。

1.3 叉车的整体结构

叉车的典型结构（主要组成部分）如图 1-1 所示。

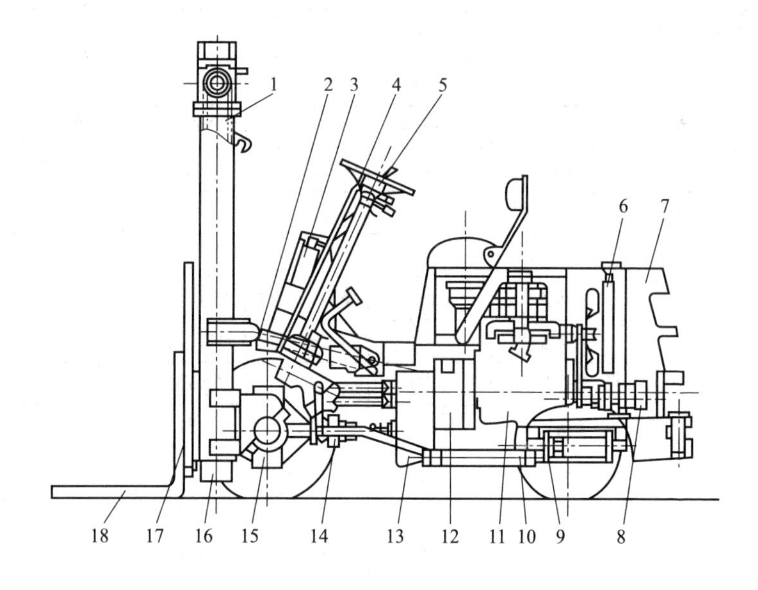

图 1-1　叉车典型结构（内燃机动力）

1—提升液压缸；2—倾斜液压缸；3—多路换向阀（分配器）；4—变速杆；5—转向盘；6—散热器；7—平衡重；8—液压泵；9—转向桥；10—转向助力器；11—发动机；12—离合器或变矩器；13—变速器；14—手制动器；15—驱动桥；16—门架；17—货叉架；18—货叉

叉车结构中一般由四个轮组成，叉车支架支承大多数采用水平铰联车架，如图1-2所示。当车架倾斜碰到挡块时成为四支点，四支点叉车横向稳定性好。

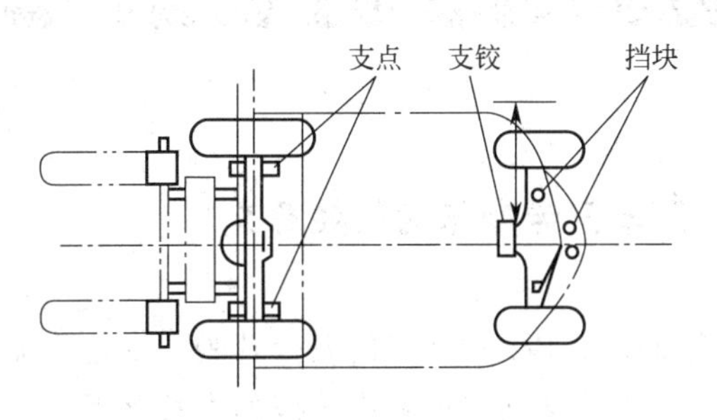

图1-2　叉车支架支承形式

内燃叉车的主要组成有：

① 发动机　它是叉车的动力装置，作用是将热能转换为机械能。发动机产生的动力由曲轴输出，并通过传动装置驱动叉车行驶或驱动液压泵工作，完成叉取、堆码货物等作业。

② 传动装置　包括离合器、变速器、主传动器、差速器、半轴等部分。传动装置的作用是将发动机输出的动力传递给液压泵和驱动车轮，实现叉车的升降，倾斜和行驶。

③ 操作装置　包括转向机构和制动系统两部分。基本作用是改变叉车的行驶方向，降低运行速度或迅速停车，以保证装卸作业的安全需要。

④ 工作装置　包括内外门架、叉架、货叉、提升链条、滚轮、滑轮等部分。其作用是用来叉取、升降或堆码货物。

⑤ 液压系统　包括油箱、液压泵、分配器、提升液压缸、倾斜液压缸。用以实现货物的升降、倾仰等动作。

⑥ 电气系统　包括电源部分和用电部分。主要有蓄电池、发电机、启动电动机、点火装置、照明装置和喇叭等。

第2章　叉车安全注意事项

2.1　叉车安全操作的重要意义

叉车的安全操作主要指叉车的安全驾驶、安全作业以及对叉车安全维护三个方面，从叉车使用中造成的事故来看，它一般涉及到人（驾驶员、装卸工、行人）、车（双方车辆）、道路环境以及三者综合因素。一般情况下驾驶员是造成事故的重要原因，负直接责任的要占70%以上。

操纵是经过人介于车辆与作业环境之间实现的，控制和驾驶车辆的操纵装置构成了人-机控制系统。人的心理、生理、感情和对外界环境和信息的反映、判断、处理，直接影响着行车安全。就是人在人机控制系统中，驾驶人员作为人机控制系统的中枢而存在，人的操纵特性直接控制着人机控制系统的安全运行。

驾驶人员所驾驶的车辆在道路上行驶时，从车外环境和车内环境获得信息情报，由视觉、听觉、触觉及压觉等感觉器官通过神经系统传递到大脑中枢器官。当驾驶人员经过思考判断做出意志决定后，由神经系统传递到效果器（手、脚等运动器官），从而操纵车辆行驶。如果在行驶过程中效果器在反应上发生了偏差，这时信息刺激又返回到中枢神经进行修正，这种返回叫做反馈，使车辆达到按照驾驶人员的意志行驶。

在上述人-机调节系统的过程中，驾驶人员是作为运动着的机动车的中枢而存在；所以驾驶人员的意志、欲望、感情、情绪、疲劳程度、身体条件、疾病、酒精、药物等，对人-机调节系统有着重要的影响，也就是说驾驶人员的操纵特性与行车安全有着极为密切的关系。

2.1.1　行车驾驶员心理活动的基本规律

驾驶员在行车中，随时都注视着车前周围环境和车内一些情况的变化，分分秒秒都在进行着心理活动。当驾驶员发现外界刺激信息时（即出现险情时），一般都要在0.5～1s钟内迅速作出正确的判断，采取响应的措施，使车辆正常行驶。驾驶员的心理活动规律是：发现外界刺激信息→经过大脑的分析和综合、判断和推理→最后做出行动的对策。注意力与刺激信息有密切的关系，注意力越强，越能够捕捉到外界微弱的信息。所以注意力是接受外界信息的前提，驾驶员的行动对策是对信息的分析、综合、判断、推理的结果。

2.1.2　注意

所谓注意是人的心理活动对客体的指向和集中。指向性是心理活动的选择性。由于这种选择性，人在同一时间内只反映客观事物中某些事物。集中性指心理活动深入人于某些事物而撇开其他事物。由于注意，可以使事物在人脑海中获得最清晰和最完全的反映。没被注意的事物，就感知得比较模糊了。

注意对人有巨大的意义。它能使人及时地集中自己的心理活动，以便清晰、迅速、深刻地反映客观事物，同时提高观察、记忆、想象、思维等能力，搞好企业内的交通安全。

注意一般有以下几种形式。

（1）无意注意

这是一种不受人的意志支配，形式比较低级的注意。例如在你操作时，路边突然有两个人吵了起来，引起了你的注意。操作时巨大的声响、新奇的事物等都能引起驾驶员的注意，这就属于无意注意。无意注意既无特别目的，也不需主观努力。一般情况下，驾驶员在操作时，车外环境千变万化，各种强烈刺激也都很多，如果不能控制自己而成了无意注意的奴隶，操作时东张西望，那是非常容易出事的。另外，只要是驾驶员感兴趣的事物，很容易引起无意注意。例如在驾驶室乘坐的同志偶然谈起今晚电视有球赛，如果驾驶员是一位球迷的话，他的注意一下子就会被吸引过来，引起他思想上开小差，这就是事故苗子。所以驾驶作安全规程明文规定，行车

期间不应与驾驶员交谈。

（2）有意注意

有意注意是指有自觉目的，必要时还需一定努力的注意。人的有意注意是在生活实践中发展起来的。例如叉车驾驶员在行驶时必须留心调车员的信号，考试前用心记忆安全规则等，这些都是有目的、有意识的注意。即使疲倦了还要强迫自己去注意，所以要求一定经过主观努力，这样的注意便是有意注意。引起有意注意的事物，并不一定强烈或新奇。之所以引起驾驶员的有意注意，是因为它与安全驾驶有关。例如发动机的响声，驾驶员天天听，时时听，早已没有什么新奇可言，但是因为从声响变化中可以了解发动机运转情况，与机动车的安全行驶安全作业有关，所以仍然引起了驾驶员的有意注意。

无意注意可以变为有意注意。例如去看一辆新车时，只是一种无意注意。但当把这部机器交给你时，为了掌握它的各种性能，再去观察研究新车时，就变为有意注意了。要真正学一些本领，能够在驾驶中保持高度的精力，都要靠有意注意。不过驾驶中光靠有意注意是不行的，驾驶员容易疲倦。还必须用眼睛的余光去观察机动车的仪表等，使两种注意不断交替转化，可以使注意长期保持在一个思路上，我们驾驶操作时，就要设法让两种注意不断交替，从而能持久地把注意集中在驾驶上。

（3）注意力的集中

注意力的集中是指人的心理活动只集中在一个目标上。驾驶员的注意如果真正集中了的话，那么，他的注意就只倾注于一个对象——开车。当汽车在能见度低的情况下，驶向红绿灯或没有交通管理的交叉路口时，驾驶员的注意力需要高度集中，这时，他支配注意的范围与他当前的工作是密切相关的。

企业内交通运输工作与其他工作相比，更需要时时刻刻集中注意。车子在运动时，车内外环境瞬息万变，只要思想稍微开一下小差，就有可能出事。不过，要求驾驶员长时间毫无动摇地把注意集中在一个对象上，也是不现实的。据研究表明，当驾驶员把注意力

集中在一个对象上，注意实际上也发生周期性的动摇，即一会儿注意，一会儿不注意。

我们说的注意力集中是指驾驶员操作时始终把注意力集中在驾驶活动上，一会观察仪表、一会注视前方、一会注意倾听发动机声音，这些都是驾驶活动，不但允许也是应该的。只有这样，才能使注意力更加集中。

驾驶员要善于从熟悉的、单调的环境中发现新内容、新变化，以增强自己的注意力，保持注意的稳定性与集中性。

（4）注意力分配

注意力分配是指同一时间内完成几个动作的能力。例如，机动车在坡路起步时，学习驾驶员要同时完成松手闸、踩离合器和油门这三个操作，开始时就很难做到得心应手地支配自己的注意力，更不用说一边听教练指导，一边观察周围的情况了。也只有随着动作的高度熟悉，才能学会支配注意力。要做到这一点，不同的人要有不同训练量。如果驾驶员对自己的每种动作都具有迅速地、容易地、准确无误地支配注意力的能力，那他就属于支配注意型的人，能达到这一点对安全是很重要的。

此外，注意力的分配要求必须是这几个动作有一定关联。如果几种活动、几个动作彼此毫无联系，那分配注意力就比较困难。例如驾驶员与心算数学题，便是毫不相干的事，很难做到既注意心算、又注意驾驶。越是没有关联的事情，对安全行车越不利，因为这种情况下，你的大脑机制是在为操作以外的事情工作，而操作只是重复过去的熟悉动作而已。相似于只会几个动作的“机器人”，一遇到突然情况，惊醒你的大脑后，会吓一跳。所以，作为一名驾驶员必须学会养成一进驾驶室就注意工作的习惯，上班前应把私事处理完毕，以免上车后还牵肠挂肚，分散注意。

（5）注意的转移

所谓注意的转移就是根据工作任务的需要，把注意的对象从一种转移到另一种。上班前在聚精会神地下棋，需要出车的时候，就要立即把注意力由下棋转移到开车上，不再考虑下棋的事，这就是注意的

转移。操作时视觉从这块仪表转移到另一块仪表，又转移到注视前方，观察左右，都属于注意的转移。可见，注意的转移与注意的分散不同，注意的分散是开小差，它是一种被动的、“不由自主的转移”。

如果行驶作业中由原来的注意中心的对象转移到注意中心以外，也就是说没有把自己的注意力稳定地集中到行车方面来，而是由于外界某个意外的刺激信息，使注意力转移。驾驶中，风沙迷了眼，蜜蜂刺蛰了脸部，驾驶室内零件突然掉落，或者听到怪声、异响等，都可能造成注意的转移，而影响安全和作业安全。

驾驶员操作过程中，都要求注意力高度集中，并保持一定的水平。但最重要的是培养自己的职业注意力。必须锻炼不同情况下提高注意力的方法。使自己学会在不利条件下进行工作，在任何时候都不粗心大意。

由于有意注意的微弱性和狭义性而产生的不注意为分心。在注意力开始减弱的情况下，休息和营养丰富的饮食会有所裨益。而精神萎靡、打盹、沉思、疲倦、有病、醉酒等，都是驾驶员不经心和注意力分散的原因。

每个操作者都要认真分析自己注意的特点，看看存在什么缺陷，根据上面介绍的道理，自觉地进行训练，逐渐使自己具有集中稳定的、可以随意转移的、有较大范围而又能够分配的注意力。

 叉车驾驶注意事项

2.2.1 机动车辆的起步

机动车辆起步时，操作方法如下：

车辆起步前，须先检查车旁和车下有无人、畜和障碍物，并关好车门。起步时，应先踩下离合器踏板并挂挡，然后松开手制动器并通过视镜查看后方有无来车，再缓松离合器，适当踩下油门踏板，鸣放喇叭，徐徐起步。夜间、浓雾天气及视线不清时，须同时开放前、后灯光。

正确的起步，应使车辆平稳而无冲动、震抖、硬拉及熄火现

象，只要根据地形和负荷情况正确选择挡位，注意离合器踏板、油门踏板及手制动器的妥善配合，就能使车辆平稳起步。

（1）起步操作方法

起步放松离合器踏板时，开始可较快，当离合器开始接合，车身有轻微抖动，踏板有顶脚感觉时，踏板放松的速度应减慢，同时还要徐徐踩下油门踏板，使发动机转速逐渐提高，动力增大后车辆便平稳起步。车辆起步移动后，应迅速将离合器踏板完全放松。

（2）上坡起步

在上坡途中起步时，应一手握紧手制动杆，一手把牢方向盘对正方向，一脚适当踩下油门踏板，一脚同时相应缓慢放松离合器踏板。当离合器已进入接合状态时，要进一步放松手制动杆并完全放松离合器踏板。以上几个动作必须配合适当，否则车辆将会后溜或发动机熄火。不允许不使用手制动器而用右脚兼踩油门踏板和制动踏板的方法在上坡道上起步。

（3）下坡起步

在下坡道上起步，挂上变速器挡位后，应缓慢松开离合器踏板，在徐徐踩下油门踏板的同时放开手制动器。

车辆起步后，应调整百叶窗或散热器帘布的开度，使发动机迅速升温，并保持水温稳定在80～90℃。

2.2.2 低速挡换高速挡时的操作

车辆起步后，只要道路和地形允许，均应迅速及时地换入高速挡，即升挡。换挡应先逐渐踩下油门踏板加速，把车速提高到适合换入高一级挡位的时机，然后使用两脚离合器法挂入新的挡位。

具体的操作方法：当车速升至适合换入高一挡的时机时，立即抬起油门踏板，同时踩下离合器踏板，将变速杆挂入空挡位置，随即抬脚松起离合器踏板，接着再踩下离合器踏板，并迅速把变速杆换入高一级挡位，然后边抬离合器踏板边踩下油门踏板提高车速。

以上操作的目的是在第一次抬起离合器踏板时，利用发动机的怠速使变速器第一轴齿轮减慢转速，以达到将要啮合的一对齿轮的轮齿圆周线速度相等的目的。抬起离合器踏板时间的长短，取决于

换挡前的车速，车速越高，抬起离合器踏板的时间就越长；反之越短。另外，换挡前的车速太高则发动机的转速就会过高，这对发动机不利。因此，换挡前的加速时间不宜太长，车速不宜过高。

2.2.3 高速挡换低速挡的操作

由高速挡换低速挡，即减挡，应在感到发动机动力不足，车速降低，原来的挡位已不适合继续行驶时进行。减挡的两脚离合器操作法具体如下：

抬起油门踏板的同时，踩下离合器踏板，随即把变速杆移入空挡，接着抬起离合器踏板，同时踩下油门踏板（即加空油），再迅速踩下离合器踏板，将变速杆换入低一级挡位，然后放松离合器踏板，同时踩下油门踏板，使车辆继续行驶。

以上操作方法的目的，在于空挡加空油时，提高变速器第一轴的转速，使将要啮合的两个齿轮的轮齿圆周线速度趋于一致，以达到齿轮平顺啮合的目的。在操作的过程中，加空油的程度随车速与挡位而定。挡位越低加空油越多，车速越高加空油越多。例如，三挡换二挡时就比四挡换三挡所加的空油要多些；同时是三挡换二挡，车速为20km/h比10km/h时加的空油要多些。

2.2.4 机动车制动

车辆在行驶中经常受地形、路面条件和交通情况的限制，驾驶员应根据实际情况操纵制动装置来实现减速和停车，以确保行车安全。正确和适当运用制动的标志是使车辆在最短距离内安全地停止而又不损坏机件。

制动方法可分为预见性制动和紧急制动两种。

（1）预见性制动

驾驶员在驾驶车辆行驶中，对已发现行人、地形和交通情况的变化或预计可能出现的复杂局面，提前做好了思想上和技术上的准备，有目的地采取了减速和停车的措施，这叫预见性制动。预见性制动不但能保证车辆行驶安全，而且可以节约燃料，避免机件、轮胎受到损伤，因此是一个最好的和应当经常掌握运用的方法。具体操作方法如下：

① 减速　发现情况后，应先放松油门踏板，利用发动机的怠速降低车速，并根据情况间断缓和地轻踩制动踏板，使车辆平稳地停止。

② 停车　当车速已减慢并将要达到停车地点时，及时踩下离合器踏板，将变速杆拉入空挡，同时轻踩制动踏板，使车辆平稳地停止。

（2）紧急制动

车辆在行驶中遇到突然危险的情况时，驾驶员用正确、敏捷的动作使用制动器，将车迅速停车，达到避免事故的目的，这叫紧急制动。紧急制动时车辆的机件和轮胎会受到损伤，而且容易造成车辆侧向滑移及失去方向控制的现象，故只有在万不得已的情况下才使用。具体的操作方法如下：

握紧方向盘，迅速放松油门踏板，并立即用力踩下制动踏板，必要时还要同时用力拉紧手制动杆，以发挥车辆的最大制动能力，使车立即停止。

在差路面上进行紧急制动时，宜采取间断制动法，以避免产生侧向滑移和失去方向控制，即在遇到紧急情况时，要强烈地踩下制动踏板达到踏板全行程的 3/4 左右，随即再迅速松回约 1/4 行程，然后又猛烈踩踏板到 3/4 行程左右。这样间断、迅速、短促地猛踩和微松制动踏板 3～4 次，最后使车辆停止。

2.2.5　机动车辆的转弯

车辆在弯道上行驶视线往往不良，注意力又易放在转向上，比直路容易发生碰撞危险。这就要求在视线不良的弯道上行驶必须做到“减速、鸣笛、靠右行”。减速可以防止离心力过大而使车辆失稳、失控，便于有效地操纵车辆；鸣笛可在车辆未到转弯处而提前告诉对方的车辆和行人，以引起注意及时避让；靠右行驶即各走自己的路线，双方车辆交会时能够避免相撞。

在平路上遇到视线清楚的转弯，如前方无来车和其他情况，可以适当偏左侧（俗称小转弯）行驶。利用弯道超高加宽抵消离心力的作用，可以适当提高弯道行驶的速度，并能改善车辆行驶的稳定性。

右转弯时，要待车辆已驶入弯道后再把车完全驾向右边，不宜过早靠右。否则会使右后轮偏出路外或导致车辆被迫驶向路中，而

影响会车。

2.2.6 会车和让车

机动车在行驶中，随时都可能与对行车辆相遇。为保证车辆的安全交会和畅通，每个驾驶员都必须做到“礼让三先”，即会车时要先让、先慢、先停，并选择适当的地点，靠右侧通过；夜间会车，须距对面来车 150m 以外，将远光灯光变为近光灯，互为对方创造顺利通过的条件。

机动车在企业内行驶，时常在狭路、车间、货场、仓库、路口及其他地点与其他机动车、非机动车相会，为保证各种车辆的安全畅通，根据交通规则的有关规定，结合企业内道路和车辆的运行特点，对会车特做如下规定：非机动车让机动车；低速车让高速车；空车让重车；装载一般货物的车让装载危险物品的车；下坡车让上坡车（下坡车已行驶中途，而上坡车未上坡时，上坡车让下坡车）；各种车辆让执行任务的消防车、救护车、工程救险车；本单位车辆让外单位入厂车辆。

会车和让车的基本要求是：每个驾驶员都必须做到“各行其道”、“礼让三先”，不开“英雄车”、不争道抢行，以确保企业内机动车的安全通畅。

2.2.7 倒车和调头

机动车在企业内运行，由于运行距离短，调头和倒车的次数比较频繁。机动车在调头和倒车时，驾驶员的视线将受到一定程度的限制。因此，视线受限，观察不周及其他原因，使车辆调头或倒车时发生的事故较多。为此，在车辆调头和倒车时必须做到：

（1）调头

车辆调头应尽量选择宽阔路面或场地，由右向左进行一次调头。调头时要提前观察前后左右的情况，及时发出调头信号，在不影响其他车辆行驶的条件下，进行调头。如依次调不过去，需倒车时，一定要认真观察车后情况，适当控制车速，并鸣号示意。

（2）倒车

在货场、仓库、车间、窄路等地段倒车时，应有专人站在车辆

后方一边（驾驶员容易发现的位置）指挥倒车。倒车时不仅要注意车后部的情况，也要兼顾车前轮的位置，避免车前部位碰撞障碍物。机动车在交叉路口、桥梁、隧道、陡坡和危险地段不准倒车。

（3）倒车的操作方法

在车辆运行和装卸搬运作业过程中，是需要经常倒车的。由于倒车时视线受到限制，感觉能力削弱，因而车辆倒行的方向与位置较难掌握。另外，倒车转向时，原来前轮转向变为后轮转向，原来后轮转向变为前轮转向，这与通常控制转向的主观感觉有差异，且控制转向的位置也起了变化，因而使得倒车没有前进那样顺手、方便、灵活和准确。

通常，倒车时应先将车辆停稳，看清周围的情况，选定倒车路线和目标，注意前后有无来车、行人。如果倒车路上可能碰上障碍物，必要时应下车查看，然后按情况需要将变速器挂在倒挡的合适挡位，鸣放喇叭，并选用合适的驾驶姿势和操作方法。倒车时应注意控制好车速，不可忽快忽慢，以防止发动机乏力而熄火或倒车过猛而造成危害。

① 倒车的驾驶姿势　根据车辆的类型、轮廓和装载的宽度、高度及交通环境，倒车时可采用以下三种姿势：

a. 注视后方倒车。对汽车和有驾驶室的车辆，则为注视后窗。操作时，左手握方向盘上端，上身向右侧转，下身倾斜，右手依托在靠背上端，头转向后方，两眼注视后方目标进行倒车。

b. 注视侧边倒车。当驾驶室遮挡侧后方目标时，可采用此法。操作时，左手打开车门，手扶在半边的车门窗框上，右手握住方向盘的上端，上身斜伸出驾驶室，头转向后方，注视后方的目标。在一般情况下，两脚不得离开驾驶室。

c. 注视照后镜倒车。此法难度较大。但驾驶经验丰富、操作熟练、倒车距离短时也可以采用。例如，在道路右侧转弯倒车时，可通过右侧照后镜推断后轮与路缘的距离进行倒车。

② 倒车目标的选择　注视后方倒车时，可在车厢后两角、场地、库门、或靠近处的物体选择适当的目标，然后根据目标进行倒车。

由侧边注视倒车时，可选择车厢后角或后轮和场地或停靠近处

的物体选择适当的目标，然后根据目标进行倒车。

注视照后镜倒车时，在照后镜中可出现路缘和车身边缘的映像。如果两者距离过大，则表明车辆过于靠近路中。

如有人指挥倒车，必须与指挥人员密切配合。无论采用何种方法倒车，在倒车前必须了解车后道路及环境情况，确知倒车的稳妥范围后，方可进行倒车。

③ 各种倒车方法

a. 直线倒车。车轮保持正直方向倒退。方向盘的运用与前进时一样，如车尾向左（或右）倾斜，应即将方向盘向右（或左）稍稍转动，当车尾摆直后即将方向盘回正。

b. 转向倒车。操作要领是“慢行车，快转向”。若想车尾向左，则应向左转动方向盘；若想向右，则方向盘右转。特别要注意在绕过障碍物的时候，前轮转向的车易发生外侧的前轮或车身刮碰障碍物的现象。

（4）车辆调头的操作方法

车辆调头是为了使车辆向相反的方向行驶。调头时必须严格遵守交通规则和安全规程的要求，在确保安全的前提下尽量选择宜于调头的起点，如交叉路口或平坦、宽阔、土质坚硬的路段。应避免在坡道、狭窄路段和交通繁杂之处调头，严禁在桥梁、隧道、涵洞或铁路的交叉道口等处调头。

① 一次顺车调头　在较宽的道路上，采取大迂回一次顺车180°转弯行驶的方法调头，既方便迅速，又安全经济。调头时，预先发出信号并减速，得到指挥人员示意许可后，即挂入低速挡，轻踩油门踏板慢速行驶调头。

② 顺车和倒车相结合调头　当路面狭窄不能一次顺车调头时，可采用顺车和倒车相结合的方法调头。

操作时可分为三个步骤进行：

a. 降低车速。挂入低速挡，靠路右侧驶入预定调头的地点。随后迅速将方向盘向左转到极限位置，使车慢慢驶向道路的左侧。当前轮将要接近左侧路缘时，即踩下离合器踏板并轻踩制动踏板，

在尚未完全停止之前，迅速将方向盘向右转足，并将车停稳。

b. 车辆停稳后即挂入倒挡，起步慢行。待车辆倒退接近原来右侧路边时即踩离合器并轻踩制动踏板，在车辆完全停下之前，向左迅速转动方向盘，为下次起步转向做好准备。

c. 车辆停稳后即挂入低速挡起步，则车辆向左转驶出，最后车辆的方向与原来方向相反，调头完成。

当路面狭窄，一次前进与后退不能完成调头时，可反复操作多次。操作时要注意，车辆在反复前进、后退时，前后左右车轮在行驶时是不与路边平行的，因此应以先接近路边的车轮为准来判断车的位置。如路边有障碍物限制，则前进时应以前保险杠为准，后退时以车厢板或后保险杠为准。

③ 利用支线调头　在十字路口或丁字路口，可以利用支线调头。当支线在路右侧时，使车辆先在干线靠右侧行驶，通过了路口后即停止。然后右转弯倒车驶入右侧支线。车辆完全倒入支线后，即左转弯由前驶出而实现了调头。如支线在左侧，则应将车辆在干线左转弯驶入支线，然后倒车右转弯驶入干线右侧而完成调头。

2.2.8　交叉路口的通过

机动车通过交叉路口简称“过叉”。

交叉路口的特点是车多、人多、事故多。对十字路口来说有四个路口，每一个路口有三个不同方向行驶的车辆，一是直行，二是右转弯，三是左转弯。也就是说，十字路口共有十二个不同方向行驶的车辆，这些车辆皆通过十字路口，对驾驶员来说，过十字路口，要做到“一慢、二看、三通过”，严禁争道抢行。机动车辆通过工厂大门、车间、仓库、货堆通道、弯道处以及交叉地段，亦必须符合上述要求，遵守安全行车规定，保证通过各种交叉道口的行车安全。

2.2.9　试刹车时应注意事项

① 悬挂试车号牌，在指定时间、路线进行；

② 试车前观察好前后左右车辆情况，保持足够安全距离，防止跑偏或突然刹车失效而造成事故；

③ 试刹车时，先低速试一下，没有问题再按规定时速试验。

不准高速试刹车，防止发生危险和损坏车辆；

④ 车上禁止载货或乘人，以防损坏物品和摔伤乘人；

⑤ 试刹车时，不得妨碍其他车辆正常行驶。

2.2.10 拖挂

机动车牵引挂车应符合下列要求：

① 牵引车和挂车连接装置必须牢固，并应挂保险链条，挂车的牵引架、挂环发现裂纹、扭曲、脱焊或严重磨损时，不得使用。

② 牵引车和挂车之间、挂车前后轮之间应安装防护栅栏。

③ 牵引车在空载情况下，不得拖带载重挂车。

④ 每辆牵引车只准牵引一辆挂车。

⑤ 挂车应安装自动刹车装置、灯光和显示标志。

⑥ 挂车宽度超过牵引车时，牵引车前端保险杠两端应安装与挂车宽度相等的标杆，标杆顶端安装标灯。

⑦ 拖挂或拖斗装载货物要均匀整齐，避免装载偏重，尤其左右两侧要装载均匀，预防行驶中拖挂摆动过大，预防急打方向或急转弯时造成翻车事故。

⑧ 拖带挂车行驶中必须控制车速，注意加大机动车辆的制动提前量，即采取制动措施时要提前进行。

⑨ 拖带挂车与对行车辆交会时，应保持足够的横向间隔距离，防止挂车因左右摇摆过大而造成刮碰或撞车。

⑩ 机动车拖带挂车转弯时，挂车将不按牵引车轨迹行驶。所以驾驶拖挂车辆右转弯或在窄路上转弯时，应该以最大的半径转弯。

⑪ 机动车拖带挂车上坡要提前换挡，防止在坡面上因换挡不及时而停车熄火。在冰雪坡道上禁止中途换挡，防止侧滑。

2.2.11 机动车拖带损坏车辆，应遵守的规定

① 被拖带的车辆，由正式驾驶员操纵。

② 小型车不准拖带大型车。

③ 拖带车辆不得背行。

④ 每车只准拖带一辆，牵引索的长度须在5～7m间。

⑤ 拖带制动器失灵的车辆须用硬牵引，不得拖带转向器失灵

的车辆。

⑥ 夜间拖带损坏车辆时，被拖带车辆的灯光应齐全有效。

⑦ 新车、大修车在走合期，不得拖带车辆。

2.2.12　行车路线上的视线盲区

厂区的车辆要经常在货堆、建筑物之间行驶，因此，也存在着视线盲区。在这些盲区内，常常会驶出车辆或走出行人。如果驾驶人员和行人稍有违章或疏忽，就很容易发生行车事故。垛与垛的空隙中，路边的车间、办公室门口等处都是容易发生事故的地方。

例如：车辆在道路上行驶时，如果有车辆停放在路边而影响了横过道路的人的视线，使其看不见穿过道路的车辆，在这种情况下，就可能使横过道路的行人受到车辆伤害。这是因为，行人往往只看到停放路边的车辆，而没有注意到停放车辆左后方驶来了车辆，那么正常行驶车辆的驾驶员稍一疏忽就可能发生伤亡事故。另外，在两车交会时，也容易对驾驶员和行人造成视线障碍，形成视线盲区。例如：行人从车后横过道路时，将由于在车的尾部看不到交会车的情况，而发生与迎面来车相撞事故。为此，车辆驾驶员在通过上述视线盲区时，一定要注意观察，并控制好车速，以防因出现突然情况躲避不及而发生事故。

2.2.13　行车速度

（1） 十次肇事九次快

我们说“十次肇事九次快”，其根本原因在于：车速“快”大大降低了驾驶员对所驾车辆的正确操作和所驾车辆的稳定性；“快”延长了驾驶员的反应时间和机械反应时间内车辆所行驶的距离以及车辆本身的制动距离，扩大了车辆的制动非安全区；“快”使车辆在转弯时，由于离心力的作用，容易导致侧滑或翻车；“快”容易使车辆驾驶失控和操作的准确性降低；“快”会加大车辆机件的磨损、疲劳、破坏和性能降低，从而造成机械故障，导致事故的发生。

（2） 安全行驶速度

“机动车依据安全规定，在最高时速的限额范围内，结合路面和车、人的流通情况，并在保证安全的条件下，选择适当的行驶速

度，这个行驶速度就是机动车的安全行驶速度。”这一定义的实质包含以下三点内容：①不论在什么条件下，时速不能超过最高限额；②速度的选择应取决于行驶中的实际状况；③必须保证安全。

我们强调安全行驶速度，其目的就是一旦车辆前方出现障碍客体时，驾驶员能够在特定的距离内，采取有效的防范措施，避免车辆与客体发生碰撞。简而言之，就是掌握速度的标准要根据不同的时间、地点、条件与当时的实际情况，并在保证安全行车的前提下灵活运用。

根据《工业企业内铁路、道路运输安全规程》（GB 4387—94）的要求，在无限速标志的企业内主干道行驶时不得超过 30 公里/小时，其他道路不得超过 20 公里/小时，如果需要超过规定速度，必须经厂主管部门批准。

但是，目前我国绝大多数厂矿企业的生产场地及厂区道路还不规范（规范的道路明确区分机动车、非机动车和行人专用道路，以及符合企业内道路的各项规定）。此外企业内机动车辆经常行驶在人员流动的车间、仓库等场所，通道狭窄，障碍多，驾驶员视线盲区大，作业环境差。因此为保证安全作业，各行业、各企业都有限速的具体规定，由于各单位具体条件不同，有关限速规定可参照下表 2-1。

表 2-1　厂区内限速（公里/小时）

车辆名称	行驶限速	倒车	车间内	大门口
汽车类	≤10	≤3	≤3	≤5
其他类	≤5			

2.3 叉车安全操作注意事项

2.3.1 电动叉车标贴位置

在叉车上有许多特别的警告标牌，详细位置及内容请参考图 2-1、图 2-2 。

2.3.2 安全规则

叉车的安全规划如图 2-3～图 2-78 所示。

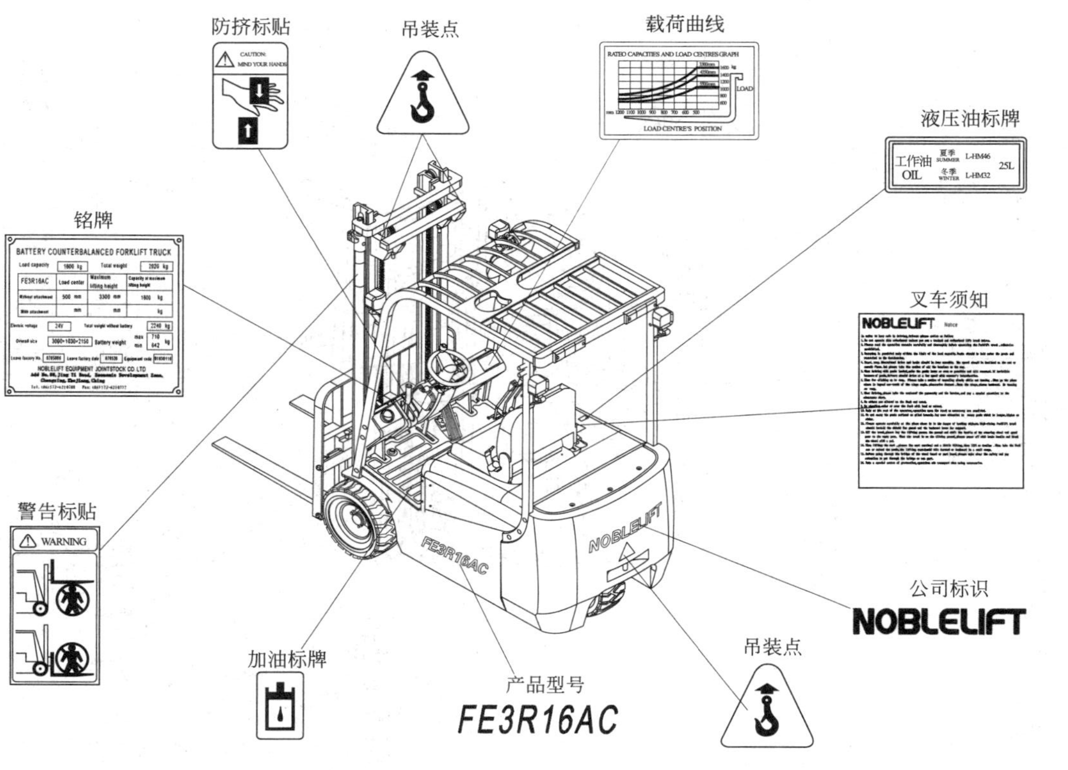

图 2-1　FE3R16AC 电动叉车标贴位置

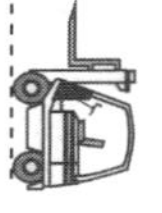

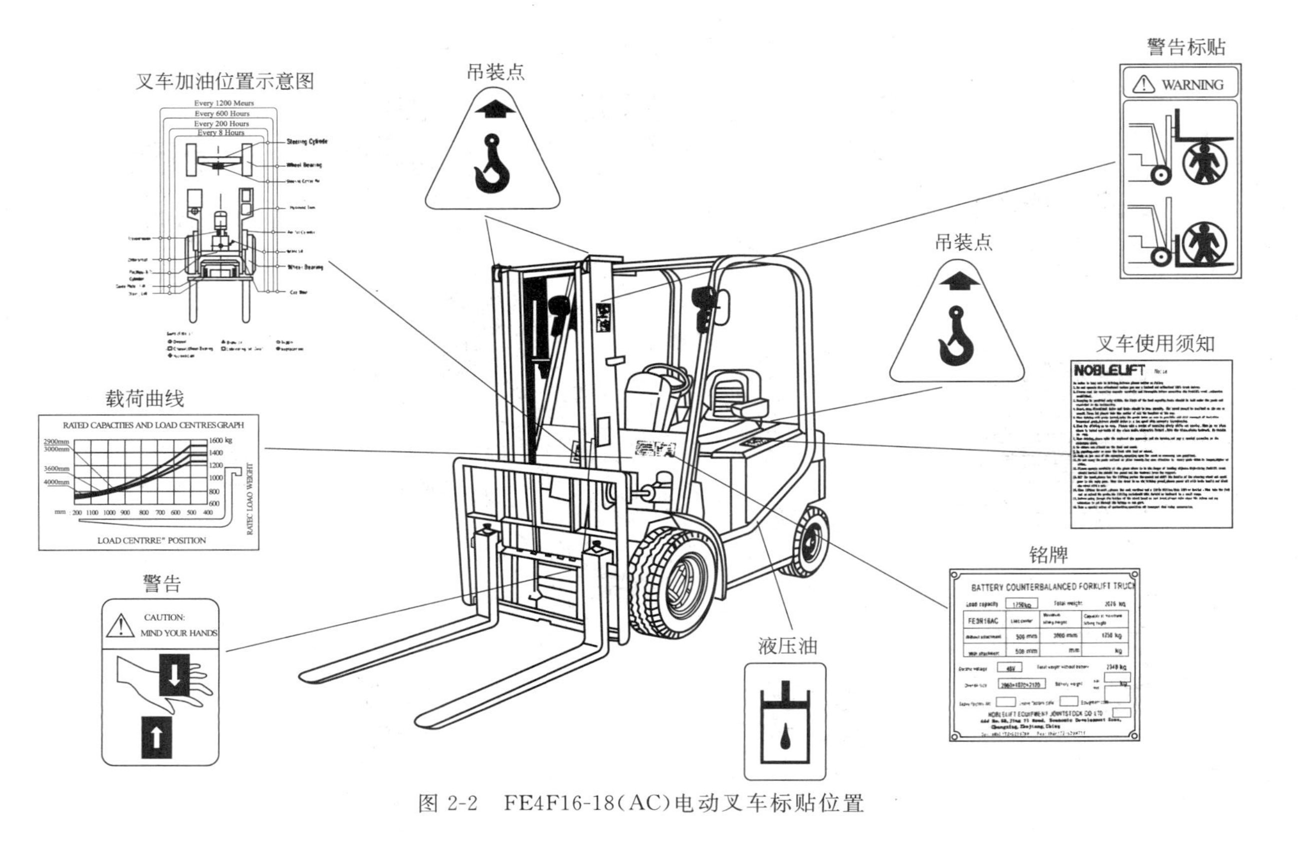

图 2-2 FE4F16-18(AC)电动叉车标贴位置

图 2-3　驾驶证：通过叉车培训并通过考核拥有驾驶证的人方可操作叉车！

图 2-4　禁止在公路上行驶！

图 2-5　驾驶前穿戴整齐，请穿工作服！

图 2-6　时刻警惕：受伤，救护！

图 2-7　开车前任真阅读叉车使用说明书！

图 2-8 未经许可禁止随意增减叉车零件！

图 2-9 维护前请关闭引擎！

图 2-10 懂得交通规则！

图 2-11 使用前，请先对叉车进行检查！

图 2-12 不要移动护顶架！

图 2-13 保持驾驶室清洁！

图 2-14　不要驾驶不安全的叉车！

图 2-15　驾驶员应该有健康的身体！

图 2-16　应确信你的叉车是安全的！

图 2-17　应在许可的范围内工作！

图 2-18　不要驾驶已损坏的叉车！

图 2-19　上车时应紧握扶手！

图 2-20　正确启动引擎！

图 2-21　驾驶前调整好座位！

图 2-22　确信你的叉车处于安全的操作状况

图 2-23　适当系紧安全带！

图 2-24　时刻注意叉车工作区域的高度！

图 2-25　灰暗区域应打开照明灯！

图 2-26　工作中手臂和身体不要露出护顶架外！

图 2-27　避免行走松软或未整理的地面，只允许在坚实平坦的路面运行！

图 2-28　身体保持在车顶防护栏下！

图 2-29　避免偏心装载！

图 2-30　留意装载货物时伸出的货叉碰到前方物品！

图 2-31　检查货叉定位销的位置！

图 2-32　注意工作区域内的安全性！

图 2-33　尽量不要在光滑或打滑的地面行驶！

图 2-34　空载时注意叉车的横向行驶稳定性！

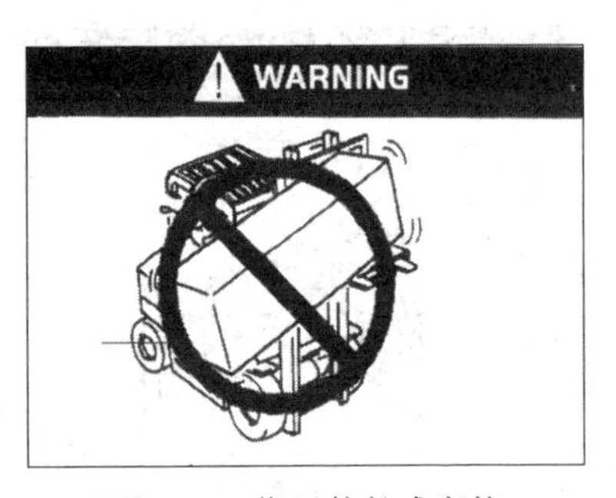

图 2-35　搬运较长或宽的货物时，要特别小心！

图 2-36　绝对不允许载人！

图 2-37　转弯时，如看不清前方，请鸣笛慢行！

图 2-38　搬运小物件要使用适当的栈板或枕木！

图 2-39　不要相互追逐穿越行驶！

图 2-40　不允许任何人站在货物上！

图 2-41　驾驶时不允许东张西望！

图 2-42　不要用叉车做特技表演！

图 2-43　装载货物过高挡住视线应倒车行驶或有人指引！

图 2-44　应遵守交通规则及所有警告和标志!

图 2-45　装载货物时上坡正面行驶、下坡倒退行驶!

图 2-46　上坡时应注意陡峭的斜坡与货物的起升高度!

图 2-47　空载时上坡倒退行驶、下坡正面行驶!

图 2-48　斜坡上启动叉车时应注意刹车!

图 2-49　斜坡不允许转弯!

图 2-50　行驶的道路上有人或物时应鸣笛警示！

图 2-51　转弯时应避免碰到人或物品！

图 2-52　叉车工作时工作人员不得靠近！

图 2-53　转弯时车速过高会造成重心不稳而翻车！

图 2-54　叉车工作区域行人止步！

图 2-55　应注意叉车额定起重量的变化！

图 2-56　叉车行驶时应时刻注意周围区域!

图 2-57　请正确使用货叉承载!

图 2-58　装载时请尽量放慢速度!

图 2-59　当叉车前方有人时，请不要移动叉车!

图 2-60　禁止任何人在升高的货叉下行走或站立!

图 2-61　尽量不要让装载物超过挡货架高度!

图 2-62　难以固定的货物请捆绑后再装载！

图 2-63　不允许搬运叉车上未卸载的货物！

图 2-64　不要用人去扛已损坏的货物箱！

图 2-65　不允许滥用货叉！

图 2-66　需小心把货物送上汽车！

图 2-67　不得随意搭载人！

图 2-68　不得滥用叉车！

图 2-69　行驶时请不要把身体的任何部分伸到车外，以免造成伤害！

图 2-70　应平稳驾驶禁止突然的加速和减速行驶！

图 2-71　必须使用特别安全的设备才能提载人在高处作业！

图 2-72　严禁超载装载！

图 2-73　风力过大时不允许起升！

图 2-74　不允许在易爆环境下作业！

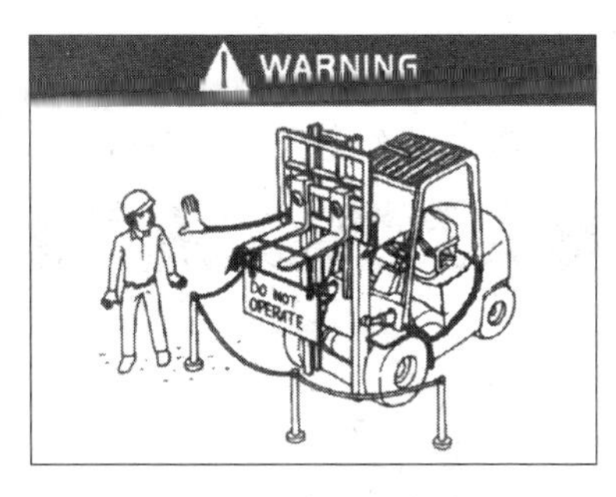

图 2-75　叉车如果损坏需放在指定区域！

图 2-76　叉车不使用时应停放在指定区域！

图 2-77　叉车禁止停放在斜坡上！

图 2-78　当你不用叉车时应：

—刹车；

—方向杆位置放在中位；

—降低货叉至地面；

—门架向前倾；

—拿下钥匙。

图 2-79　禁止从车顶吊升！

2.3.3 搬运叉车

搬运叉车安全规则如图 2-79～图 2-81 所示。

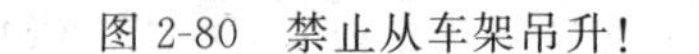
图 2-80 禁止从车架吊升！

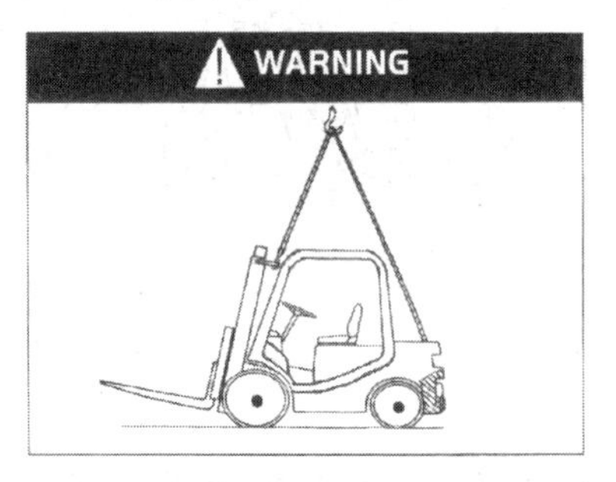

图 2-81 叉车搬运时正确起吊！

(1) 吊起叉车

① 将钢丝绳在外门架横梁两端吊孔配重吊钩上系牢，然后用提升装置将叉车吊起。与配重一端相连的钢丝绳须从护顶架缺口处穿出，且不使护顶架受力。

警告

② 吊起叉车时，务必不要将钢丝绳和护顶架绕在一起。

③ 钢丝绳和提升装置要非常坚固，足以安全地支承叉车，因为叉车极其沉重。

④ 切勿用驾驶室架（护顶架）提升叉车。

⑤ 提升叉车时，切勿进入叉车底下。

(2) 牵引

① 平衡重后部的拖销供牵引叉车用。

② 要松开手刹车手柄。

③ 换向手柄置空挡。

2.3.4 怎样避免倾翻？怎样自我保护？

具体方法和措施如图 2-82～图 2-94 所示。

警告

倾翻时在安全带的保护下呆在车上比跳车更能保护自己。如果

图2-82　禁止向前倾斜提升装载，以免造成倾翻！

图2-83　禁止倾斜提升货物！

图2-84　禁止偏心装载货物！

图2-85　尽量避免在光滑的路面行驶！

图2-86　当叉车不处于水平位置时，请不要装载或卸载！

图2-87　禁止翻越壕沟、土堆和铁路等容易造成倾翻的障碍物！

图 2-88　行驶时，货叉和地面的距离不超过 150～200mm!

图 2-89　无论空载还是负载不要快速的、大弧度的转弯!

图 2-90　当空载货叉升高时，请小幅度转弯以免倾翻!

图 2-91　务必系紧安全带!

图 2-92　如果发生叉车倾翻请不要跳车!

图 2-93　驾驶时请佩戴安全帽!

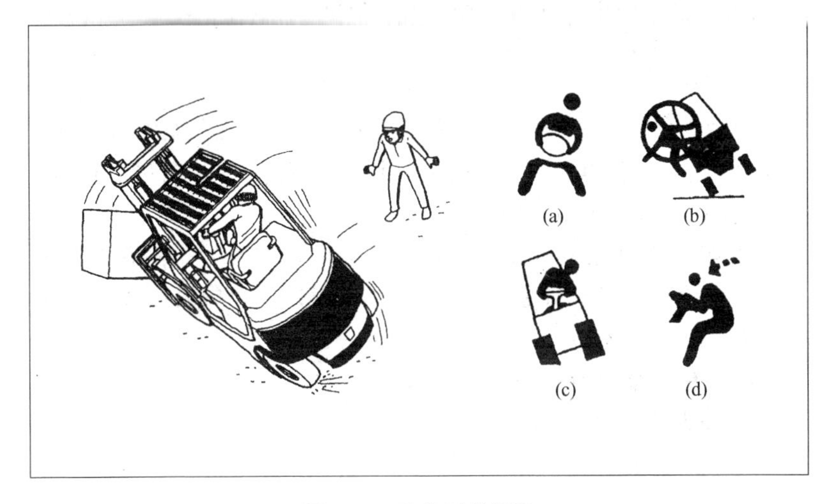

图 2-94 叉车开始倾翻
（a）踏紧脚并握紧方向盘；
（b）不要跳车；
（c）身体向倾翻反方向弯靠；
（d）身体向前靠。

2.3.5 日常保养

认真周全的保养，能使叉车处于良好工作状态。保证叉车安全性，也即保证您的工作和生命安全。

- 除了检测灯具和检查操作性能外，在检查电气系统前，必须关掉钥匙开关，并拔掉蓄电池插头。
- 禁止使用有任何故障的叉车。
- 小故障引起大事故。

（1）渗漏检查（液压油、电解液、制动液）

检查液压管接头、蓄电池以及制动系统是否漏油或漏液，用手触摸和目测检查。严禁使用明火。

（2）检查轮胎

① 检查轮胎的接地面和侧面有无破损，轮辋是否变形。

② 轮胎破损时，应及时更换。更换时用千斤顶顶起叉车，使轮胎刚好离开地面，然后在车架下部垫入坚固木块。松去轮毂螺母。更换新的轮胎。对称、交叉拧紧轮毂螺母。充气轮胎更换时，应用千斤顶顶起叉车，放完后才能进行更换，再充气。前轮：0.75MPa；后轮：0.65MPa。

③ 轮毂螺母扭矩检查：检查轮毂螺母的拧紧力矩是否符合要求，前轮轮毂螺母的拧紧力矩为140N·m；后轮轮毂螺母的拧紧力矩为120N·m。

（3）制动系统检查

① 脚制动检查

a. 制动踏板检查：

- 踩下制动踏板，检查是否有迟钝或卡阻；
- 空载时的正确刹车距离为2.5m；
- 调整制动总泵推杆长度，使踏板空行程为1～3mm；
- 制动踏板逐渐踩下10～20mm时，制动灯开关应完全接通。

b. 制动液检查：打开前底板，打开制动油杯盖子，检查制动液量是否在刻度范围内，如液量不足，请补加，并检查制动管路中是否混有空气。

② 手制动操纵检查　操作力大小由杆顶螺钉调节。顺时针拧动，操作力增大，反之减小。

确保手刹车手柄拉紧后，再松去回复原位时具有良好功效。

注意！

踩下制动踏板，有助于拉紧或松开手制动操纵杆。

（4）加速踏板检查

踩下加速踏板，随行程变化，加速度强弱分明，回位良好。

注意！

- 请使用纯正牌号的制动液，不要混加不同牌号的制动液。
- 切勿将制动液溅到任何油漆表面上，否则会损坏油漆。
- 加注制动液时，防止灰尘、水混入油液中。

（5）液压油检查与更换

① 液压油检查　拧松左车架箱体内侧的液压油加油盖，拉出油尺，检查油位是否在刻度之间。不足时，补加。

② 液压油更换　每半年更换一次。拧松左车架箱体内侧的液压油加油盖，拉出油尺，在车架下部放置油盘，松去排油塞，放尽旧油。

更换下来的旧油应按当地的环保法规处理，不可任意倾倒。

（6）座椅调整

向右扳动座椅调节杆，将座椅调整到手、脚舒适位置，锁紧。

（7）蓄电池检查

检查电解液比重。参见蓄电池部分。

检查两极端子接线有否松动或损坏，否则应调整或更换。

（8）仪表显示器检查（电量、故障）

参见仪表部分。

（9）操纵系统检查

检查起升手柄、倾斜手柄、调整手柄、属具手柄是否松动、回位是否良好。

（10）门架

① 检查门架和货叉以确保：

a. 货叉无裂缝和弯曲现象，货叉牢固地、正确地安装在货叉架上；

b. 检查油缸、油管是否有漏油现象；

c. 检查滚轮转动情况；

d. 检查门架是否有裂缝和变形；

e. 操纵起升、倾斜、属具手柄，检查门架工作是否正常，有否异常响声。

② 门架润滑　按照定期保养和润滑项目图表的要求，定期地对内外门架轨道上定期涂抹润滑脂。

润滑的间隔周期应根据作业条件做出相应的改变。在作业繁忙的月份，应增加润滑部件的次数。

配合叉车的操作，在提升导轮和内外门架的接触表面涂上一层黄油。

③ 链条张紧度检查

a. 货叉提高100～150mm，门架垂直。

b. 用拇指按压链条中部，检查左、右链条张紧程度是否一致。

c. 张紧度调整：松开锁紧螺母，拧调整螺母调整链条使两链条张紧程度一致，然后拧紧锁紧螺母。

(11) 转向系统检查

① 左右分别转动方向盘，以检查转向系统功能。

② 转向灯、喇叭，其他各灯检查。推拉转向灯开关，以检测转向灯是否正常。按下喇叭按钮，以检查喇叭的声音。其他各灯、倒车蜂鸣器检查。

(12) 蓄电池维护

参考蓄电池部分。

(13) 其他

如异常噪声检查。

2.4 叉车保养及注意事项

叉车的维护保养，根据叉车动力源的不同而区别，而其他部分基本相同，内燃机的维护和电瓶叉车的维护保养，内燃机的维护将在发动机的章节里讲述，本节以电瓶叉车为例讲述维护保养项目及注意事项。

2.4.1 新叉车的磨合

叉车在投入使用的最初阶段应在低负荷下运行，尤其在100h以内，更应满足下列要求：

① 必须防止新电池在初期使用中的过放电。一般在放电20%时应及时充电。

② 规定的预防保养维护要彻底。

③ 避免急刹车、急开或急转弯。

④ 按规定提前换油或润滑。

⑤ 限制载荷重量在额定载荷的 70%～80%。

2.4.2 日常开车检查

检查叉车的前后轮胎气压是否充足（实心轮胎则不必检查），接通叉车的钥匙开关和急停开关，显示仪表所显示的蓄电池电量应不低于 20%。

① 踩下脚制动踏板，车尾的制动灯应全亮。

② 打开大小灯开关，分别检查前后大小灯。

③ 按喇叭按钮，检查喇叭是否正常。

④ 将方向操纵杆扳回到“后退”挡，油泵电机应启动，倒车语音喇叭应提示倒车。

⑤ 将转向灯开关分别打到左右位置，分别检查前后的转向灯。

⑥ 将手制动器拉到制动位，踩下加速器踏板，牵引电动机不应工作。

⑦ 按下急停开关后，不能进行任何电气操作。

2.4.3 驱动操作

① 换向操纵杆至空挡位置。

② 插上蓄电池插头。

③ 打开钥匙开关。左手握紧方向盘手柄，右手打开钥匙开关。

④ 门架后倾。操纵升降操纵杆，起升货叉至离地 150～200mm。操纵倾斜操纵杆，使门架后倾到底。

⑤ 操纵换向操纵杆：叉车前进时，向前推换向操纵杆；叉车后退时，向后推换向操纵杆。

⑥ 松开手制动操纵杆。踩下制动踏板，将手制动操纵杆推到最前位置。左手握方向盘手柄，右手轻轻搭在方向盘上。

2.4.4 行走操作

在做好操作准备工作后，通过方向杆选择“前进”或“后退”挡，然后松开手制动器。

（1）爬行速度操作

轻踩加速器踏板，让叉车刚刚能启动，保持加速器踏板的

位置。

（2）平路正常行走操作

踩加速器踏板到一定的位置，控制器会按照加速器踏板的位置对电机驱动器发出控制信号，电动叉车即按预设置的加速时间加速，遇到紧急情况，需紧急停车时，可用脚制动器制动或通过方向杆反向操作，并踩加速器踏板施行反接制动停车。

（3）下坡行走操作

当溜坡速度太快时，可通过踩脚制动器踏板至爬行速度，此时电动机会转变为发电机进行再生制动运行模式，也可以通过踩脚制动减速。下坡走行操作时要切记：不可将方向开关置于空挡，以免在延时结束后无液压而失去转向助力。

（4）坡道走行操作

在松开手制动器的同时，迅速将加速器踏板踩下，控制器会自动加速上坡；坡道停车时，可用脚制动器停稳后，通过手制动器制动停坡；在坡道上倒溜时，可将方向开关置于前进（或上坡方向），加速器踏板踩到爬行速度位置，可缓缓溜坡，溜坡速度太快时，可踩加速器减速。

（5）减速操纵

慢慢地松开加速踏板，叉车便会减速。

禁止同时踩下加速板与制动板。

注意！

在以下情况时，要将叉车减速：转弯时；接近货物或托盘时；接近堆货区时；进入狭窄的通道时；地面或路面状况时。

（6）转向操纵

- 叉车与普通车辆不同，是后轮转向，转向时后部平衡重向外旋转。

- 减速，向要转弯的一侧转动方向盘，方向盘要比前轮转向的车辆略提前一点旋转。

• 方向盘旋转方向与转弯方向一致，后退时方向盘旋转方向与转弯方向相反。当搬运货物时，停止叉车和用右手控制倾斜杆和提升杆。

2.4.5　货叉起升操作

（1）平地上的起升操作

在起升操作过程中可小幅度缓缓向后拉起升操纵杆，并注意避免货物在上升过程中倾倒，并及时通过前倾后倾操作杆调整；下降操作时，也要小幅度缓缓向前推下降操纵杆，并注意避免货物在下降过程中倾倒，并及时通过前倾后倾操作杆进行调整。若叉车配备了侧移货架，操作方法相同。

（2）坡道上的起升操作

在调整好停车位置后，拉紧手制动器或用脚制动器制动，再按上述平地上的起升操作要领进行操作。

注意!

在举高货物在高位行走操作时，要用爬行速度操作，以免货物倾倒。

（3）装载

① 调整货叉间距，使货物得到平衡。

② 车辆正对货物以便装载。

③ 托盘应对称地放在两货叉上。

④ 货叉尽可能叉到托盘里面。

⑤ 提起货物：

a. 先将货叉提升离地 50～100mm，确认货物是否牢固。

b. 然后门架后倾到位，提升货物离地 50～100mm，再开始行驶。

⑥ 搬运大体积货物有碍视线，除爬坡外，倒车行驶。

（4）堆垛操作

接近货物置放场所时，减速。

① 车辆停在货物置放场所正前方。

② 检查置放场所的状况。

③ 门架前倾至货叉水平，把货叉提升到略高于卸货位置。

④ 前进，将货物置于卸货位置之上，然后停下。

⑤ 确认货物卸货位置的正上方后，货叉慢慢下降，然后确认货物已安全到位。

⑥ 进行必要的起升、倾斜操作，后退叉车把货叉从货物中退出。

⑦ 确认货叉尖已离开货物后，将货叉降到离地 150～200mm 位置。

⑧ 门架后倾到位。

警告

- 载荷提升超过 2m 时，不要倾斜门架。
- 载荷处于高处，不要下车或离开车辆。

（5）拆垛操作

① 叉车接近取货场所时，减速行驶。

② 叉车离货物 300mm 时停车。

③ 检查货物状况。

④ 门架前倾至货叉水平，货叉提升至托盘或枕木位置。

⑤ 确认货叉对准托盘，慢慢前进，货叉尽量插入托盘后停车。

⑥ 货叉提升离堆垛 50～100mm。

⑦ 环视车辆周围，确认行驶无障碍，慢慢后退。

⑧ 货叉下落离地 150～200mm，门架后倾到位，然后运送到目的地。

注意！

若货叉插入有困难，前行车辆使货叉插入 3/4。货叉提升 50～100mm，后退 100～200mm，然后将托盘或枕木落下，再前行完全插入。

（6）停车

① 减速，踩下制动踏板让车停下来。

② 换挡手柄置于空挡。

③ 拉上手刹车。

④ 货叉落地，门架最大前倾。

⑤ 钥匙开关至“OFF”位置，拔去蓄电池插头，取下钥匙保管好。

（7）操作后检查

使用后应清洁叉车并作如下检查：

① 有无损坏或漏油。

② 视情况加注润滑油。

③ 检查轮胎中否破损或是否有异物嵌入。

④ 检查轮毂螺母是否松动。

⑤ 检查电解液液面高度。

⑥ 如当日操作中，没有将货叉提升到最大高度，应在操作完毕后，将货叉提升到最大高度 2～3 次。

注意！

- 如发现故障，应停放在指定区域，及时修理好。
- 叉车没有完全维修好之前，严禁投入使用。

2.4.6　更换货叉

（1）拆卸

当需要更换货叉或者叉车其他部分需要维修时，需要拆卸它。每次一格往货叉架的两端拆卸处移动，然后向前倾斜并降低货叉直到货叉脱离货叉架，用提升设备从叉车上移走。

（2）安装

将货叉后部移到叉车前面位置，往前慢慢驾驶叉车并完全地降低和向前倾斜货叉架，使安装点刚好对准货叉的后部。不停地移动货叉使货叉的钩子完全钩住货叉架的顶部。然后慢慢地升起货叉架使安装槽完全吻合，调整间距并锁定它。

2.4.7　存放

（1）日常存放

① 把叉车停在指定的地方，用楔块垫住车轮。

② 把换挡手柄置空挡。

③ 拉上手制动手柄。

④ 关掉钥匙开关，操作多路阀操纵手柄数次，以释放油缸和管路中的剩余压力。

⑤ 拔去电源插座。

⑥ 取下钥匙放在安全处保管。

(2) 长期存放

在“日常存放”保养基础上作下列保养和检查：

① 拔出蓄电池插头以防放电，停到暗处。

② 对外露的部件如活塞杆和可能生锈的轴涂以防锈油。

③ 盖住透气孔等潮气易进入的地方。

④ 用罩子罩住整台叉车。

⑤ 所有润滑点加注油（脂）。

⑥ 需用木块垫住车体与平衡重下部，以减少二后轮负重。

a. 木块必须是单块，非常坚固，足以支承叉车重量。

b. 不要使用高于300mm的木块。

c. 将叉车升起至刚好能将其放置在支承木块上。

d. 在车架左、右两侧下放置同样大小的木块。

e. 用木块支承叉车后，前后左右摆动叉车，检查是否安全。

f. 每周运行叉车一次。将货叉提升到最大高度几次。

g. 每月检测一次电解液比重和液面高度。

h. 每月应作均等充电一次。

(3) 长期存放后叉车的运行

① 除去暴露部件防锈油。

② 排出驱动桥、减速箱内齿轮油，将内部清理干净后加上新油。

③ 蓄电池充电，装上叉车并接上蓄电池引线。

④ 仔细进行启动前检查，检查叉车的启动、前进、后退、转向、起升、下降、前后倾等功能。

2.4.8　蓄电池

（1）蓄电池安全注意事项

① 需要有良好的通风措施，因为蓄电池在充电末期会产生氢气和氧气，此时若有火花产生，会引起爆炸。

② 充电中也有对人员有害的酸雾产生。在充电后也要及时排除，并及时清洁蓄电池和现场。

③ 进行蓄电池充电操作时，请佩戴保护镜和橡胶手套，由于蓄电池内有稀硫酸，使用不慎会造成皮肤烧伤、眼睛失明。万一不慎有电解液（酸液）溅到眼睛或皮肤上，要立即用大量清水进行清洗并请医生进行检查和治疗，衣服上的电解液可用清水洗净。

④ 对蓄电池的使用方法及危险性不熟悉的人员请不要接触蓄电池。以避免稀硫酸对人员造成伤害。

⑤ 蓄电池上不得放置任何金属物体或工具，以防电池短路发生。

⑥ 只有完全断电时，才能分离蓄电池电源连接器的连接，严禁带电插拔连接器。

⑦ 在安装蓄电池以前，请仔细阅读使用说明书，阅读以后也要放在身边，以便随时翻阅。

（2）蓄电池使用与维护

① 初充电　初充电的好坏，对电池的影响较大，要由具有一定经验的人员进行操作。

未经使用过的蓄电池在使用前应进行初充电。

初充电前应将电池表面擦拭干净，检查有无损坏。

打开加液口盖上的掀盖，保证透气孔畅通。

在充电机能正常工作的条件下，将密度为 $1.26g/cm^3 \pm 0.005g/cm^3$（25℃）、温度低于 30℃的硫酸电解液灌入电池，液面要求高于保护板 15～25mm。

将电池静置 3～4 小时，不超过 8 小时。待液温降至 35℃以下方可进行初充电。若静置后电解液面下降，则应补足电解液。

硫酸电解液是用符合国家标准 GB 4554—84 的蓄电池硫酸与

蒸馏水（切勿用工业硫酸、自来水代用）配制而成。

⚠警告：配制时只允许将浓硫酸慢慢以细流状注入蒸馏水，并不断用耐酸的玻璃棒或包铅皮的木棒搅动，绝不允许将蒸馏水注入硫酸内，否则会引起溶液沸腾飞溅，造成灼伤事故。

充电机与蓄电池之间的连接线要求极性正确，即正极接正极，负极接负极，要求连接可靠。

初充电的第一阶段用 $0.5I_5$A（对于 D-400 蓄电池来说为 40A），充电至单格电池电压达到 2.4V 时进入初充电的第二阶段。

初充电的第二阶段用 $0.25I_5$A（对于 D-400 蓄电池来说为 20A）。

充电过程中电解液的温度不得超过 45℃，接近 45℃时就应将充电电流减半或者暂停充电；等电解液温度降至 35℃以下后再继续充电。但需适当延长充电时间。

充足电的依据：在初充电的第二阶段充电至电压达 2.6V，电压变化不大于 0.005V；电解液的密度达到 1.28g/cm^3 ±0.005g/cm^3（25℃），2 小时内无明显变化并有细密气泡激烈发生时就认为电池已充足电。其充电电量为额定容量的 4～5 倍，充电时间约 70 小时。

为了准确控制电解液中硫酸的含量，在充电末期应检查各电池的电解液的密度；如有不符则用蒸馏水或密度为 1.40g/cm^3 的硫酸进行调整，并应在充电状态下的 2 小时内将电解液的密度与液面调整至规定值。

初充电结束后将电池表面擦干净，盖上加液口后，方可投入使用。

② 普通充电　充电不足的蓄电池不可使用。蓄电池在使用过程中应密切注意放电程度，如果放电超过规定，应进行充电。要严禁过量放电——即电压降至 1.7V/只，电解液密度降至 1.17g/cm^3 时应停止放电并及时充电，不得长时间搁置。蓄电池在充电过程中，无故不得中途停止。

进行普通充电时，首先打开加液口盖上的掀盖，检查电解液是否在规定的高度，否则要用蒸馏水将蓄电池的液面调整到规定的高度。

按照要求将充电机的输出与蓄电池连接起来。正极接正极，负极接负极，绝对不得接反。

与蓄电池相匹配的充电机能自动根据蓄电池的荷电状况进行充电电流的调节，直至将蓄电池的电量充满为止（充电状况的观察可参看充电机的说明书）。

为了及时了解蓄电池的情况，建议为每台蓄电池建立充放电记录，以便日后对蓄电池的失效与否的判断提供有用的依据。在充电过程中，每隔 1～2 小时测量并记录一次电流、总电压、每个单格电池（要编号）的电压、电解液密度和温度（可用 0～100℃的水银温度计）的变化情况。

当电解液出现大量均匀细密的气泡，单格电压稳定在 2.5～2.7V，并在 2～3 小时内电解液密度和端电压都不再继续上升时，则说明蓄电池已充足电。若有个别单元冒气微弱或不冒气，应查明原因并进行处理，并记入工作日志。

充电过程中电解液的温度不得超过 45℃，当接近 45℃时就应暂停充电；等电解液温度降至 35℃以下后再继续充电。

蓄电池充电终了时，应检查调整蓄电池的电解液密度。如果电解液密度不符合要求，可先将原格内的电解液抽出一些，如果原密度过小，可加入密度 1.40g/cm^3 的浓电解液调整；如果原来密度过大，可加入蒸馏水进行稀释。调整后的各单格电解液密度相差不应超过 0.01g/cm^3，液面高度应符合规定。密度调整后再以小电流继续充电 0.5 小时，使电解液混合均匀，再复查电解液密度，必要时进行调整。最后把蓄电池擦拭干净，装车使用。

③ 均衡充电　正常情况下，虽然蓄电池组全组电池都处在同一情况下运行，但是由于某种原因有可能造成全组电池的不平衡，在这种情况下，应采用均衡充电的方法来消除电池之间的差别，以达到全组电池的均衡。均衡充电方法简单，可照充电器说明书进行

操作。

正常使用的蓄电池每2～3个月进行一次均衡充电。

长时间没有使用的蓄电池在使用前应进行均衡充电。

(3) 蓄电池使用注意事项

蓄电池的寿命一般在2～3年左右，如果使用和维护得当的话，可以使用到4年以上。如果使用和维护不当，就会在几个月内早期损坏。

蓄电池在使用中应定期检查电解液的高度，及时对蓄电池的存电状况进行检查和补充电。蓄电池维护工作比较简单，但是需要耐心、细致。做好电解液的补充和密度控制工作、蓄电池和引出极桩的清洁等工作，能有效地延长蓄电池的使用寿命。

检查蓄电池箱内是否有积水，发现积水须立即吸干。

另外，蓄电池不宜带电解液贮存，若要短期贮存已使用过并充满电的蓄电池，在贮存期内每隔一个月要充一次电，以补偿电池的自放电以及防止蓄电池极板的硫化或消除蓄电池极板轻微的硫化，并经常要检查蓄电池的状况。

蓄电池在使用中，若不能全充电全放电时，每一个月中要进行一次全放电全充电。这样可以保持蓄电池的容量并避免极板的硫酸化。

蓄电池外部要保持清洁。

检查蓄电池及引出导线夹头的固定情况，应无松动现象。

检查蓄电池壳体应无开裂和损坏现象，极柱和引线夹头应无烧损。

用布块擦净蓄电池外部灰尘，如果表面有电解液溢出，可用布块擦去脏污或用热水冲洗，然后用布擦干。清除极柱桩头上的脏物和氧化物，擦净连接线外部及引线夹头，清除脏污。疏通加液口盖通气孔并将其清洗干净。在安装时，在极柱和引线夹头上涂一层薄的工业凡士林。

① 蓄电池液面高度的检查　可用一根内径6～8mm、长约150mm的玻璃管，垂直插入加液口内，直至极板上缘为止，然后

用大拇指压紧管的上口，用食指、中指和无名指将玻璃管夹出，玻璃管中电解液的高度即为蓄电池内电解液平面高出极板的高度，应为 15～25mm。最后再将电解液回放到原单格电池中。

② 补充电解液　如果电解液面过低时，应及时补充蒸馏水，不要添加自来水、河水或井水，以免混入杂质造成自行放电的故障；也不要添加电解液，否则，会使电解液浓度增大，缩短蓄电池的使用寿命。注意电解液面不能过高，以防充、放电过程中电解液外溢，造成短路故障。调整液面之后应对蓄电池充电 0.5 小时以上，以使加入的蒸馏水能够与原电解液混合均匀。否则，在冬季容易使蓄电池内结冰。

③ 电解液密度的检查　电解液密度的高低是随蓄电池充、放电程度的不同而变化的。电解液密度的下降程度是蓄电池放电程度的一种表现。测量每个单格内的电解液密度，可以了解蓄电池的放电程度。

a. 测量方法。拧下蓄电池的各单格的加液口盖，用密度计从加液口吸出电解液至密度计的浮子浮起来为止。观测读数时，应把密度计提至与眼睛视线平齐的位置，并使浮子处于玻璃管的中心位置而不与管壁接触，以免影响读数的准确性。

如果温度低于 15℃或高于 15℃时，应使用温度计测量电解液的实际温度，用来修正电解液的密度值。

b. 电解液密度的修正。不同温度电解液的密度有一定的误差，需要对测得的电解液密度值进行修正。电解液密度以 25℃时为基准，故测量时，若电解液温度高于或低于 25℃时，每高 1℃，应在实际测得的密度数值上加 0.0007；反之低于 25℃时，每低 1℃，应减去 0.0007；若温差较大时，可按下式进行修正：

电解液标准温度（25℃）密度按下式进行换算：

$$D_{25}=D_t+0.0007(t-25)$$

式中　D_{25}——25℃时电解液密度；

D_t——t℃时电解液实测密度；

t——测量密度时的电解液温度。

(4) 蓄电池的安装和更换

① FE3R16AC三支点电动叉车蓄电池的安装和更换　钥匙开关转至“OFF”，方向盘倾斜杆向前推到底。打开电瓶箱盖，移去侧板，断开电瓶连接器。用钩环将电瓶吊起放置在一平坦面上，然后用钩环套入电瓶吊孔吊起，平稳地放在电瓶辊道上，用力推入，等电瓶箱完全装入后，保险装置活动臂弹起，限位开关接通电源，整机才能通电。再连接电瓶连接器，装上侧板并盖上电瓶箱盖。

② FE4F16-EF4F18AC系列电动叉车蓄电池的安装和更换　钥匙开关转至“OFF”，方向盘倾斜杆向前推到底。打开电瓶箱盖，断开电瓶连接器。将钩环套入电瓶箱吊孔，缓慢吊起电瓶箱，放置于平坦面上。将钩环套入新电瓶箱吊孔，缓慢吊起新电瓶箱，放置车上。再连接电瓶连接器，盖上电瓶箱盖。

注意：

安装以及更换蓄电池时，应固定可靠，严禁倾翻；

严禁用工具敲打极柱和引线夹头；

在搬运过程中，应避免较强的冲击。

2.4.9　维护概要

① 叉车需要定期检查与保养，使其处于良好性能状态。

② 检查和保养往往易被忽视，尽早发现问题并及时予以解决。

③ 使用纯正的备件。

④ 更换或加油时，不要使用不同型号的油。

⑤ 更换下来的油液与蓄电池，不能随便倾倒与抛弃，应按当地环境保护的法律法规要求进行处置。

⑥ 制定周全的保养、维修计划。

⑦ 每次保养、维修后应当做成完整记录。

⑧ 未经培训，禁止修理叉车。

注意！

① 严禁烟火。

② 维修保养前，应先关上钥匙开关，拔下蓄电池插头（除了作部分障碍排除检查之外）。

③ 用压缩空气清洁电气部分，切勿用水清洗。

④ 切勿将手、脚或身体任何一部分伸入门架与仪表架之间。

⑤ 即便钥匙开关关闭，由于控制器内有电容器带电，因此接触控制器时防止被电击伤。

（1）定期维护时间表（见表 2-2～表 2-11）

表 2-2　蓄电池定期维护时间表

维护项目	维护内容	工具	每天（8 小时）	每周（50 小时）	每月（200 小时）	3 个月（600 小时）	6 个月（1200 小时）
蓄电池	电解液水平	目测		√	√	√	√
	电解液比重	比重计		√	√	√	√
	蓄电池电量		√	√	√	√	√
	接线端子是否松动		√	√	√	√	√
	连接线是否松动		√	√	√	√	√
	蓄电池表面清洁		√	√	√	√	√
	蓄电池表面有否放置工具		√	√	√	√	√
	通风盖是否拧紧，通风口是否畅通			√	√	√	√
	远离烟火		√	√	√	√	√

注：√—检查、校正、调整。

表 2-3　控制器定期维护时间表

维护项目	维护内容	工具	每天（8 小时）	每周（50 小时）	每月（200 小时）	3 个月（600 小时）	6 个月（1200 小时）
控制器	检查触点的磨损状况					√	√
	检查接触器机械运动情况是否良好					√	√
	检查踏板微动开关运作是否正常					√	√
	检查电机、电池及功率单元之间的连接状况是否良好					√	√
	检查控制器故障判断系统是否正常						初次 2 年

表 2-4 电机定期维护时间表

维护项目	维护内容	工具	每天（8小时）	每周（50小时）	每月（200小时）	3个月（600小时）	6个月（1200小时）
电机	清除电机壳上异物				✓	✓	✓
	清洗或更换轴承						✓
	碳刷、整流子是否磨损，弹簧力是否正常				✓	✓	✓
	接线是否正确、牢靠				✓	✓	✓
	清刷换向片小沟及换向器表面上炭精粉末					✓	✓

表 2-5 传动系统定期维护时间表

维护项目	维护内容	工具	每天（8小时）	每周（50小时）	每月（200小时）	3个月（600小时）	6个月（1200小时）
变速箱与轮边减速机构	是否有噪声		✓	✓	✓	✓	✓
	检查渗漏		✓	✓	✓	✓	✓
	换油						×
	检查制动器工作情况		✓	✓	✓	✓	✓
	检查齿轮运行情况					✓	✓
	检查与车架连接处螺栓松动情况				✓	✓	✓
	检查轮毂螺栓拧紧力矩	扭力扳手	✓	✓	✓	✓	✓

表 2-6 轮（前、后轮）定期维护时间表

维护项目	维护内容	工具	每天（8小时）	每周（50小时）	每月（200小时）	3个月（600小时）	6个月（1200小时）
轮胎	磨损、裂缝或损伤		✓	✓	✓	✓	✓
	轮胎上是否有钉子、石头或其他异物				✓	✓	✓
	轮辋损伤情况		✓	✓	✓	✓	✓

表 2-7　转向系统定期维护时间表

维护项目	维护内容	工具	每天（8 小时）	每周（50 小时）	每月（200 小时）	3 个月（600 小时）	6 个月（1200 小时）
方向盘	检查间隙		√	√	√	√	√
	检查轴向松动		√	√	√	√	√
	检查径向松动		√	√	√	√	√
	检查操作状况		√	√	√	√	√
转向器与阀块	检查安装螺栓是否松动				√	√	√
	检查阀块与转向器接触面泄漏情况		√	√	√	√	√
	检查各接口接头的密封情况		√	√	√	√	√
后桥	检查后桥安装螺栓是否松动				√	√	√
	检查弯曲、变形、裂缝或损伤情况				√	√	√
	检查或更换桥体支承轴承润滑情况					√	√
	检查或更换转向轮毂轴承润滑情况					√	√
	检查转向缸操作情况		√	√	√	√	√
	检查转向缸是否渗漏		√	√	√	√	√
	检查齿轮齿条啮合情况					√	√
	传感器接线与工作情况					√	√

表 2-8　制动系统定期维护时间表

维护项目	维护内容	工具	每天（8 小时）	每周（50 小时）	每月（200 小时）	3 个月（600 小时）	6 个月（1200 小时）
制动踏板	空行程	刻度尺	√	√	√	√	√
	踏板行程		√	√	√	√	√
	操作情况		√	√	√	√	√
	制动管路是否有空气		√	√	√	√	√

续表

维护项目	维护内容	工具	每天（8小时）	每周（50小时）	每月（200小时）	3个月（600小时）	6个月（1200小时）
停车制动操纵	制动是否安全可靠并有足够行程		√	√	√	√	√
	操纵性能		√	√	√	√	√
杆、拉索等	操纵性能				√	√	√
	连接是否松动				√	√	√
	与减速箱连接接头磨损情况					√	√
管路	损伤、渗漏、破裂				√	√	√
	连接、夹紧部位、松动情况				√	√	√
制动总泵分泵	渗漏情况		√	√	√	√	√
	检查油位、换油		√	√	√		×
	总泵、分泵动作情况					√	√
	总泵、分泵渗漏、损伤情况					√	√
	总泵、分泵活塞皮碗、单向阀磨损损伤情况，更换						×

表 2-9　液压系统定期维护时间表

维护项目	维护内容	工具	每天（8小时）	每周（50小时）	每月（200小时）	3个月（600小时）	6个月（1200小时）
液压油箱	油量检查、换油		√	√	√	√	×
	清理吸油滤芯						√
	排除异物						√
控制阀杆	连接是否松动		√	√	√	√	√
	操作情况		√	√	√	√	√
多路阀	漏油		√	√	√	√	√
	安全阀和倾斜自锁阀操作情况				√	√	√
	测量安全阀压力	油压表					√

续表

维护项目	维护内容	工具	每天(8 小时)	每周(50 小时)	每月(200 小时)	3 个月(600 小时)	6 个月(1200 小时)
管路接头	渗漏、松动、破裂、变形、损伤情况				√	√	√
	更换管子						× 1～2 年
液压泵	液压泵是否漏油或有杂音		√	√	√	√	√
	液压泵主动齿轮磨损情况				√	√	√

表 2-10 起升系统定期维护时间表

维护项目	维护内容	工具	每天(8 小时)	每周(50 小时)	每月(200 小时)	3 个月(600 小时)	6 个月(1200 小时)
链条链轮			√	√	√	√	√
	链条加油				√	√	√
	铆接销及松动情况				√	√	√
	链轮变形、损伤情况				√	√	√
	链轮轴承是否松动				√	√	√
属具	检查状态是否正常				√	√	√
起升缸和倾斜缸	活塞杆、活塞杆螺纹及连接是是否松动、变形、损伤情况		√	√	√	√	√
	操作情况		√	√	√	√	√
	渗漏情况		√	√	√	√	√
	销和油缸钢背轴承磨损、损伤情况				√	√	√
货叉	货叉损伤、变形、磨损情况				√	√	√
	定位销的损伤、磨损情况					√	√
	货叉根部挂钩焊接部开裂及磨损情况				√	√	√

续表

维护项目	维护内容	工具	每天（8小时）	每周（50小时）	每月（200小时）	3个月（600小时）	6个月（1200小时）
门架货叉架	内门架、外门架上与横梁焊接处是否开裂、损伤				√	√	√
	倾斜缸支架与门架焊接处是否焊接不良、开裂、损伤				√	√	√
	内、外门架是否焊接不良、开裂或损伤				√	√	√
	货叉架是否焊接不良、开裂或损伤				√	√	√
	滚轮是否松动				√	√	√
	门架支承轴瓦磨损、损伤情况						√
	门架支承盖螺栓是否松动	检测锤			√（仅第一次）		√
	起升油缸活塞杆头部螺栓、弯板螺栓是否松动	检测锤			√（仅第一次）		√
	滚轮、滚轮轴及焊接部开裂、损伤情况				√	√	√

表 2-11 其他项目定期维护时间表

维护项目	维护内容	工具	每天（8小时）	每周（50小时）	每月（200小时）	3个月（600小时）	6个月（1200小时）
护顶架及挡货架	安装是否牢固	检测锤	√	√	√	√	√
	检查变形、开裂、损伤情况		√	√	√	√	√
转向指示灯	工作及安装情况		√	√	√	√	√
喇叭	工作及安装情况		√	√	√	√	√
灯和灯泡	工作及安装情况		√	√	√	√	√

续表

维护项目	维护内容	工具	每天(8小时)	每周(50小时)	每月(200小时)	3个月(600小时)	6个月(1200小时)
倒车蜂鸣器	工作及安装情况		√	√	√	√	√
仪表	仪表工作情况		√	√	√	√	√
电线	线束损伤、固定松动情况			√	√	√	√
	电路连接松动情况				√	√	√

（2）定期更换关键安全零件

① 有些零件当通过定期的维护难以发现损伤或损坏时，为了进一步改善安全性，用户应对表2-12中给出的零件进行定期更换。

② 若在更换时间到来前，这些零件就出现不正常，应立即更换。

表2-12 定期更换安全零件时间表

关键安全零件名称	使用年限(年)
制动软管或硬管	1～2
起升系统用液压胶管	1～2
起升链条	2～4
液压系统用高压胶管、软管	2
制动液油杯	2～4
制动总泵缸盖和防尘套	1
液压系统内部密封件、橡胶件	2

（3）叉车用油一览表（见表2-13）

表2-13 叉车用油一览表

名称	牌号、代号	容量/L	备注
液压油	L-HM32	22	
齿轮油	AFT DEXRONⅡ	4.5	FE4F16-18(AC)
		2.0	FE3RAC

续表

名　称	牌号、代号	容量/L	备　　注
制动液	加德士 DOT3	0.2	
工业凡士林	2#		蓄电池电极柱
润滑脂	汽车通用锂基润滑脂		
液压油	L-HM64	22	

(4) 叉车噪声和振动参数表（见表 2-14）

表 2-14　叉车噪声和振动参数表

叉 车 型 号		FE3R16AC	FE4F16AC/FE4F16	FE4F18AC/FE4F18
无载最大速度运行	振动参数/(m/s²)	9.48	5.68	5.68
	噪声参数/dB	<80		
满载最大速度起升	振动参数/(m/s²)	0.214	0.20	0.20
	噪声参数/dB	<80		

注：1. 噪声检验方法符合欧盟噪声检验方法 12053：2001。

2. 轮胎过度磨损或地面状况差时会增加噪声值。

第3章 叉车驾驶作业和安全操作技术

3.1 叉车的稳定性

稳定性是保证叉车安全作业的最重要的条件。稳定性不足，将造成倾翻事故。由于货叉位于叉车前方，货物中心位于叉车纵向支承面以外，当货物提升码垛或满载紧急制动时，有可能使整车向前倾翻或将货物自货叉上甩出，失去纵向稳定。由于叉车满载转弯或行驶于倾斜路面，特别在急转弯时，叉车有向侧面倾翻的危险，根据统计，横向翻车事故较纵向多。

（1）叉车满载码垛时的纵向稳定性

叉车在水平地面，门架直立，货叉满载起升到最大高度如图 3-1 所示，此时，如叉车自重与货物重量的合成重心处于叉车支承面以内，叉车不致前倾，如处于连线上即为临界状态，出线则前翻。所以每次装卸作业载重不得超过处于相应载荷中心时的允许载荷量。

（2）叉车满载行驶时的纵向稳定性

叉车满载时行驶，货叉离地 300mm 于平道上全速行驶制动，此时叉车受重力及制动惯性力作用。制动惯性力 $P_{惯}$ 通过叉车合成重心点，当制动时，由于惯性力 $P_{惯}$ 的作用，$P_{惯}$ 与（$G+Q$）的重力合成超出两前轮接地点连线时（图 3-2），叉车将绕前轮向前翻转，失去纵向稳定性，造成事故。如制动惯性力在此之前即已减少或消失 ，即可免除事故发生。一般要求 $P_{惯}$ 与（$G+Q$）对前轮连接线力矩平衡：

$$P_{惯}h=(G+Q)a$$

所以叉车禁止超载高速行驶。

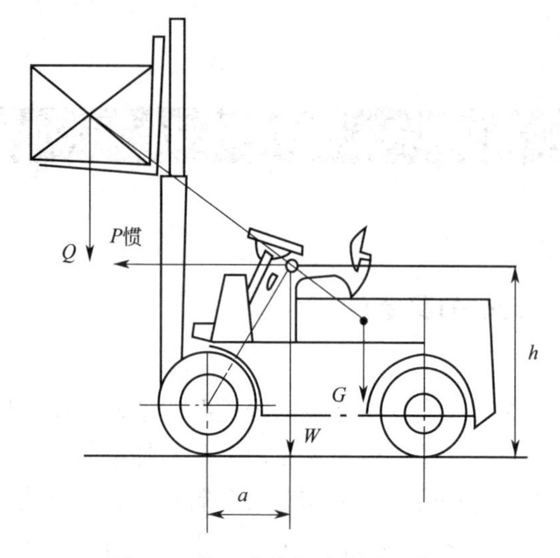

图 3-1　货叉满载提升到最大高度

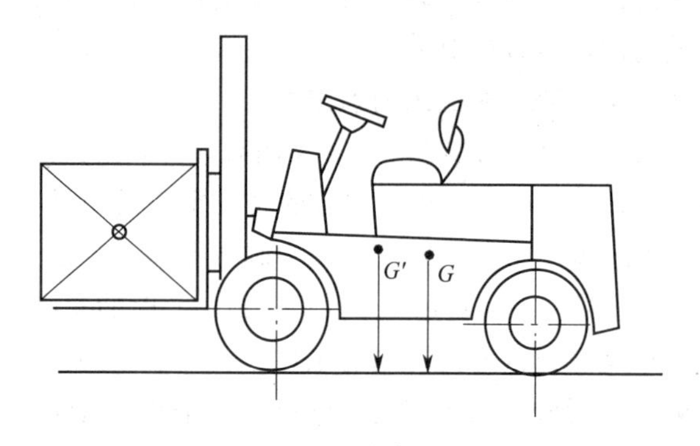

图 3-2　重力合成图

（3）叉车满载码垛时的横向稳定性

一般叉车后桥轮距小于前桥，若重心后移，则使重心垂直作用线愈接近侧方侧翻临界线，因而横向倾翻可能性将愈大。由此可见叉车满载，且将货物起升到最大高度时进行码垛，门架后倾角愈大，愈有利于提高纵向稳定性，但对横向稳定性有损。叉车侧向倾翻临界线，四支点叉车为外侧两轮与地面接触点连线，三支点叉车为前轮与后桥中心点的连线。

(4) 叉车空载行驶时的横向稳定性

根据统计，起升高度较小的叉车，翻车事故的出现，空车较重车多。其主要原因在于满载行驶时，叉车合成重心 G 前移到 G'（图 3-2），侧向倾翻的力臂增大，增加了横向稳定性。空车行驶时，司机以为空车行驶，转弯或下坡不必减速，因而造成翻车事故。

所以叉车中心高度愈低，对纵向和横向稳定性有利。重心愈靠后，有利于纵向稳定性，而有损于横向稳定性。这是驾驶叉车时必须掌握的要领。

3.2 叉车的驾驶训练

对于叉车的式样驾驶，通常包括“8”字行进、侧方移位、倒进车库、通道驾驶、场地综合练习等几项训练内容，下面分别说明其场地设置及操作要领。

3.2.1 “8”字行进训练

叉车“8”字行进，俗称绕“8”字，主要是训练驾驶员对方向盘的使用和对叉车、牵引车行驶方向的控制。

(1) 场地设置

叉车“8”字行进的场地设置，如图 3-3 所示。对于大吨位的电动叉车和大吨位的内燃叉车，其路幅还可以适当放宽。

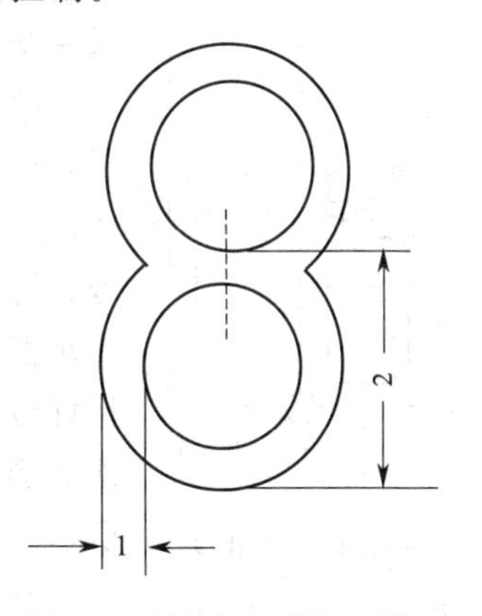

图 3-3 “8”字行进场地设置

1—路幅：内燃叉车为车宽+80cm；电动叉车为车宽+60cm；

2—大圆直径：2.5 倍车长

(2) 操作要领

前进行驶时，要按小转弯要领操作，前内轮应靠近内圈，随内圈变换方向。既要防止前内轮压内圈，又要防止后外轮压碰外圈。叉车行至交叉点的中心线时，就应向相反的方向转动方向盘。

后倒行驶时，要按大转弯的要领

操作，后外轮应靠近外圈，随外圈变换方向。既要防止后外轮越出外圈，又要防止前内轮压碰内圈。叉车行至交叉点中心线时，应及时向相反方向转动方向盘。当熟练后，可去掉中心线练习。

（3）注意事项

① 初学叉车驾驶时，车速要慢，运用加速踏板要平稳。行进时，因叉车随时都在转弯状态中，故后轮的阻力较大，如加油不够，会使行进的动力不足，造成熄火；如加油过多，则车速太快，不易修正方向。所以，必须正确应用加速踏板，待操作熟练后再适当加快车速。

② 转动方向盘要平稳、适当，修正方向要及时，角度要小，不要曲线行驶。

3.2.2 侧方移位训练

侧方移位是车辆不变更方向，在有限的场地内将车辆移至侧方位置。侧方移位在叉车作业中应用较多，如在取货和码垛时，就经常使用侧方移位的方法调整叉车的位置。

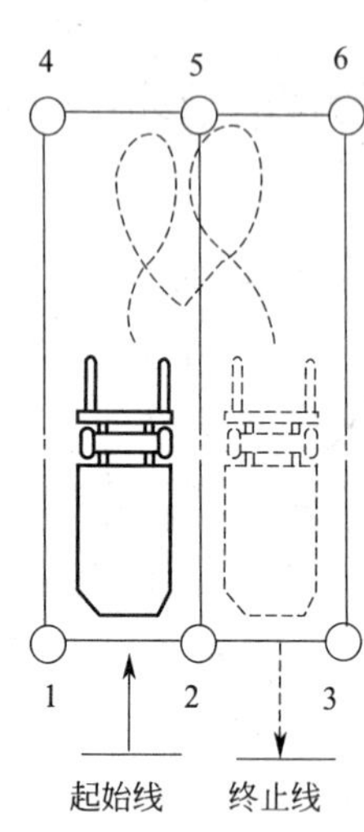

图 3-4 叉车侧方移位场地设置

1～6—场地标识点；1～3—位宽；1～4—位长

① 场地设置。叉车侧方移位的场地设置，如图 3-4 所示。图中位宽＝两车宽＋80cm；位长＝两车长。

② 操作要领。当叉车第一次前进起步后，应稍向右转动方向盘（或正直前进，防止左后轮压线），待货叉尖距前标杆线一米处，迅速向左转动方向盘，使车尾向右摆，当车摆正（或车头稍向左偏）或货叉尖距前标杆线半米处，迅速向右转动方向盘，为下次后倒做好准备，并随即停车，如图 3-5(a) 所示。

倒车起步后，继续向右转动方向盘，注意左前角及右后角不要刮碰两侧标杆线，待车尾距后标杆线一米处，迅速向左转动方向盘，使车尾向左摆。当车摆正（或车头稍向

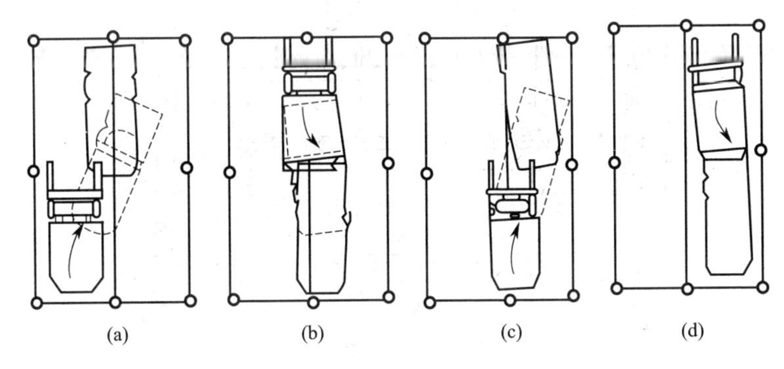

图 3-5　叉车侧方移位图

右）或车尾距后标杆线半米处，迅速向右转动方向盘，为下次前进做好准备，并随即停车，如图 3-5(b) 所示。

第二次前进起步后，可按第一次前进时的转向要领，使叉车完全进入右侧位置，并正直前进停放，如图 3-5(c) 所示。

第二次倒车起步后，应观察车后部与外标杆和中心标杆，取等距离倒车。待车尾距后标线约一米时，驾驶员应转过头来向前看，将叉车校正位置后停车，如图 3-5(d) 所示。

③ 注意事项。依照上述要领操作时，必须注意控制车速；对于内燃式叉车在进退途中不允许踏离合器踏板，也不允许随意停车，更不允许打“死方向”，以免损坏机件。倒车时，应准确判断目标，转头要迅速及时，应兼顾好左右及前后。

3.2.3　通道驾驶训练

通道驾驶即为驾驶员驾车在库房或货物的堆垛通道内行驶。驾驶员在通道内驾驶的熟练程度，直接影响叉车的作业效率和作业安全。因此，通道驾驶科目的训练，对新训叉车驾驶员来说是十分重要的。

（1）场地设置

通道内驾驶训练，可将托盘、空油桶等物件列成模拟通道，其通道宽度实际为叉车直角拐弯时的通道宽度。通道驾驶场地应设置有左、右直角拐弯和横通，其型式不限，也可按图 3-6 设置。

（2）动作要领

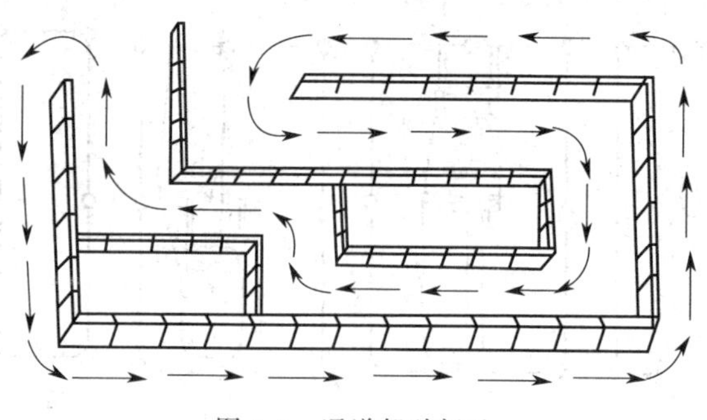

图 3-6 通道驾驶场地

① 叉车前进。叉车在直通道内前进时，除应注意驾驶姿势外，应使叉车在通道中央或稍偏左行驶，以便于观察和掌握方向。在通过直角拐弯处时，应先减速，并让叉车靠近内侧行驶，只需留出适当的安全距离即可；根据车速快慢、内侧距离大小，确定转向时机和转向速度，使叉车内前轮绕直角行驶。

一般车速慢、内侧距离大，应早打慢转；车速快、内侧距离小，应迟打快转。无论是早打还是迟打，在内前轮中心通过直角顶端处时，转向一定要在极限位置。在拐弯过程中，要注意叉车的内侧和前外侧，尤其要注意后外轮或后侧，不要刮碰通道或货垛；在拐过直角后，应及时回转方向进入直线行驶，回方向的时机由通道宽度和回方向的速度而定。一般通道宽度小，应迟回快回，通道宽度大，应早回慢回。避免回方向不足或回方向过多，以防叉车在通道内“画龙”。

② 叉车后倒。叉车在直通道内后倒时，应使叉车在通道中央行驶，并注意驾驶姿势，同时还要选择好观察目标，使叉车在通道内平稳正直地后倒。在通过直角拐弯处时，应先减速，并靠通道外侧行驶，使内侧留有足够的距离；根据车速快慢、内侧距离大小，确定转向时机和转向速度，使叉车内前轮绕直角行驶。

一般车速慢、内侧距离大，应早打慢转，车速快、内侧距离小，应迟打快转。在拐弯过程中，要注意叉车前外侧、后外侧、后外轮，尤其要注意内轮差，防止内前轮及叉车其他部位压碰通道或货垛。在拐过直角后应及时回转方向进入直线行驶。

3.2.4　倒进车库训练

（1）场地设置

叉车倒进车库的场地设置，如图 3-7 所示。其中，车库长＝车长＋40cm；车库宽＝车宽＋40cm；库前路宽＝5/4 车长。

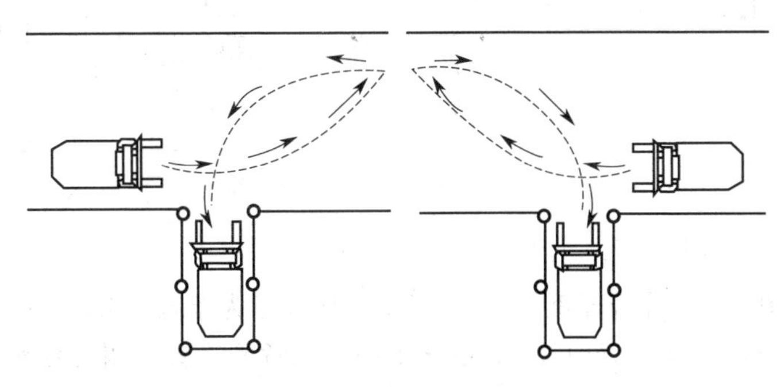

图 3-7　叉车倒进车库图

（2）操作要领

① 当叉车接近车库时，应以低速靠近车库的一侧行驶，并适当留足车与库之间的距离，待方向盘与库门（墙）对齐时，迅速向左（右）转方向盘，使叉车缓慢地驶向车库前方。当前轮接近路边或货叉接近障碍物时，迅速回转方向盘并停车。

② 后倒前，驾驶员应先向后看准车库目标。起步后，向右（左）转动方向盘，慢慢后倒；当车尾进入车库时，就应及时向左（右）回转方向盘，并前后照顾，及时修正，使车身保持正直倒进库内，回正车轮后立即停车。

（3）注意事项

倒进车库时，要确实注意两旁，进退速度要慢，不要刮碰车库门（或标杆），如倒车困难，应先观察清楚后再后倒；停车位置应在车库的中间，货叉和车尾均不准突出车库（或地面画线）之外。

3.2.5　场地综合驾驶训练

叉车场地综合驾驶训练，是把通道驾驶、过窄通道、转“8”字等式样驾驶和直角取卸货结合在一起，进行综合性练习。其场地设置可以参照图 3-8。

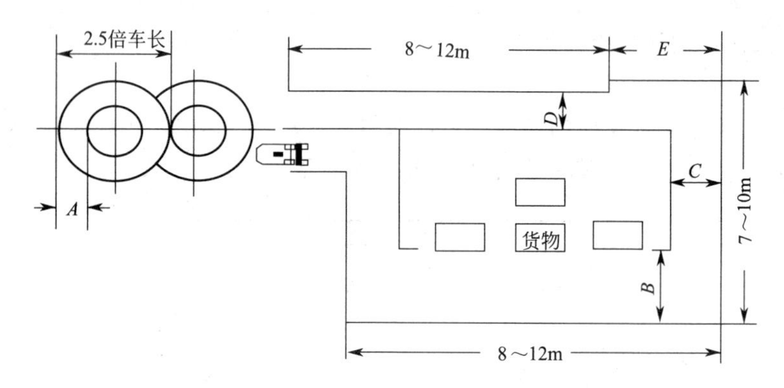

图 3-8　叉车综合练习场地

图中 A＝车宽＋80cm（1t 以下电瓶叉车为车宽＋60cm）；$E=C+a+L+C_{安}$，其中，a 为前轴中心线至货叉垂臂前侧的距离，L 为货物的前后长度，$C_{安}$ 为安全距离（一般取 0.2m）；B、C 等尺寸参见第五节中的“工作通道和工作面的确定”，其中 $B=B_{取}$，$C=B_{转}$；D＝车宽＋10cm。

叉车从场外起步后，进入通道（图示位置），经右拐直角弯，左拐直角弯后，左拐直角取货，并左拐退出货位停车。然后又起步前进，经两次左拐直角弯后进入窄通道，通过窄通道后，绕“8”字转 1～2 圈后又进入通道，经右拐直角弯、左拐直角弯后，左拐直角卸货，起步后倒出货位，倒车经左拐角弯、右拐直角弯后到达初始位置停车，整个过程完毕。

操作中，要正确运用各种驾驶操纵装置，起步、停车要平稳，中途不得随意停车或长期使用半联动，不允许发动机熄火和打死方向，叉货和卸货应按要求动作进行。

3.3 叉车作业训练及考核方法

3.3.1 叉车叉取作业

叉车起步后，操纵叉车驶至货堆之前，操纵门架由倾斜成垂直状态，将货叉升起与货物底部同高，操纵叉车慢慢向前行驶，使货

表 3-1　叉车叉取作业程序

作业步骤	作业名称	作业特点	作业图示	作业说明
1	驶近货垛	叉车起步后，操纵叉车行驶至货垛前面，进入工作位置		①通过操纵杆，操纵门架动作或调整叉高，要求动作连续，一次到位成功。不允许反复多次调整，以提高作业效率 ②进叉取货过程中，可以通过离合器控制进叉速度（但不能停车），避免碰撞货垛。取货要到位，即货物一侧应贴上叉架（或货叉垂直段），同时，方向要正，不能偏斜，以防货物散落 ③进叉取货时，叉高要适当，禁止刮碰货物 ④叉货行驶时，门架一般应在后倾位置。在叉取某些特殊货物，门架后倾反而不利时，也应使门架处于垂直位置。任何情况下，都禁止重载叉车在门架前倾状态下行驶
2	垂直门架	操纵门架倾斜操纵杆，使门架处于垂直（或货叉水平）位置	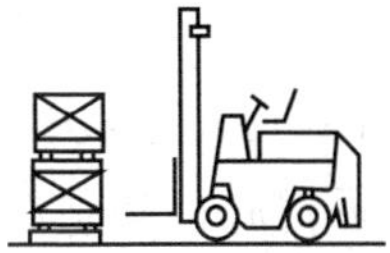	
3	调整叉高	操纵货叉升降操纵杆，调整货叉高度，使货叉与货物底部空隙同高		
4	进叉取货	操纵叉车缓慢向前，使货叉完全进入货物底下	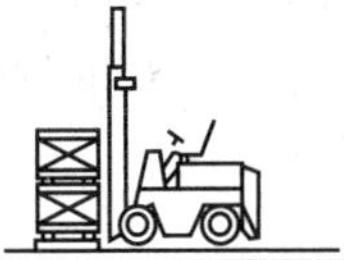	
5	微提货叉	操纵货叉升降操纵杆，使货物向上起升而使货物离开货垛		
6	后倾门架	操纵门架倾斜操纵杆，使门架后倾，防止叉车在行驶中货物散落		
7	驶离货垛	操纵叉车倒车而离开货位		
8	调整叉高	操纵货叉升降操纵杆，调整货叉的高度，使其距地面一定高度（电动叉车为 10～20cm，内燃叉车为 20～30cm）		

叉进入货物底部，提升货叉，使货物离开货堆，并使门架及货叉后倾，以防止叉车在行进中货物掉落，最后倒车使叉车离开货堆，降低货叉至离地面约 200～300mm 左右，然后操纵叉车行驶到新的货堆。全部取货程序概括起来共有八步，即驶近货垛、垂直门架、调整叉高、进叉取货、微提货叉、后倾门架、驶离货垛以及调整叉高等，如表 3-1 所示。

3.3.2 叉车卸载作业

叉车叉取货物后，其卸载或放货（堆垛）时的工作情况如表 3-2 所示。叉车叉取货物后行驶到新的货堆前面，起升货叉使其超过货堆的高度，操纵叉车慢慢驶向新的货堆，并使叉取的货物对准置于新堆的上方，使门架向前垂直。这时操纵货叉慢慢下降，使叉取的货物放于新货堆上，并使货叉离开货物底部，操纵叉车倒车离开货堆，后倾门架，降低货叉。全部放货程序概括起来共有以下八步：驶近货位、提升货叉、对准货位、垂直门架、落叉卸货、抽出货叉、后倾门架和调整叉高。

3.3.3 叉卸货技术

叉车作业，不论是装货，还是卸货，都必须重复完成叉货、卸货两个基本动作。初学时，一定要严格按八动作要求，由慢到快，循序渐进，养成良好的操纵习惯。同时还应特别注意行驶速度与操纵动作的协调、操纵动作与刹车动作的配合。

叉卸货物的熟练程度，可以用一次循环时间、叉货准确率、放货成功率等衡量。一个好的操作手，应做到叉而准，准而稳；行短路，转小弯；动作程序分明，车速配合适当；叉货准，卸货稳，不顶、不刮、不拖拉。

3.3.4 叉车叉卸货效率分析

在仓库的收发和翻堆、倒垛作业中，操作手的熟练程度对任务的完成影响很大，它直接影响着机械的利用率、纯作业时间和作业效率；在作业人员一定的情况下，尤其决定着人均作业率的大小；而叉、放货物成功率是衡量操作手技术熟练程度的重要指标之一。因此，在操作训练中，应注意加强操作手的叉货和放货的实际训练。

表3-2 叉车卸载作业程序

作业步骤	作业名称	作业特点	作业图示	作业说明
1	驶近货位	叉车叉取货物后行驶到卸货位置，准备卸货		①通过操纵杆，操纵门架动作或调整叉高，动作要柔和，速度要慢，以防货物散落。同时动作要连续，一次到位成功，不允许反复多次调整，以提高作业效率 ②对准货位时速度要慢（可用半联动控制），但不能停车。禁止打死方向，左、右位置不偏不斜。前后不能完全对齐，要留出适当距离，以防垂直门架时货叉前移而不能对正货堆 ③垂直门架一定要在对准货位以后进行，保证叉车在门架后倾状态移动 ④落叉卸货后抽出货叉，货叉高度要适当，禁止拖拉、刮碰货物
2	调整叉高	操纵货叉升降操纵杆，使货叉起升（或下降），而超过货垛（或货位）高度		
3	进车对位	操纵叉车继续向前，使货物位于货垛（或货位）的上方，并与之对正		
4	垂直门架	操纵门架操纵杆，使门架向前处于垂直位置	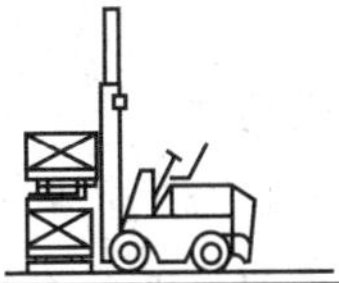	
5	落叉卸货	操纵货叉升降操纵杆，使货叉慢慢下降，将所叉货物放于货垛（或货位）上，并使货叉离开货物底部	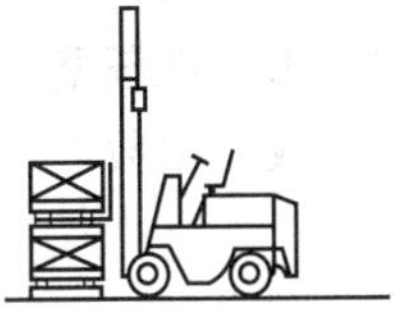	
6	退车抽叉	叉车起步后倒，慢慢离开货垛		
7	后倾门架	操纵门架向后倾斜		
8	调整叉高	操纵货叉起升或下降至正常高度，驶离货堆		

（1）一次叉货准确率

叉车在正常状态（货叉离地20～30cm，门架后倾）下驶近货垛，按叉货程序操作，没有出现重新调整叉车、货叉或不使用横移等动作情况下，一次叉取货物位置恰当，则算一次叉取成功。在选定的时间内叉取一组货物，其叉取成功次数与总叉取次数之比称为一次叉货准确率，用百分数表示，即

$$C=\frac{m}{M}\times 100\%$$

式中 C——一次叉货成功率；

m——在选定时间内叉取成功次数；

M——在选定时间内总的叉货次数。

实际考核中，可以连续叉取几组货物，取其成功率的平均值作为一次叉货准确率。

（2）一次放货成功率

叉车载货在正常状态下，驶近货位，按放货程序操作，一次放货，不重新调整叉车或货叉，不使用横移，货箱位置合适，则算一次放货成功，否则失败。在任意选取的时间内，叉、放一组货物，其放货成功次数与总放货次数之比称为一次放货成功率，用百分数表示，即

$$F=\frac{n}{N}\times 100\%$$

式中 F——一次放货成功率；

n——在选定时间内放货成功次数；

N——在选定时间内总的放货次数。

实际考核中，可以连续叉、放几组货组，取其成功率的平均值作为一次放货成功率。

（3）一次叉卸货循环时间

叉车从叉取货物，经过短途运输后放货，再回到原来叉货地点，这一过程称为叉车的一次工作循环，一个工作循环所占用的时间，称为一次叉卸货循环时间。一次叉卸货循环时间同样是衡量操

作于技术熟练程度的指标之一。

3.3.5　叉车工作通道和工作面的确定

叉车在库房或货场内作业时，需要有方便的通道，以供叉车行走、取货、拆码垛之用。通道宽度主要取决于叉车的转弯半径、货物的外形尺寸，以及其他一些因素。

（1）直行通道最小宽度的确定

叉车在直行通道中会车时，其通道宽度取决于两叉车的宽度或所载货物的宽度，如图 3-9 所示。图中：

$$B_{直}=B_1+B_2+C_{安}$$

式中　$B_{直}$——直行通道最小宽度；

B_1、B_2——分别为两叉车或所载货物的宽度；

$C_{安}$——安全距离，包括叉车与叉车之间、叉车与货垛（或建筑物）之间的距离，一般取 0.5m。

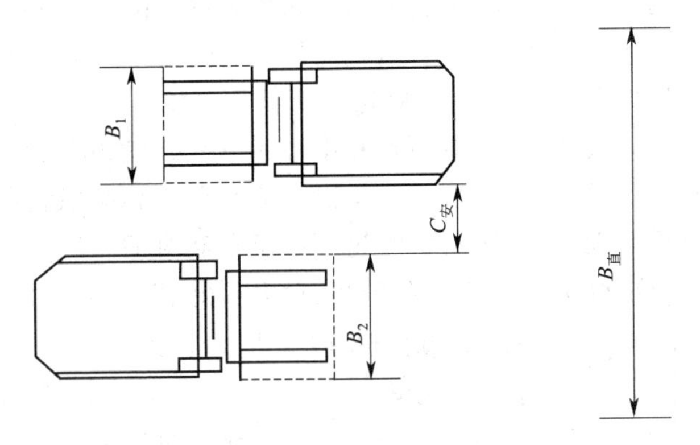

图 3-9　叉车直行通道宽度

（2）直角转弯通道最小宽度的确定

如图 3-10 所示为叉车直角转弯的通道，在这种情况下，通道宽度由叉车的转向半径来决定。图中：

$$B_{转}=R-r+C_{安}$$

式中　$B_{转}$——直角通道的最小宽度；

R、r——分别为叉车外侧和内侧的转向半径；

$C_{安}$——叉车与货垛或建筑物之间的安全距离，一般取0.2m。

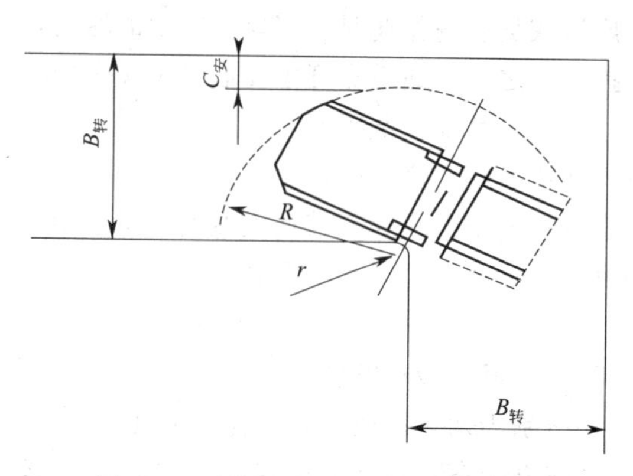

图 3-10 叉车直角转弯通道最小宽度

叉车的转向半径，一般通过实际试验求得：在平坦而坚实的地面上，叉车于空载状态下，把转向轮转到极限位置，以低速旋转一周（或二周以上），它的最外侧轮廓所描绘的圆周半径，即为外侧转向半径 R；而在内侧最靠近旋转中心的一点所作的圆的半径，即为内侧转向半径 r。但是，当叉车在满载并以正常速度运行时（此时货物接近于地面），转向轮的轮压小于空载时的轮压。转向时，转向轮向一边滑动，其转向半径也稍增大。由于存在这一情况，在确定通道宽度时，应适当增加一些余量。

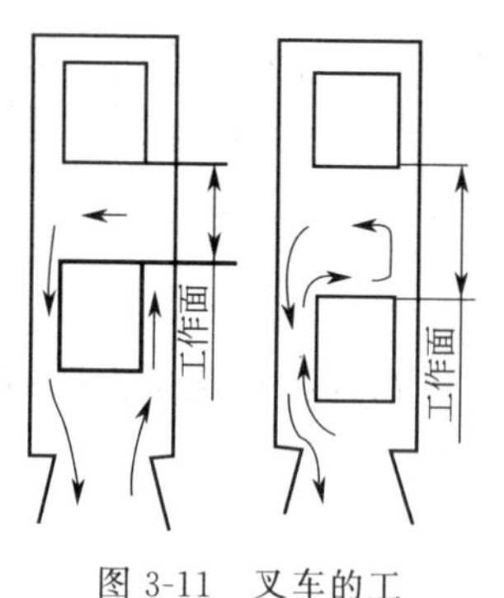

图 3-11 叉车的工作面宽度

（3）工作面宽度（直角取货）的确定

如图 3-11 所示，用叉车拆码垛、牵引车搬运作业时，工作面的宽度与货物的堆垛型式有关。当牵引车采用图 3-11 的循环路线时，工作面宽度可以窄一些。这里仅就叉车直角取货来确定工作面宽度。当使用牵引车时，可以根据牵引车的外形尺寸、转弯半径等，适当增加通道宽度。

① 当叉车叉卸一般狭小货物时，如图3-12所示，当$\frac{m}{2}\leqslant b$时，所需工作面的最小宽度为：

$$B_{取1}=R+D+L+C_{安}$$

式中　D——叉车前轴线到货物后侧的距离；

b——叉车旋转中心到其中心线的距离，即$b=B/2+r$；

L——货物的长度；

m——货物的宽度；

B——叉车全宽。

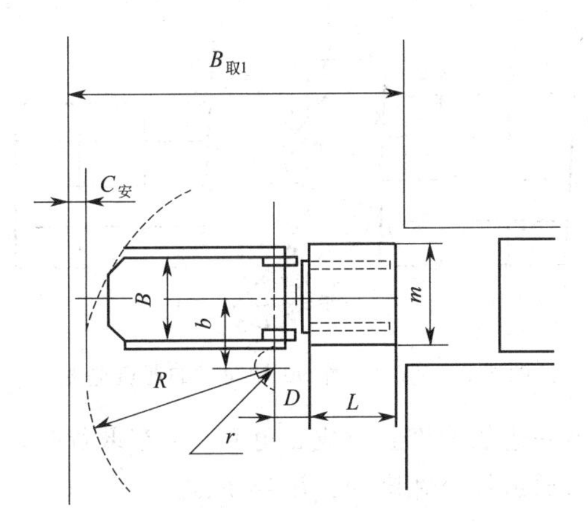

图3-12　叉车叉取一般货物

$B_{取1}$—工作面宽度；$C_{安}$—安全距离

② 当叉车叉卸中等宽度货物时，如图3-13所示。

当$\frac{m}{2}\leqslant h$时，此时所需工作面的最小宽度为：$B'=\frac{1}{2}B$

式中　$R_{外}$——外侧半径；

R——旋转中心至货物内侧外缘的距离，即

$$R=\sqrt{(D+L)^2+\left(\frac{m}{2}-b\right)^2}$$

③ 如图3-14所示，为了减少通道的宽度，充分利用库房面

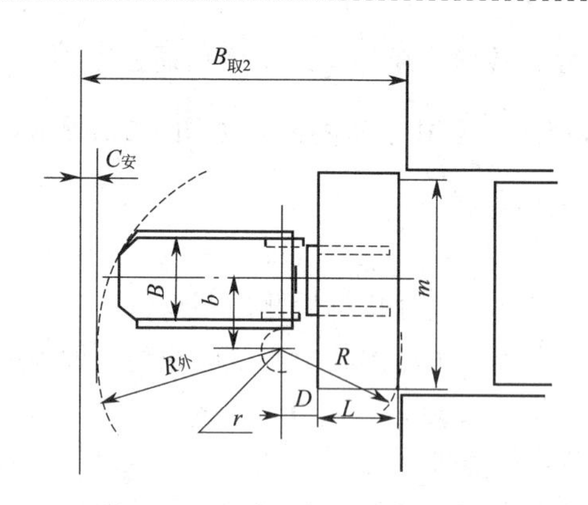

图 3-13　叉车叉卸中等宽度货物

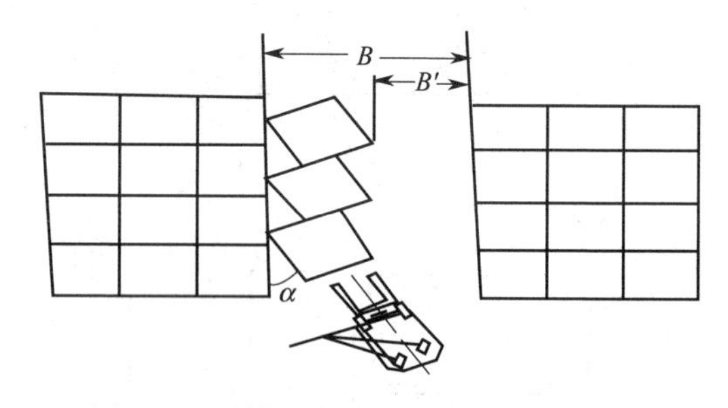

图 3-14　取货不作 90°转向时的通道宽度

积，可将通道一边的货堆斜放成 α 角度。叉车取货时，只需 α 角转向。此时所需通道最小宽度为：$B'=B\sin\alpha$

当 $\alpha=30°$时，$B'=\frac{1}{2}B$，通道宽度即可减小一半。

3.3.6　拆码垛作业

叉车拆码垛作业，是叉取货物和卸下货物，有时还与短途运输结合起来，同时还要求堆码整齐的综合性作业。

① 叉车拆码垛动作要按取货和放货程序进行。当动作熟练后，有些动作可以连续进行，而不必停车。

② 在短距离范围内连续作业时，放货后的最后两个动作，即后倾门架和调整叉高，可视具体情况进行灵活操作。

③ 叉车在取货后倒出货位或卸货前对准货位，要防止刮碰两

侧货垛。

3.3.7　叉车驾驶的考核方法与标准

（1）考核方法

① 书面测试　书面测试的形式和题目可不拘形式，力求简单灵活，以检验学员学习掌握基本知识的情况。

题目既可以是选择题、判断题、是非题、填空题和简单的问答题；也可以根据培训中所讲内容和学员学习情况，酌情处理其深度和难度。对叉车安全操作、维护保养等方面的内容，应作为考核重点。

② 实际操作考核

a. 绕圆迂回法。如图 3-15(a) 所示，用托盘（或木箱）围成一个半径为 5m 的圆圈，托盘之间的距离为车宽加 20cm，然后让学员驾驶货叉放下的空叉车，绕圆圈在托盘之间迂回进出两次。第一次为前进驾驶，第二次为倒车驾驶。碰动一次障碍物扣一分，顺利通过可得 10 分。

b. 正逆迂回法。如图 3-15(b) 所示，学员驾驶叉车通过障碍区，正行和倒行各通过一次，碰动一次障碍物扣一分。满分为 10 分。

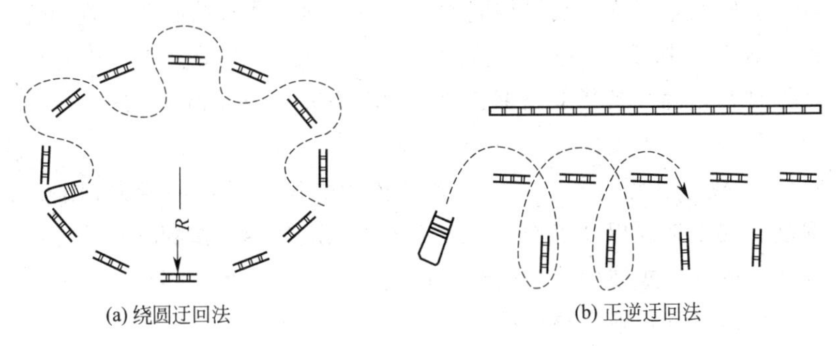

(a) 绕圆迂回法　(b) 正逆迂回法

图 3-15　叉车通过障碍区示意图

c. 通道考核法。如图 3-16 所示，在训练场上用空托盘等构成一条宽度为车宽（或货宽）加 10cm，长为 12～15m 的通道。学员驾驶载有货物的叉车穿过整个通道，然后放下货物，将车向后倒车

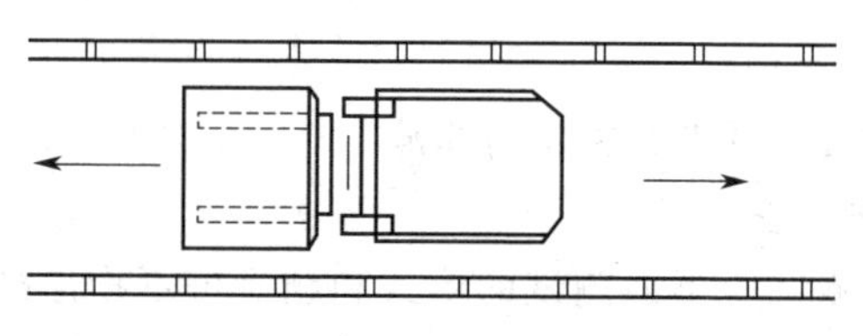

图 3-16　通道考核示意图

约 10m 再往前开，并叉起货物，最后从通道内倒行驶出。每碰动一次障碍物扣 2 分，满分为 10 分。

d. 学员驾驶叉车从储存区每次装运一个托盘货物，驶到指定地点，将货物沿地面上的一条直线放成一行，然后再将货物运回储存区。操纵叉车正确，放置货物位置准确，动作利落，可得 15 分。

e. 组成模拟车厢，取两个托盘，每个托盘的中心画一个直径为 25cm 的圆圈，在圆圈上放置一个圆柱体（圆柱体高 80cm，直径 25cm）。学员驾驶叉车分两次将放有圆柱体的托盘运入车厢，并排放好。在运行中圆柱体每倾倒一次，或每碰一次车厢板，均扣 2 分，满分为 15 分。

f. 拆码垛作业。学员驾车驶入考核场地，在画有两直线的区域内拆码两个货垛。货垛堆码两层，下层每个货载或托盘放置的位置偏离 5cm 扣 2 分，上层货物放置不正，扣 1～3 分。操作中各种动作是否正确、叉货准确率、放货成功率和整个拆码垛时间，应作为评分的一项重要内容。满分 20 分。

g. 教员自行确定题目。综合考核学员操纵叉车的能力，细心程度，安全情况以及工作效率。考核中完成各种动作的时间，应作为评分的一项重要内容，用时过长应扣分，满分为 20 分。

(2) 实际作业考核标准

对于叉车驾驶考核的评分标准，通常都采用百分制形式，虽然叉车的结构尺寸和型号不一样，但考核场地的尺寸可根据考核用车的具体车型适当进行收放，其考核扣分标准具体如表 3-3 所示。

表3-3　叉车实际作业考核评分表

题号	分数	评分内容	扣分	实得分
1	10分	正行时托盘被碰动移位，倒行时托盘被碰移位	( ) ( )	
2	10分	托盘被碰动移位，通过障碍不顺利	( ) ( )	
3	10分	正行托盘碰动移位，倒行托盘碰动移位	( ) ( )	
4	15分	托盘放置出线，放置托盘时进入不当，运走托盘时方向对倒车过多等	( ) ( ) ( )	
5	15分	网柱体翻倒托盘被碰动移位，刮碰车厢板	( ) ( )	
6	25分	叉货准确率不高，放货成功率不高，用时过长，堆放不正确，物资掉落	( ) ( ) ( ) ( ) ( )	
7	15分	启动技术不佳，驾驶位置不当，操作动作过快或过慢，操作不细心，作业效率不高	( ) ( ) ( ) ( ) ( )	
总计	100分			

(3) 综合场地考核

叉车基础驾驶和叉卸货物等熟练程度的考核，也可以在综合场地上进行。综合场地是把通道驾驶、过窄通道、转“8”字（或侧方移位）等式样驾驶与直角取卸货结合在一起。

其式样采用综合练习场地，如图3-17所示。

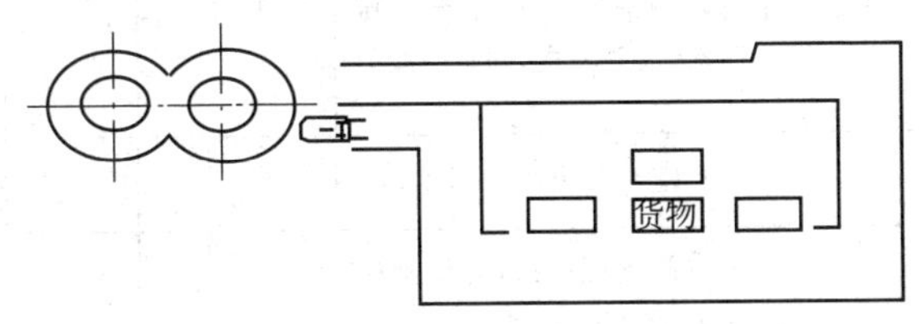

图3-17　叉车综合场地考核示意图

考核顺序和内容为：①上车、起步；②空车右拐直角弯；③空车左拐弯；④直角取货；⑤重车左拐弯；⑥重车左拐直角弯；⑦过窄通道；⑧绕“8”字；⑨重车右拐直角弯；⑩重车左拐弯；⑪直角卸货；⑫倒车左拐弯；⑬倒车右拐直角弯；⑭停车、下车。具体评分标准如表 3-4 所示。

表 3-4　叉车操作综合考核评分表

考核内容	分数	扣分项目	扣分标准	扣分	实得分
上车、起步	4	上车动作不正确，起步不升货叉，起步不松手制动，起步不稳	1 1 1 1		
空车右转弯	6	压碰内侧一次，后侧刮压一次，前碰一次，调整一次	1～3 1～3 2 2		
空车左转弯	4	后侧刮压一次，前碰一次，调整一次	1～3 2 2		
直角取货	14	取货后侧刮压一次，货叉调整不当，撞货一次，取货不到位，取货偏斜，刮碰两侧货垛一次，后倒时后撞一次，取货程序错一步，调整一次	2～3 2 5 1～2 1～3 1～2 1～2 2～4 2		
重车左转弯	6	前碰一次，内侧刮压一次	3 1～3		
重车左转弯	10	内侧刮压一次，后侧刮压一次，前碰一次，调整一次	2～4 1～3 2～4 2		
过窄通道	8	刮碰一次，调整一次	2～3 2		
绕“8”字	7	内侧刮压一次，外侧刮碰一次，调整一次	1～3 2～4 3		

续表

考核内容	分数	扣分项目	扣分标准	扣分	实得分
重车右拐弯	6	压碰内侧一次,后侧刮碰一次,前碰一次,调整一次	1～3 1～3 2～4 9		
重车左拐弯	5	后侧刮碰一次,前碰一次,调整一次	1～3 2～4 2		
直角卸货	15	放货后侧刮压一次,货叉调整不当,刮碰两侧货垛一次,撞货一次,放货不到位,放货偏斜,后倒时后撞一次,放货程序错一步,调整一次	2～3 2 2～4 5 1～2 1～3 1～3 2 2		
倒车左转弯	5	压碰内侧一次,后侧刮碰一次,调整一次	1～3 1～3 2		
倒车右转弯	5	压碰内侧一次,后侧刮碰一次,调整一次	1～3 1～3 2		
停车、下车	5	不放货叉,不拉手制动,下车动作不正确	1～3 1～3 2		
总分	100	(其他扣分)			

注：每处分数扣完为止，以下各项在总分中扣除：

1. 随意停车一次扣1分；
2. 打死轮一次扣2分；
3. 方向盘操作不当扣5分；
4. 各处调整扣分按几何级数增加，超过三次扣41分；
5. 窄通道过不去扣41分；
6. 碰撞货垛后不能及时采取有效措施扣41分。

 3.4 叉车在不同仓库中的使用特点

3.4.1 库房的类型

在物资储存期间，为了减少外界自然条件对物资的影响，使之

在正常的保管期间，保持物资数量准确和质量完好无损，同时为了适应物资的收、管、发、运各个技术环节作业的需要，必须有一个良好的储存场所——库房。库房的基本类型有三种，即地面库、地下库和半地下库。通常，市区仓库多为地面库，山区仓库多为洞库（地下库）。

① 地面库。地面库房通常为砖木结构，建造容易，易于通风。地面库房有多层库房和单层库房之分。

多层库房又称立体库房，由于它占地面积少，便于机械化、自动化作业，也利于扩大仓库容积。因此，它是现代仓库重点发展的方向。

单层库房收发作业方便，但占地较多。按其用途可分为封闭式库房（保温库、一般库等）、特种库房（混合结构的机械化库房、高级精密仪表库房、危险品库房、储罐等）、货棚和简易库房、露天货场等。露天货场主要用于物资的装卸、运输和内部周转。

② 地下库。地下库又称洞库，是指利用山地岩石凿洞建筑的库房。这种库房内的温度适中，四季变化不大，年平均库温等于或略高于当地年平均温度；但夏季易潮湿，需采取防潮措施后，方可达到规定要求；较地面库易于管理。因地下库需根据地形、石质等条件开凿，故大小和形状各不相同。

3.4.2 洞库中叉车的使用特点

由于洞库的湿度一般较大，通风条件相对较差。内燃叉车和牵引车在使用中，其发动机要向外排出废气，这些废气将严重污染库内空气和库存物资。不仅如此，而且发动机的运转噪声加上其在洞库中回声振荡，严重影响驾驶员的正常工作。所以，内燃叉车和牵引车不适宜在洞库中使用，如确需内燃叉车进洞库作业，必须对排气进行净化处理。

洞库中一般使用电动叉车进行作业，同时为了节约电能和提高作业效率，常配以电动牵引车、手铲车等其他机械协同作业。其作业方法是：电动叉车在洞内负责拆码垛；洞口站台由手铲车、电动叉车或其他机械实施装卸；在洞内和洞口站台之间由电瓶牵引车或手铲车负责短途运输。洞库的宽度一般较地面库房要小，高度也有一定限制。所以不适宜使用大型机械，一般只使用小吨位电动叉车或电动牵引车进行作业。

3.4.3 地面库中叉车的使用特点

地面库中使用机械的范围要比洞库大得多。就库房本身而言，它既可以使用电动机械，又可以使用内燃机械，还可以使用其他动力的机械（如交流电叉车）或其他机械设备进行作业。

作业时，一般由牵引车或其他运输车辆将货物运到库房门口，然后由叉车将其从车上叉下，直接运进库房并堆码成垛或装上货架；对于和铁路专用线直接相连的站台库房，叉车可以从火车厢内直接取上货物运进库房并码垛；对于装卸药品等怕污染物资，在库房内必须使用电瓶叉车或交流电叉车等进行作业，禁止使用内燃叉车。

 3.5 叉车对物资码垛要求

3.5.1 不同物资的码垛特点

物资的码垛，就是根据物资的包装形状、重量、数量和性能特点，结合地面负荷、储存时间、季节气候、装卸型式等因素，将物资按一定规律堆码成各种垛型的工作。物资的堆码方式直接影响着叉车作业的效率和物资的保管。合理的堆码，能使物资不变形、不变质，保证物资储存安全；同时还能提高库房的利用率，并便于对物资的保管、检查、保养和收发。

（1）码垛的要求

码垛的要求，主要体现在对码垛物资的要求、对码垛场地的要求和对码垛形式的要求上，具体要求内容如表 3-5 所示。

（2）码垛的基本型式

码垛的质量与型式如何，直接影响物流机械的作业效率，特别是影响叉车的叉取和装卸效率。下面就码垛的一些基本型式，分别进行介绍。

表 3-5 码垛的具体要求

对码垛物资的要求		①物资的数量、质量已彻底查清、验收完毕；②包装完好，标志清楚；③物资外表的沾污、尘土、雨雪等已清除，不影响质量；④受潮、锈蚀以及发生某种质量变化或质量不合格的部分已加工恢复或已提出另行处理的物资，与合格品不能相混杂；⑤为便于机械作业，该打捆的物资应已打捆，该集中装箱的物资应已集中装入坚固的包装箱
对码垛场地的要求	库内码垛	货垛应存墙基线和柱基线以外，垛底必须垫高；库内若有排水沟，则存排水沟上不宜堆放货物
	棚内码垛	棚顶不漏雨，棚的两侧或四周必须有排水沟，棚内地坪应高于棚外地面，最好铺垫砂石或煤渣并整平夯实；也可浇注混凝土地面。码垛时要垫垛，一般垫高 20～40cm
	露天码垛	码垛场地应坚实、平坦、干燥、无积水及杂草，场地必须高于四周地面。垛底还应垫高 50cm(可用水泥墩)，四周必须排水畅通
对码垛形式的要求	合理	对不同品种、规格、型式、牌号、等级、批次、国别、炉号、有效期和上级业务部门的物资，均应分开序列堆码，不能混杂；选择垛形，必须适合于物资性能特点，达到合理保管。正确留出垛距道路，便于装卸、搬运、发放和检查。码垛时要分清先后次序，便于“先进先出”和收发、检查等工作
	顶垫	一般物资码放，要求一垫五不靠：即物资垛底不能直接接触地板、地面，要有垫木；垛顶不能超过屋梁下弦和天花板，四周不与墙相靠。一般机械车辆应顶垫大梁和弹簧板部位，解除轮胎和弹簧板的负荷；轿车为防止变形和损坏玻璃可不顶垫
	牢固	不偏不斜、不歪不倒；不压坏底层物资和地坪
	定量	每行、每层的数量力求整数。过磅物资不能成整数时，每层应明显分隔，标明重量，以便于清点和便于发货
	整齐	排列整齐有序。垛形有一定规格，成行成列，上下垂直，左右成线，不倾斜倒置，包装外如有标志，则标志一律朝外，字迹向上。垛外张时应用木条或绳子牵直，达到整齐、清洁、美观
	节省	要节省面积，物资尽量码到适当高度，提高库房利用率。小件物资最好实行箱柜和货架存放。油料最好储到最高安全容量部位，既可多储物资，又可减少油料挥发。同时还要注意一次码垛成功，节省人力物力，减少不应有的翻堆倒垛

① 重叠式码垛。这种码垛方式是将物资逐件逐层向上重叠码高而成货垛。如钢板、胶合板、集装材料等质地坚硬物质的堆放。由于占地面积较大，且不会倒塌，采用这种码垛型式比较合适。在重叠堆码板材时，可逢十（或五）略行交错，便于记数，如图 3-18 所示。

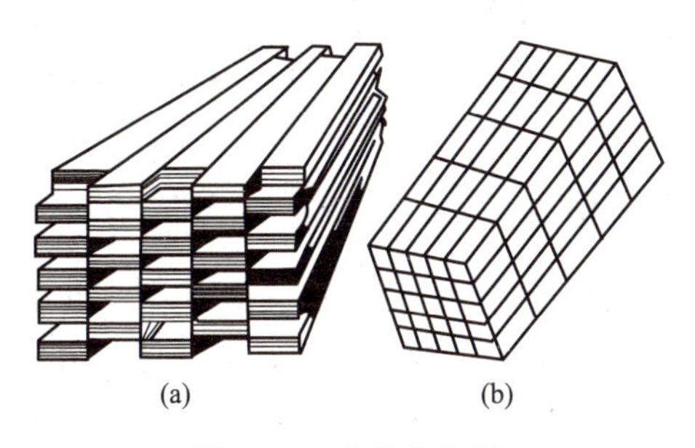

图 3-18　重叠式码垛

② 通风式码垛。需要通风保管的物资，堆码时每件物资之间都留有一定的空隙，以利通风，如图 3-19 所示。

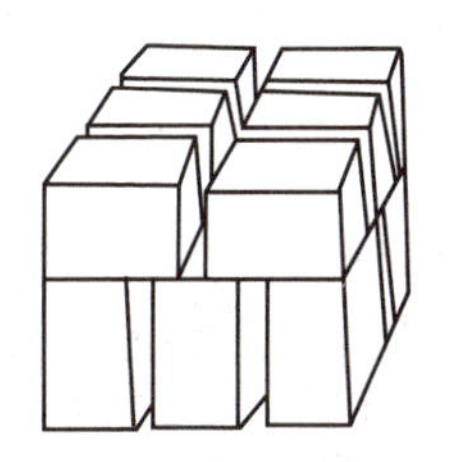

图 3-19　通风式码垛

③ 仰伏相间式码垛。将材料仰放一层，再伏放一层或仰伏相间组成小组再码成货垛。这种码垛方法适用于金属材料中的型钢（如槽钢、角钢等）和锭子（如铝锭）的码垛；其缺点是仰放的物资容易积水，如图 3-20 所示。

④ 植桩式码垛。对于金属材料中的长条形材料（如棒材、管材等），在码垛时，于货垛两旁各植入两三对木桩或钢棒，然后将材料平铺其柱中；每层或隔几层在两侧相对的柱子上用铁丝或绳子拉紧，并标明每层的重量，如图 3-21 所示。

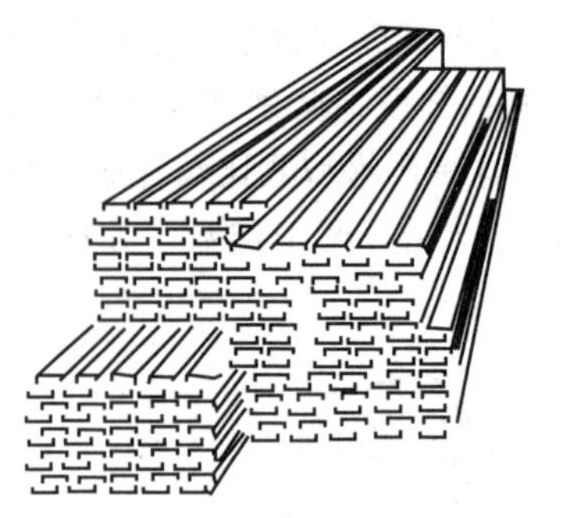

图 3-20　仰伏相间式码垛

图 3-21　植桩式码垛

⑤ 鱼鳞式码垛。将圆圈形物资（如电线、盘条等）半卧，其一小半压在另一圈物资上，顺序排列，第一件和最后一件直立作柱或另放柱子；码第二层时，方法与第一层相同，方向相反，这种堆垛稳固，花纹像鱼鳞一般，故称鱼鳞形码垛。

⑥ 压缝式码垛。将底层排列整齐成方形、长方形或环形垛底，然后起脊压缝上码。方形或长方形垛底形成的堆垛其断面成屋脊形，故也称起脊压缝式码垛；环形垛底形成的堆垛则是圆柱形，如图 3-22 所示。

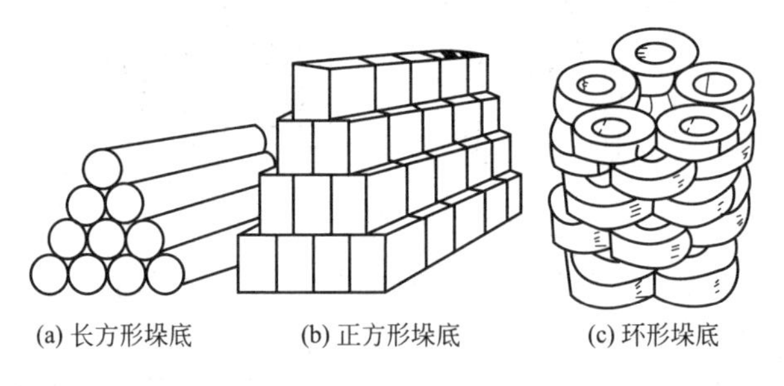

(a) 长方形垛底　(b) 正方形垛底　(c) 环形垛底

图 3-22　压缝式码垛

⑦ 纵横交错式码垛。将物资纵横交错上码，形成方形垛。此垛形适宜码大垛、高垛，垛形牢固并整齐，如图 3-23 所示。

⑧ 行列式码垛。有些物资体积大而且重，外形特殊，或需要经常察看其四周有否渗透变化情况的，不宜码成重叠或其他型式的

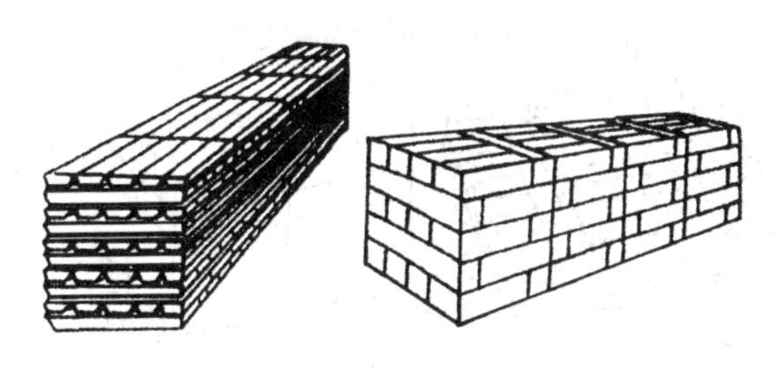

图 3-23　纵横交错式码垛

垛，只能排列成行，中间留有通道，以便检查，有利通风。这种码垛方法称为行列式码垛。

⑨ 衬垫式码垛。对四面不整，不规则的裸体物资（如电动机减速箱等）堆码时应加衬垫物，衬垫平整可靠，才能上码。衬垫材料的形状需视物资的形体而定。码放木板、钢材如受库房条件限制，不便交错码垛，则在采用重叠码垛时，为了牢靠，也须用衬垫物。

⑩ 托盘式码垛。用托盘码垛是将袋装或箱装物资整齐码在托盘上，然后带着托盘再逐层上码。这是一种便于物资存放和机械作业的先进方法。就托盘的式样而言，有平板托盘和框架托盘等。对于软包状物资或怕压物资，最好采用框架托盘；对于木箱、铁箱包装而又不怕压的物资，最好采用平板托盘；对于存放于立体库房的物资，也应采用平板托盘。

在平板托盘中，比较理想的是纵横向均可入叉的托盘，如图 3-24 所示。物资码入此种托盘后，上部用绳子捆孔，前移式叉车从横向入叉，即可将托盘抽出，将物资直接托入车皮，节省一道手工装卸作业。

托盘上货物的码盘方法通常有对排码放、“丁”字码放、“工”字码放、梯形码放、交叉码放、配装码放等型式，如图 3-25 所示。其中，配装码放是当一批包装规格不统一的货物，或多批货物需码在同一个托盘上时常用的方法（如车站货场）。这时要搭配整齐，码放牢固，便于清点。除此之外，还有三角形码放、梅花形码放、套装码放等码盘方法。

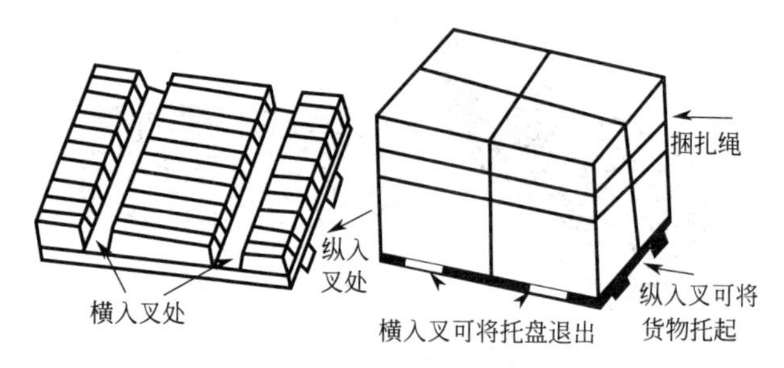

图 3-24　纵横均可入叉托盘码垛作业示意图

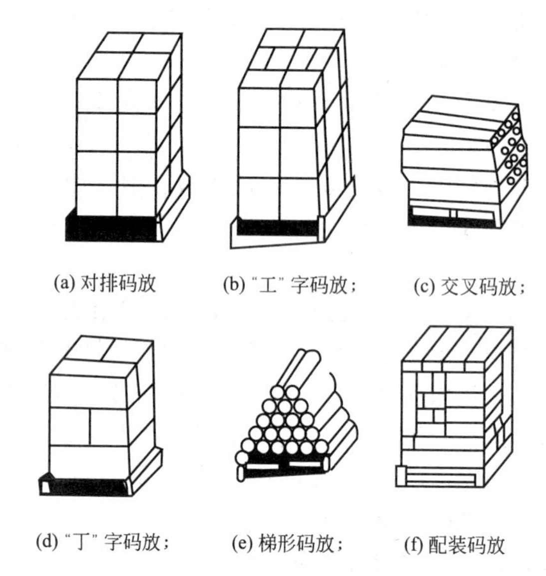

图 3-25　码盘方法

⑪ 集装袋式码垛。用集装袋码垛是将袋装物资整齐地码放在集装袋内，然后带着集装袋逐层上码。这也是一种便于物资存放和机械作业的先进方法。

集装袋是一种用帆布等材料制成的四方形布块，其型式有两种，即吊袋和托袋。吊袋上通常还缝制有经纬加强带、捆扎带和吊带，作业时需用吊叉进行；托袋其作用和型式与托盘基本相同，不过作业时需用特制的货叉（比常用货叉薄而宽）和另一套机构（推出器和夹紧装置）进行。

⑫ 串连式码垛 利用物资中间的管道或孔（如管子零件、轮胎等），用绳子按一定数量串连起来，再逐层码垛。

以上叙述的几种型式，都是在长期实践中积累的，是十分行之有效的码垛型式。随着物流机械的品种越来越多，以及性能和功能的不断提高，对物资的作业范围也不断扩大。因此，不同物资的码垛型式也将随之而改变。但无论码垛型式如何变化，都需要考虑物流机械作业的适应性，以获取机械和物流的最大效率。

例如，对钢材、木材等物资的码垛，一般采用压缝式或纵横交错式码垛，也有的采用植桩式或衬垫式码垛。其码放高度既要考虑库房高度和装卸机械作业的要求，也要考虑到地面对负荷的承受能力。

对于棉被、日用品等物资，一般先采用莆席、纸箱、布袋等进行软包装或半硬包装后，再采用纵横交错式码垛方法码成大垛或采用框架托盘堆码存放型式，托盘与托盘之间采用重叠式码垛，以便于叉车作业。

3.5.2 不同物资对叉车性能的要求

物资的物理化学性质、包装以及采用的装卸搬运型式不同，对叉车的性能就会有不同的要求。

① 桶装油料装卸作业时，要求叉车带有鹰嘴属具，使其能自动取货和卸货。要采用叉车或进行防爆处理；装卸空油桶则可用专用吊夹具，一次装卸多个桶。

② 装卸雷管、炸药等易爆易燃品时应要求使用防爆型电瓶叉车，并且要装置封闭式马达。

③ 药品、水果、蔬菜等物资，易被汽油、柴油的烟气熏染，一般也应使用电动叉车（电瓶或交流电），尤其在库房内，禁止使用内燃叉车作业。

④ 在装卸那些包装间隙较小且易燃易爆的物品时，要求货叉的厚度不能太大，而且由于其怕受冲击和大的振动，因此要求使用电动叉车，并且在叉架上应带有压紧机构，以防货物翻倒、掉落而发生危险。

⑤ 当大米、面粉、水泥等物资采用吊袋集装时，普通货叉不能作业，需要改装吊叉，且不能小于集装袋的负荷。

⑥ 装卸细长货物（如型钢、木材等）时，普通平衡重式叉车难以作业，不能满足性能要求，应选用侧向叉车作业。

⑦ 小件、小批量物资，一般用托盘等集装后存放于立体货架、简易货架或调节式货架上，由于货架间通道较小，所以要求使用轮胎小、转动灵活的叉车，如使用叉腿式叉车、三向叉车或拣选机等作业。

⑧ 对于用托盘集装的货物，要求叉车的起重能力不得小于托盘的负荷。

⑨ 散装货物用叉车装卸作业时，要求叉车配有铲斗属具。

⑩ 对于装卸其他有特殊要求的物资时，应严格按照规定的要求选择叉车，使其性能符合作业要求。

第4章　叉车的动力装置

4.1　动力装置类别

叉车的动力装置常见的有三种，即汽油发动机、柴油发动机、直流发动机。虽然动力装置的构造和安装位置各异，但对叉车其他装置的构造影响不大。

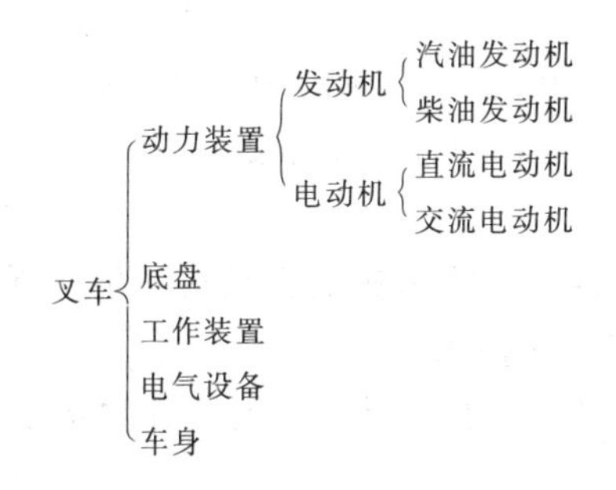

4.2　发动机

叉车的动力源是发动机，它利用燃料燃烧后产生的热能使气体膨胀以推动曲柄连杆机构运转，并通过传动机构和驱动轮驱动车辆前进。由于这种机器的燃料燃烧是在发动机内部进行，所以称为内燃机。

叉车上使用内燃机，大多数是往复活塞式内燃机，即燃料燃烧产生的爆发压力通过活塞的往复运动，转变为驱动车辆的机械动力。

发动机由于燃料和点火方式的不同，可分为汽油发动机（简称汽油机）和柴油发动机（简称柴油机）两大类型。汽油机一般是先

使汽油和空气在化油器内混合成可燃混合气，再输入发动机气缸并加以压缩，然后用电火花使之点火燃烧发热而做功。所以这种汽油机称为化油器式汽油机。有的汽油机是将汽油直接喷入气缸或进气管内，同空气混合成可燃混合气，再用电火花点燃，这称为汽油喷射式汽油机。柴油机所使用的燃料是轻柴油，一般是通过喷油泵和喷油器将柴油直接喷入发动机气缸，与在气缸内经过压缩后的空气均匀混合，使之在高温下自燃。这种发动机称为压燃式发动机。

4.2.1 基本术语

① 上止点　活塞顶离曲轴中心最远处，即活塞最高位置，称为上止点。

② 下止点　活塞顶离曲轴中心最近处，即活塞最低位置，称为下止点。

③ 活塞形成　上、下止点间的距离 S，称为活塞行程。

④ 曲柄半径　曲轴与连杆下端的连接中心至曲轴中心的距离 R，称为曲柄半径。

⑤ 气缸工作容积　活塞从上止点到下止点所扫过的溶剂，称为气缸工作容积或气缸排量。

⑥ 气缸总容积　活塞在下止点时，其顶部以上的溶剂，称为气缸总容积。

⑦ 燃烧室容积　活塞在上止点时，其顶部以上的容积，称为燃烧室容积。

⑧ 压缩比　压缩前气缸中气体的最大容积与压缩后的最小容积之比，称为压缩比。换言之，压缩比等于气缸总容积与燃烧室溶剂之比。发动机示意图见图 4-1。

4.2.2 发动机工作原理

（1）活塞的运动

在活塞式内燃发动机中，气体的工作状态包含进气、压缩、作功和排气四个过程的循环。这四个过程的实现是活塞与气门运动情况相联系的，使发动机一个循环接一个循环地持续工作。

（2）四冲程发动机工作原理

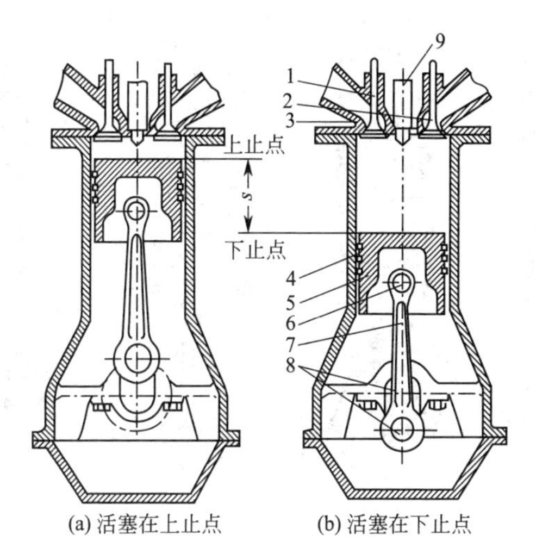

图 4-1 发动机示意图

1—排气门；2—进气门；3—气缸盖；4—气缸；5—活塞；
6—活塞销；7—连杆；8—曲轴；9—喷油器

四冲程发动机就是曲轴转两圈，活塞在气缸内上下各两次，进、排气门各开闭一次，完成进气、压缩、作功、排气四个过程，产生一次动力。见图 4-2。

① 进气行程　当活塞由上止点移动时，进气门开启，排气门关闭。对于汽油机而言，空气和汽油合成的可燃混合气就被吸入气缸，进行进气过程；对于柴油机而言，它在活塞进气过程中吸入气缸，进行进气过程；对于柴油机而言，它在活塞进气过程中吸入气缸的只是纯净的空气。这一活塞形成就称为进气过程。

② 压缩过程　为使吸入气缸的可燃混合气能迅速燃烧，以产生较大的压力，从而使发动机发出较大功率，必须在燃烧前将可燃混合气压缩，使其容积缩小、密度加大、温度升高，即需要有压缩过程。在这个过程中，进、排气门全部关闭，曲轴推动活塞由上下止点向上止点移动一个行程，称为压缩过程。

③ 作功行程　在这个行程中，进、排气仍旧关闭。对于汽油机而言，在压缩形成终了之前，即当活塞接近止点时，装在气缸盖

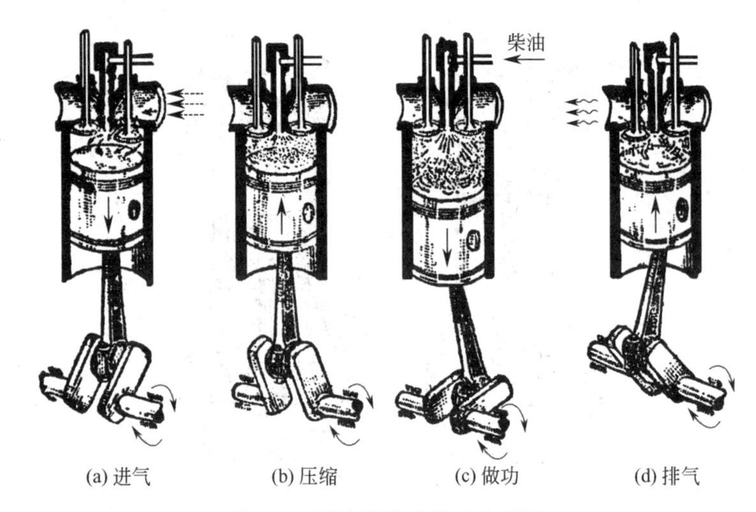

图 4-2　四冲程发动机工作循环

上的火花塞即发出电火花，点燃被压缩的可燃混合气。可燃混合气被燃烧后，放出大量的热能。因此，燃气的压力和温度迅速增加。所能达到的最高压力约为 3～5MPa，相应的温度则为 2200～2800K。对于柴油机而言，在压缩行程终了之前，通过喷油器向气缸喷入高压柴油，迅速与压缩后的高温空气混合，形成可燃混合气后自行发火燃烧。此时，气缸内气压急速上升到 6～9MPa，温度也升到 2000～2500K。高温高压的燃气推动活塞从上止点向下止点运动，通过连杆使曲轴旋转并输出机械能，这一活塞形成称为做功行程。

④ 排气行程　可燃混合气燃烧后产生的废气，必须从气缸中排除，以便进行下一个进行行程。

当做功形成接近终了时，排气门开启，靠废气的压力进行自由排气，活塞到达下止点后再向上止点移动时，继续将废气强制排到大气中。活塞到达上止点附近时，排气行程结束。

如果改变发动机的结构，使发动机的工作循环在两个活塞行程中完成，即曲轴旋转一圈的时间内完成，这种发动机就称为二冲程发动机。

4.2.3　发动机的基本结构

发动机是一部由许多机构和系统组成的复杂机器。下面介绍四冲程发动机的一般构造。见图 4-3。

① 曲柄＋连杆机构　包括气缸盖、气缸体、油底壳、活塞、连杆、飞轮、曲轴等。

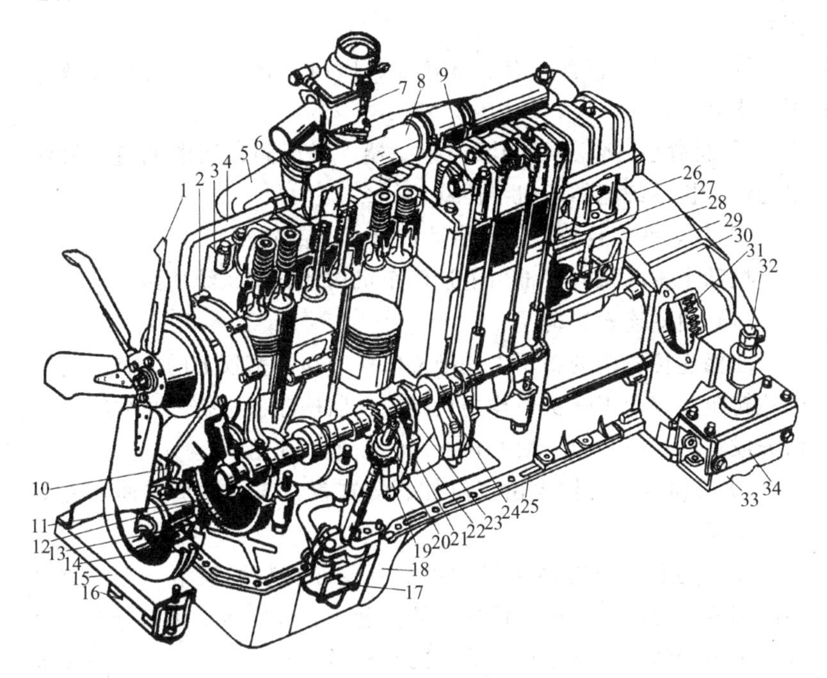

图 4-3　四冲程发动机的一般构造

1—风扇；2—水泵；3—气缸盖；4—小循环水管；5—进、排气支管总成；6—曲轴箱通风；7—化油器；8—气缸盖出水管；9—摇臂机构；10—空气压缩机皮带；11—曲轴正时齿轮；12—凸轮轴正时齿轮；13—正时齿轮室盖及曲轴前油封；14—风扇皮带；15—发动机前悬置支架总成；16—发动机前悬置软垫总成；17—机油泵；18—油底壳；19—活塞、连杆总成；20—机油泵、分电器总成；21—主轴承盖；22—曲轴；23—曲轴止推片；24—凸轮轴；25—油底壳衬垫；26—曲轴箱通风管；27—气缸体；28—后挺杆室盖；29—曲轴箱通风挡油板；30—飞轮壳；31—飞轮；32—发动机后悬置螺栓、螺母；33—发动机后悬置软垫；34—限位板

② 配气机构　包括进气门、排气门、挺柱、推杆、摇臂、凸轮轴、凸轮轴正时齿轮、曲轴正时齿轮等。

③ 供给系　包括汽油箱、汽油泵、汽油滤清器、化油器（喷油泵）、空气滤清器、进气管、排气管、排气消声器等。

④ 点火系　包括蓄电池、发电机、分电器、点火线圈、火花塞等。

⑤ 冷却系　包括水泵、散热器、风扇、分水管、气缸体放水阀、水套等。

⑥ 润滑系　包括机油泵、集滤器、限压阀、润滑油道、机油粗滤器、机油细滤器、机油冷却器等。

⑦ 启动系　启动系包括启动机及其附属装置。

机动车发动机一般都由上述两个机构和五个系统所组成。

（1）曲柄连杆机构

曲柄连杆机构的功用，是把燃气作用在活塞顶上的力转变为曲轴的转矩，以向工作机械输出机械能。曲柄连杆机构的主要零件可以分成三组：机体组、活塞连杆组、曲轴飞轮组。

① 机体组　机体组由气缸体、气缸盖、气缸衬垫和油底壳等机件组成。

a. 气缸体。气缸体是发动机所有零件的装配根本，应具有足够的刚度和强度，一般用优质灰铸铁制成。气缸体上半部分有一个或若干个为活塞在其中运动导向的圆柱形空腔，称为气缸。下半部为支承曲轴的曲轴箱，其内腔为曲轴运动的空间。

气缸工作表面经常与高温、高压的燃气相接触，且有活塞在其中作高速往复运动，所以必须对气缸和气缸盖随时加以冷却。冷却方式有两种：一种用水来冷却（水冷）；另一种直接用空气来冷却（风冷）。发动机用水冷却时，气缸周围和气缸盖中均有充水的空腔，称为水套。气缸体和气缸盖上的水套是相互连通的。发动机用空气冷却时，在气缸体和气缸盖外表面铸有许多散热片，以增加散热面积。

为了提高气缸表面的耐磨性，广泛采用镶入缸体内的气缸套，形成气缸工作表面。气缸套用合金铸铁或合成钢制造，延长其使用寿命。气缸套有干式和湿式两种。干缸套不直接与冷却水接触，壁厚一般为1～3mm。湿缸套则与冷却水直接接触，壁厚一般为5～9mm，通常装有1～3道橡胶密封圈来封水，防止水套中的冷却水漏入曲轴箱内。

b. 气缸盖。气缸盖的主要功用是封闭气缸上部，并与活塞顶部和气缸壁一起形成燃烧室。气缸盖内部有冷却水套，用来冷却燃烧室等高温部分。气缸盖上应有进、排气门座及气门导管孔和进、排气通道等。汽油机气缸还设有火花塞座孔，而柴油机则设有安装喷油器的座孔。

气缸盖用螺栓紧固在气缸体上。拧紧螺栓时，必须按由中央对称地向四周扩展的顺序分几次进行，以免损坏气缸垫和发生漏水现象。

c. 气缸衬垫。气缸盖与气缸体之间置有气缸衬垫，以保证燃烧室的密封。一般用石棉中间夹有金属丝或金属屑，外覆铜皮或钢皮制成。近年来，国内正在试验采用膨胀石墨作为衬垫的材料。

d. 油底壳。油底壳的主要功用是贮存机油并封闭曲轴箱。油底壳受力很小，一般采用薄钢板冲压而成。油底壳底部装有放油塞。有的放油塞是磁性的，能吸集机油中的金属屑，以减少发动机运动零件的磨损。

② 活塞连杆组　活塞连杆组由活塞、活塞环、活塞销、连杆等机件组成。见图4-4。

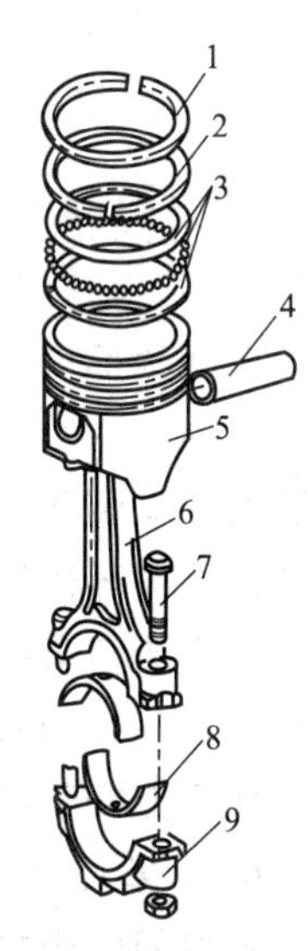

图4-4　发动机活塞连杆
1—第一道气环；2—第二道气环；3—组合油环；4—活塞销；5—活塞；6—连杆；7—连杆螺栓；8—连杆轴瓦；9—连杆盖

a. 活塞。活塞的主要功用是承受气缸中气体压力所造成的作用力，并将此力通过活塞销传给连杆，以推动曲轴旋转。活塞顶部还与气缸盖气缸壁共同组成燃烧室。

目前广泛采用的活塞材料是铝合金。

活塞的基本构造可分顶部、头部和裙部三个部分。见图 4-5。

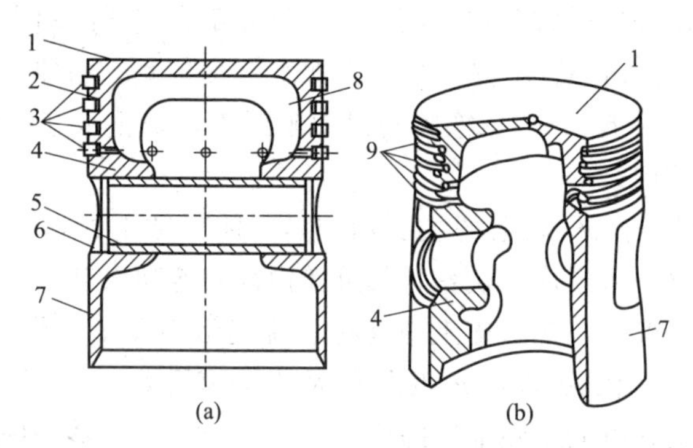

图 4-5　活塞结构剖视图

1—活塞顶；2—活塞头；3—活塞环；4—活塞销座；5—活塞销；
6—活塞销锁环；7—活塞裙；8—加强筋；9—环槽

活塞顶部多为平顶式和凹顶式。活塞头部切有安装活塞环用的槽，汽油机一般有 2～3 道环槽，上面 1～2 道用于安装气环，下面一道用于安装油环。柴油机由于压缩比高，常设有 3 道气环，2 道油环。在油环槽的底面上钻有许多径向小孔，以便将油环从气缸壁上刮下来的多余机油，经这些小孔流回油底壳。活塞裙底部用来引导活塞在气缸内往复运行，并承受侧压力。活塞裙部上有活塞销孔，两头有安装活塞销用的锁环环槽。

b. 活塞环。活塞环分为气环和油环。气环的作用是保证活塞与气缸壁间的密封，防止气缸中高温、高压燃气大量漏入曲轴箱，同时将活塞顶部的热量传导给气缸壁，再由冷却水或空气带走。油环的作用是刮去气缸壁上多余的机油，在气缸壁上均匀地形成一层机油膜，既可以防止机油窜入气缸燃烧，又可以减少活塞、活塞环与气缸壁间的磨损。

为了保证气缸有良好的密封性，安装活塞环时应注意第一道气环的内倒角应朝上，第二、三道气环的外倒角应朝下。为避免活塞环端口重叠，造成漏气，各活塞环开口在安装时应成十字互相错开，同时应避免在活塞销的方向上。

目前广泛应用的活塞环材料是合金铸铁。在高温、高压、高速以及润滑困难的条件下工作的活塞环是发动机所有零件中工作寿命最短的。当活塞环磨损到失效时，将出现发动机启动困难，功率不足，曲轴箱压力升高，通风系统严重冒烟，机油消耗增加，排气冒蓝烟，燃烧室、活塞表面严重积炭等不良状况。

c. 活塞销。活塞销的功用是连接活塞和连杆小头，将活塞承受的气体作用力传给连杆。活塞销一般用低碳钢或低碳合金钢制造。

活塞销与活塞销座孔和连杆小头衬套孔的连接配合，一般采用“全浮式”，即在发动机工作时，活塞销在连杆小头衬套孔内和活塞销座孔内缓慢地转动，使活塞销各部分的磨损比较均匀。为了防止销的轴向窜动而刮伤气缸壁，在活塞销座两端用卡环嵌在销座凹槽中加以轴向定位。

d. 连杆。连杆的功用是将活塞承受的力传给曲轴，从而使得活塞的往复运动转变为曲轴的旋转运动。连杆一般用中碳钢或合金钢经模锻或辊锻而成。

连杆由小头、杆身和大头三部分组成。连杆小头与活塞销相连，小头内装有青铜衬套，小头和衬套上钻孔或铣槽用来集油，以便润滑。杆身通常做成工字形断面。大头与曲轴的曲柄销相连，一般做成两个半圆件，被分开的半圆件叫做连杆盖，两部分用高强度精制螺栓紧固，装配时按规定扭矩拧紧。连杆轴瓦上有油孔及油槽，安装时应将油孔对准连杆大头上的油眼，以使喷出的机油能甩向气缸壁。

连杆大头的两个半圆件的切口可分为平切口和斜切口两种。汽油机连杆大头尺寸都小于气缸直径，可以采用平切口。柴油机的连杆由于受力较大，大头尺寸往往超过气缸直径。为使连杆大头能通过气缸，一般采用斜切口。

③ 曲轴飞轮组　曲轴飞轮组主要由曲轴和飞轮以及其他不同作用的零件和附件组成。

a. 曲轴。曲轴的功用是把连杆传来的推力转变成旋转的扭力，

经飞轮再传给传动装置，同时还带动凸轮轴、风扇、水泵、发电机等附件工作。为了保证可靠工作，曲轴具有足够的刚度和强度，各工作面要耐磨而且润滑良好。见图 4-6。

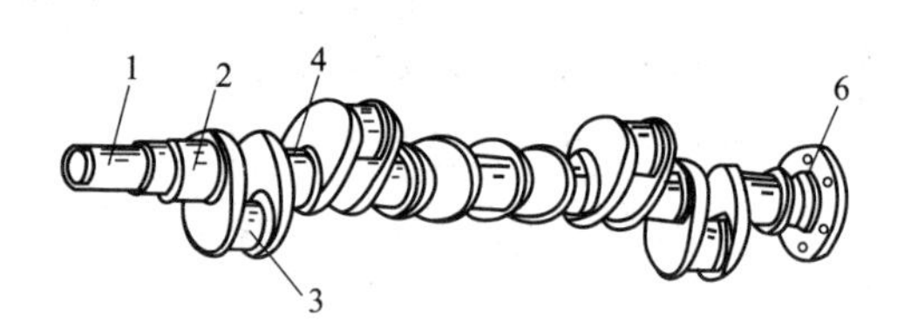

(a) 解放CA6102型发动机曲轴

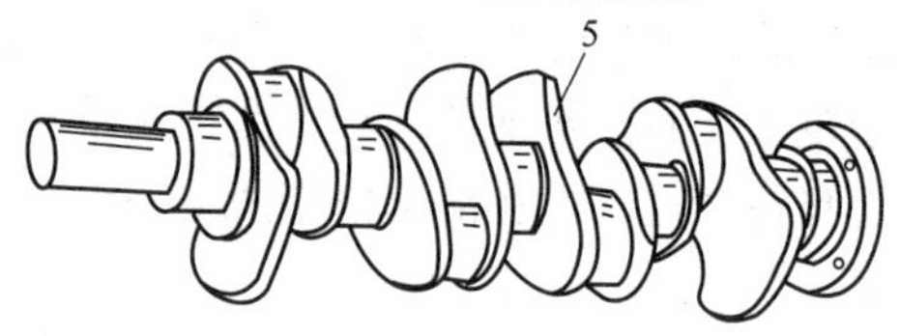

(b) 北京BJ492型发动机曲轴

图 4-6　曲轴

1—前端轴；2—主轴颈；3—连杆轴颈（曲柄销）；
4—曲轴；5—平衡重；6—后端凸缘

曲轴的组成：

Ⅰ. 主轴颈——用来支承曲轴。主轴颈用轴承（主轴瓦、俗称大瓦）安装在气缸体的主轴承座上。

Ⅱ. 连杆轴颈——又称曲柄销，与连杆大头相连。由一个连杆轴颈和它两端的曲柄以及前后两个主轴颈构成一个曲拐。

Ⅲ. 平衡重——平衡重的功用是平衡由连杆轴颈曲柄等回转零件所引起的离心力。

Ⅳ. 前端轴——曲轴前端装有正时齿轮，驱动风扇和水泵的皮带盘，前油封和挡油圈以及启动爪等。

Ⅴ. 后端突缘——后端突缘上安装飞轮。

多缸发动机各曲拐的布置，取决于气缸数、气缸排列形式和发动机的工作顺序（也叫发火次序）。在安排发动机的发火次序时，力求作功间隔均匀，各缸发火的间隔时间最好相等。对于四冲程发动机来说，发火间隔角为720°/缸数时，就应有一缸做功，以保证发动机运转平稳。

四冲程直列四缸发动机发火次序——发火间隔角应为720°/4＝180°。其曲拐布置如图4-7所示，四个曲拐布置在同一平面内。发火次序有两种可能的排列法，即1-2-4-3或1-3-4-2，它们的工作循环见表4-1、表4-2所示。

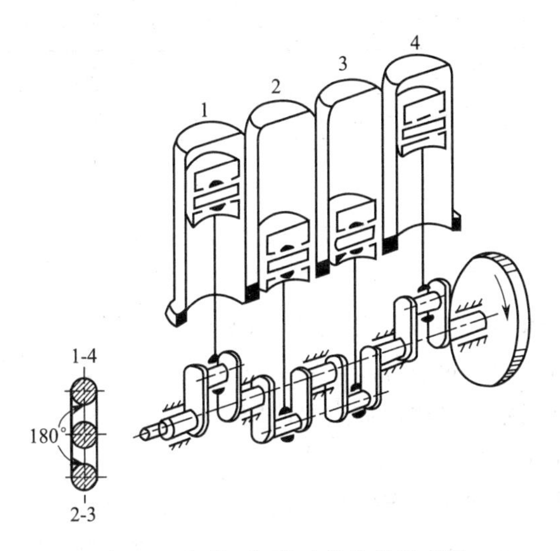

图4-7 直列四缸发动机的曲拐布置

四冲程直列六缸发动机的发火次序，因缸数为6，所以发火次序，因缸数为6，所以发火间隔角为720°/6＝120°，六个曲拐布置在三个平面内，各平面夹角为120°。通常的发火次序为1-5-3-6-2-4。

b. 飞轮。飞轮是一个转动惯量很大的圆盘，主要功用是将做功中曲轴所得到的一部分能量贮存起来，用以克服进、排气和压缩三个辅助行程的阻力，使发动机运转平稳，并提高发动机短时期超负荷工作能力，使机动车容易起步。此外，飞轮还是离合器的组成部件。

表 4-1　四缸机工作循环表（发火次序，1-2-4-3）

曲轴转角	第一缸	第二缸	第三缸	第四缸
0°～180°	作功	压缩	排气	进气
180°～360°	排气	作功	进气	压缩
360°～540°	进气	进气	压缩	作功
540°～720°	压缩	进气	作功	排气

表 4-2　四缸机工作循环表（发火次序，1-3-4-2）

曲轴转角	第一缸	第二缸	第三缸	第四缸
0°～180°	作功	排气	压缩	进气
180°～360°	排气	进气	作功	压缩
360°～540°	进气	压缩	排气	作功
540°～720°	压缩	作功	进气	排气

飞轮多采用灰铸铁铸造。在飞轮的外圆上压装有启动齿圈，可与启动机的驱动齿轮啮合，供启动发动机用。飞轮上通常刻有第一缸点火正时记号，以便校准点火时间。

（2）配气机构

配气机构的功能是按照发动机每一气缸内所进行的工作循环和点火次序的要求，定时开启和关闭各气缸的进、排气门。使新鲜可燃混合气（汽油机）或空气（柴油机）得以及时进入气缸，废气得以及时从气缸排出。

① 配气机构的布置形式　配气机构的布置形式分为顶置式气门和侧置式气门两种。

a. 气门顶置式配气机构。气门顶置式配气机构应用最广泛，其进气门和排气门都安装在气缸盖上。它由凸轮轴、挺柱、推杆、摇臂轴支座、摇臂、气门、气门导管、气门弹簧及气门锁片等部件组成。见图 4-8。

发动机工作时，曲轴通过正时齿轮驱动凸轮轴旋转。当凸轮的凸起部分向上转动顶起挺柱时，通过推杆和调整螺钉使摇臂绕摇臂

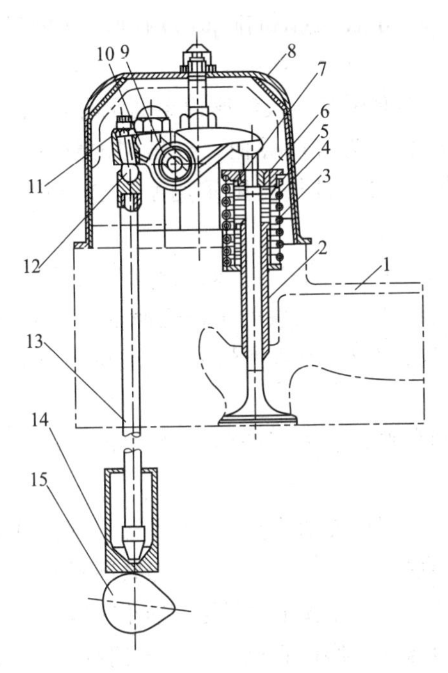

图 4-8　配气机构

1—气缸盖；2—气门导管；3—气门；4—气门主弹簧；5—气门副弹簧；6—弹簧座；7—锁片；8—气门室罩；9—摇臂轴；10—摇臂；11—锁紧螺母；12—调整螺钉；13—推杆；14—挺柱；15—凸轮轴

轴摆动，压缩气门弹簧，使气门离座，即气门开启。当凸轮的凸起部分离开挺柱后，气门便在弹簧力作用下上升落座，即气门关闭。

b. 气门侧置式配气机构。气门侧置式配气机构的进、排气门都布置在气缸体的一侧。它是由凸轮轴、挺柱、挺柱座、气门、气门弹簧、气门导管、气门锁销等部件组成。其工作情况与顶置式相近似。由于这种形式的配气机构使发动机的动力性和高速性较差，目前已基本淘汰。

② 配气机构的主要机件

a. 气门组。气门组包括气门、气门导管、气门座及气门弹簧等零件。气门组应保证气门能够实现气缸的密封。

• 气门。气门分进气门和排气门两种。它由气门头和气门杆组成。

气门头的圆锥面用来与气门座内锥面配合，以保证密封；气门杆与气门导管配合，为气门导向。进气门的材料采用普通合金钢（如铬钢或镍铬钢等），排气门则采用耐热合金钢（如硅锰钢或铬钢）。

气门头顶部的形状有平顶、球面顶和喇叭形顶三种。目前使用普遍的是平顶气门头。气门头的工作锥面锥角，称为气门锥角，一般汽油机采用进气门 35°，排气门 45°；柴油机的进、排气门均采用 45°。

气门杆呈圆柱形，它的尾端用凹槽和锁片或用眼孔和锁销来固定弹簧座。

• 气门座。气门座是在气缸盖上（气门顶置式）或气缸体上（气门侧置式）直接镗出。它与气门头部共同对气缸起密封作用。

• 气门导管。气门导管主要是起导向作用，保证气门作直线往复运动，使气门与气门座能正确贴合。气门杆与气门导管之间一般留有 0.05～0.12mm 间隙。气门导管大多数采用灰铸铁、球墨铸铁或铁基粉末冶金制成。

• 气门弹簧。气门弹簧的功用是保证气门及时落座并紧紧贴合。因此，气门弹簧再安装时必须有足够的顶紧力。气门弹簧多为圆柱形螺旋弹簧，其材料为高碳锰钢、铬钒钢等冷拔钢丝。

b. 气门传动组。气门传动组的功用是使进、排气门能按照相位规定的时刻开闭，且保证有足够的开度。它包括凸轮轴正时齿轮、挺柱及其导管，气门顶置式配气机构还有推杆摇臂和摇臂轴等。

• 凸轮轴。凸轮轴上有气缸进、排气凸轮，用以使气门按一定的工作次序和配气相位及时开闭，并保证气门有足够的升程。见图 4-9。

凸轮轴的材料一般用优质钢模锻而成，也可采用合金铸铁或球墨铸铁铸造。

发动机各气缸的进气（或排气）凸轮的相对角位置应符合发动机各气缸的点火次序和点火间隙时间的要求。因此，根据凸轮轴的旋转方向以及各进气（或排气）凸轮的工作次序，就可以判定发动机的点火次序。

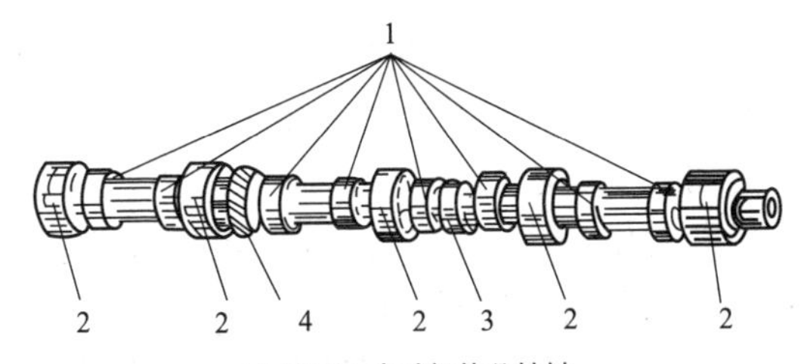

(a) 492QA 发动机的凸轮轴

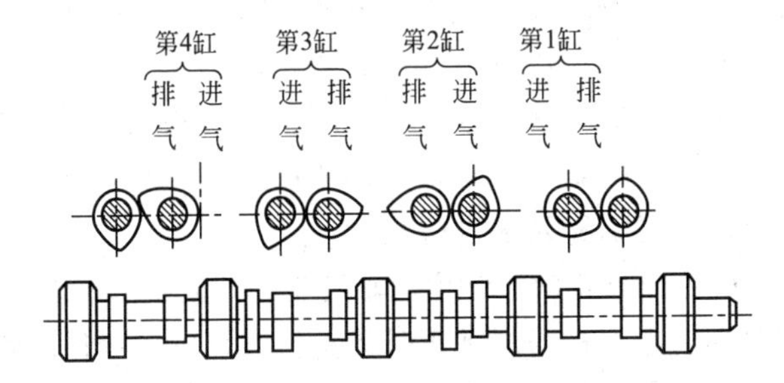

(b) 各凸轮的相对角位置图

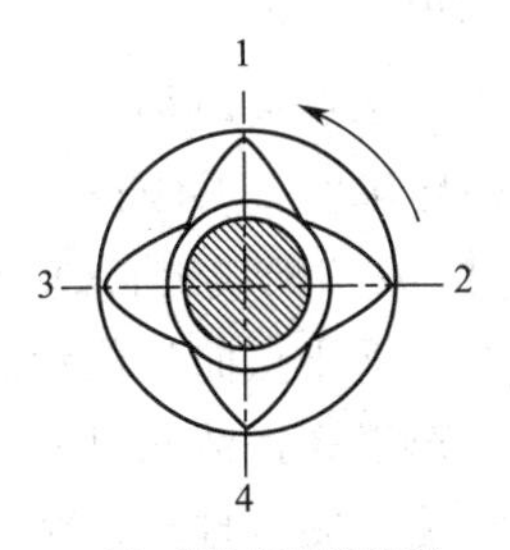

(c) 进(或排)气图伦投影

图 4-9　四缸四冲程汽油机凸轮轴

1—凸轮；2—凸轮轴轴颈；3—驱动汽油泵的编心轮；4—驱动分电器等的螺旋齿轮

● 挺柱。挺柱的功用是将凸轮的推力传给推杆（顶置式）或气门杆（侧置式），并承受凸轮轴旋转时所施加的侧向力。

气门顶置式配气机构的挺柱制成筒形，以减轻重量；气门侧置式配气机构的挺柱制成菌形，其上部装有调节螺钉，用来调节气门间隙。

● 推杆。推杆的功用是将凸轮轴经过挺柱传来的推力传给摇臂。它是气门机构中最易弯曲的零件，要求有很高的刚度。推杆可以使实心的，也可以是空心的。

● 摇臂。摇臂实际上是一个双臂杠杆，用来将推杆传来的力改变方向，作用到气门杆端以推开气门。

为了增大气门升程，通常将摇臂的两个力臂做成不等长度。长臂一端是推动气门的，端头的工作表面为圆柱形。短臂一端安装带有球头的调整螺钉，用以调节气门间隙。

● 摇臂轴。摇臂轴是一空心管状轴，用支座安装在气缸盖上。摇臂就套装在摇臂轴上，能在轴上作圆弧摆动。轴的内腔与支座油道相通，机油流向摇臂两端进行润滑。

● 正时齿轮。凸轮轴通常由曲轴通过一对正时齿轮驱动。小齿轮安装在曲轴前端，称为曲轴正时齿轮。大齿轮安装在凸轮轴的前端，称为凸轮轴正时齿轮；小齿轮的齿数是大齿轮的 1/2，使曲轴旋转两周，凸轮轴旋转一周。

为保证正确的配气相位和点火时刻，在大、小齿轮上均刻有正时记号。在装配曲轴和凸轮轴时，必须按正时记号对准。

③ 配气相位及气门间隙　配气相位就是进、排气门的实际开闭时刻，通常用相对于上、下止点曲拐位置的曲轴转角来表示。

由于发动机的曲轴转速很高，活塞每一行程历时短达千分之几秒。为了使气缸中充气较足，废气排出较净，要求尽量延长进、排气时间。所以四冲程发动机气门开起和关闭终了时刻，并不正好在活塞的上、下止点，而是提前或延迟一些，以改善进、排气状况，从而提高发动机的动力性。

如图 4-10 所示，在排气行程接近终了，活塞到达上止点之前，即曲轴转到离曲拐上止点位置还差一个角度 α 时，进气门便开始开启，直到活塞过了下止点又重新上行，即曲轴转到超过曲拐的下止点位置以后一个角度 β 时，进气门才关闭，这样整个进气行程持续时间相当于曲轴转角 $180°+\alpha+\beta$。α 角一般为 10°～30°，β 角一般为 40°～80°。

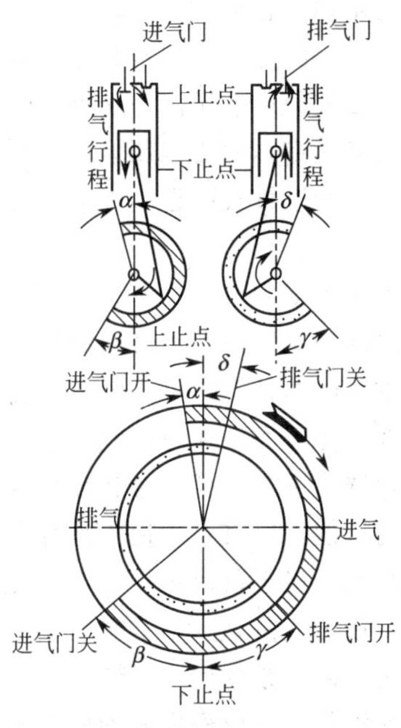

图 4-10　配气相位图

进气门提前开启的目的，是为了保证进气行程开始时进气门已打开，新鲜空气能顺利地冲入气缸。当活塞到达下止点时，气缸内压力仍低于大气压力，在压缩行程开始阶段，活塞上移速度较慢的情况下，仍可以利用气流惯性和压力差继续进气，因此，进气门晚关一点是有利于充气的。

同样，在做功行程接近终了，活塞到达下止点前，排气门便开始开启，提前开启的角度 γ 角一般为 40°～80°。经过整个排气行程，在活塞越过上止点后，排气门才关闭，排气门关闭的延迟角 δ

角一般为 10°～30°。整个排气过程的持续时间相当于曲轴转角 $180°+\gamma+\delta$。

排气门提前开启的原因是：当做功行程活塞接近下止点时，气缸内的气体虽有 0.3～0.4MPa 的压力，但就对活塞做功而言，作用不大，这时若稍开启排气门，大部分废气在此压力作用下可迅速从气缸内排出；当活塞到下止点时，气缸内压力已大大下降（约为 0.115MPa），这时排气门的开度进一步增加，从而减少了活塞上行时的排气阻力。高温废气的迅速排出，还可以防止发动机过热。当活塞到达上止点时，燃烧室内的废气压力仍高于大气压力，加之排气时气流有一定惯性，所以排气门迟一点关，可以使废气排放得较干净。

由于进气门在上止点前即开启，而排气门在上止点后才关闭，这就出现了在一段时间内排气门和进气门同时开启的现象，这种现象称为气门重叠，重叠的曲轴转角称为气门重叠角。由于新鲜气流和废气流的流动惯性都比较大，在短时间内是不会改变流向的。因此，只要气门重叠角选择适当，就不会有废气倒流入进气管和新鲜气体随同废气排出的可能，这将对于换气是有利的。但应注意，如气门重叠角过大，当汽油机小负荷运转，进气管内压力很低时，就可能出现废气倒流，使进气量减少。

对于不同发动机，由于结构形式、转速各不相同，因而配气相位也不相同。合理的配气相位应根据发动机性能要求，通过反复试验确定。

发动机工作时，气门将因温度升高而膨胀。如果气门及其传动件之间，在冷态时间隙过小或没有间隙，则在热态下气门及其传动件的膨胀势必引起气门关闭不严，造成发动机在压缩和做功行程中漏气，使功率下降，严重时不易启动。为了消除这种现象，通常在发动机冷态装配时，在气门及其传动件中留有适当的间隙，以补偿气门受热后的膨胀量。这一间隙为 0.3～0.35mm。

（3）汽油机供给系

汽油机供给系的功用是根据发动机各个不同工况的要求，配制

出一定数量和浓度的可燃混合气，将其供入气缸，燃烧做功后将废气排出至大气中。

如何根据发动机工作的要求配制出不同浓度、不同数量的可燃烧混合气，是汽油供给系所要解决的主要问题，因而化油器——可燃混合气形成装置是其中关键的部件。

① 汽油及可燃混合气

a. 汽油。汽油是多种碳氢化合物组成的密度小、易挥发、易燃的液体。汽油的使用性能指标主要是蒸发性、热值和抗爆性。它们对发动机性能有很大的影响。其中，汽油的抗爆性是指汽油在发动机气缸中燃烧时，避免产生爆燃的能力，亦即抗自燃能力，是汽油的一项主要性能指标。汽油抗爆性的好坏程度一般用辛烷值表示。辛烷值愈高，抗爆性愈好。汽油的蒸发性，是指汽油由液态转变成气态的难易程度。蒸发性差，不利于雾化和形成可燃混和气；蒸发性强，则在汽油机工作时易产生“气阻”现象。燃料的热值是指1kg燃料完全燃烧后所产生的热量。汽油的热值约为44000kJ/kg。

b. 可燃混和气。汽油在未进入气缸前，必须先喷成雾状（雾化）和蒸发，并按一定的比例与空气混和形成均匀的混和气，然后才能进入气缸燃烧做功。这种按一定比例混合的空气与汽油的混合物叫做可燃混和气。它的成分对发动机的动力性与经济性有很大的影响。理论上1kg汽油完全燃烧需要空气14.7kg，这种浓度的可燃混和气称为标准混和气；1kg汽油与18kg空气混和的称为稀混合气。浓混和气或稀混合气对发动机性能都有影响。

c. 发动机各种工况对可燃混和气浓度的要求。发动机在工作时的工况变化范围很大，各种工况对混和气的浓度要求各不相同。根据汽油机的工作情况，可分为启动、怠速、中负荷、全负荷和加速等五种基本工况。

- 启动。发动机冷启动时，温度低、转速慢，汽油蒸发条件极差，易形成稀混合气而使发动机无法启动。为此，要求化油器在启动时供给极浓的混合气，以保证进入气缸的混和气中含有足够的汽

油蒸气，使发动机得以顺利启动。

● 怠速。怠速是指发动机在对外无功率输出的情况下以最低转速运转。怠速转速一般为 300～700r/min。此时，因曲轴转速低，节气门接近于关闭位置。吸入气缸内的可燃混和气不仅数量极少，而且汽油雾化蒸发也不良。此外，气缸内残留废气多，燃烧条件恶劣。因此，怠速运转时，必须供给很浓的混和气。

● 中等负荷。发动机大部分时间在该工况下工作。此时，节气门开度大约在全开的 80%左右，充气量增加，汽油雾化、蒸发和燃烧条件都在变好。因此，应供给浓度稀的混和气，以获得较好的动力性和经济性。

● 全负荷。在机动车需要克服很大阻力时（如上坡、满负荷作业），节气门全开，发动机在全负荷下工作，要求供给浓混和气，以发出最大功率。

● 加速。发动机的加速是指负荷突然迅速增大的过程。加速时节气门开度突然由小变大，吸入气缸的空气的流量和流速也随之迅速增大。由于液体燃料的惯性远大于空气的惯性，所以燃料流量的增长比空气流量的增长要慢得多，致使混和气暂时过稀，不仅不能加速，甚至造成熄火。因此，在加速时化油器应能在节气门突然开大时，额外添加供油量，以便及时使混和气加浓到足够的程度。

② 化油器　化油器的主要功用是根据发动机的工作情况，适时地按各种工况的要求，供给发动机不同浓度的可燃混和气，使发动机在任何情况下都能正常运转。

化油器总称由 7 种工作装置组成，主供油装置、怠速装置、启动装置、加浓装置、加速装置、进油装置和进气雾化装置。

a. 化油器的工作原理　化油器的工作原理类似于喷雾器的工作原理。推动喷雾器的手柄，气筒中的空气即从出口管处快速冲出，瓶中的液体也随着气流成雾状喷出。这是因为快速流动的空气比它周围不流动的空气压力要低，流速越大，它们之间的压力差就越大，这样就产生了真空吸力。于是瓶中的液体被快速的空气流吸出管口，同时被气流吹成雾状。化油器之所以能使汽油雾化与空气

形成混和气，就是根据这个原理。

b. 化油器工作装置

● 主供油装置。作用是汽油机由小负荷向中等负荷过渡时，使所供给的混和气逐渐地由浓变稀，以提高汽油机的经济性。除怠速外，主供油装置在其他工况下都工作。

● 怠速装置。作用是保证发动机在怠速和很小的负荷时供给很浓混和气。怠速时，发动机转速低，节气门近于全闭，节气门前方的喉管处真空度很低，以致根本不能将汽油由主喷管吸出。但节气门后面的真空度却很高（约 0.04～0.06MPa），故可利用这个条件，另设怠速油道，其喷口设在节气门后，这样就解决了上述矛盾。

● 启动装置。当发动机在冷态下启动时，在化油器内形成极浓的混和气，使进入气缸的混和气中有足够的汽油蒸气，以保证发动机能够顺利启动。

● 加浓装置。在汽油机全负荷或接近全负荷工作时，向主油道额外供给一部分汽油，加浓混和气，以发出最大功率。由于采用加浓装置，可按最经济混和气设置主供油装置，使汽油机车大部分时间内经济地工作，达到节油的目的。因此，加浓装置又称“省油器”。加浓装置分为机械式省油器和真空式省油器。

● 加速装置。是当节气门突然开大，急剧提高车速时，直接向化油器进气道内喷射一定量的汽油，使混和气瞬间加浓。常用的加速装置是活塞式加速泵，它与机械式省油器联动。

c. 化油器构造　由于各种汽油机要求不同，所用化油器的整体结构方案是多种多样的，但其中包含的各种供油系统及其基本原则大体相同。

按喉管处空气流动方向不同，化油器可分为上吸式、下吸式和平吸式三种。

按重叠的喉管数目，花油器可分为单喉管式、多重喉管式。多重喉管的作用，是在保证发动机有足够的充气量的前提下，使吸进的汽油进一步雾化良好，改善燃烧条件，提高发动机功率。

按空体管腔数目，花油器可分为单腔式、双腔式和双腔分动式三种。

d. 化油器的操纵　当发动机工作时所需求的可燃混和气的浓度都是自动调节的，而进入气缸的可燃混和气供给量则由驾驶员通过节气门控制。化油器节气门并用两套操纵机构，即通过踏板带动的脚操纵机构和通过拉钮带动的手操纵机构。

③ 一般汽油机供给系还不包括下列装置

a. 燃油供给装置由汽油箱、汽油滤清器、汽油泵和油管组成。用来完成汽油的储存、输送及清洁的义务。

b. 空气供给装置，即空气滤清器。

c. 可燃混和气供给和废气排出装置由进气管、排气管和排气消声器组成。

(4) 柴油机供给系（图 4-11）

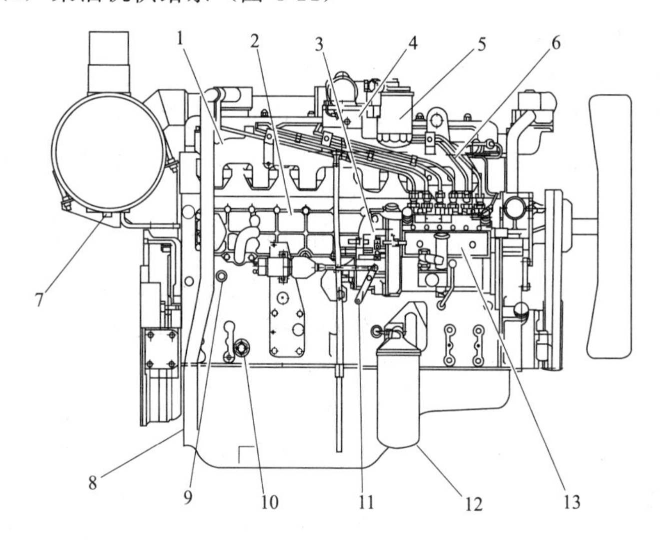

图 4-11　柴油机供给系示意图

1—进气歧管；2—机油冷动器；3—调速器操纵杆；4—进气加热器；5—燃油滤清器；6—燃油管；7—排水口；8—通气孔软管；9—排水口；10—油压安全阀；11—调速器停车操纵杆；12—滤油器；13—喷油泵

柴油机使用的燃料是柴油。与汽油相比，柴油黏度大，蒸发性差，一般来说不可能通过化油器在气缸外部与空气形成均匀的混合气，故采用高压喷射的方法。在压缩行程接近终了时，把柴油喷入气缸，直接在气缸内部形成混和气，并借气缸内空气的高温自行点火燃烧。此特点决定了柴油机供给系的组成、构造及其工作原理与汽油机供给系有较大的区别。

柴油机供给系由燃油供给、空气供给、混和气形成及废气排出四套装置组成。

● 燃油供给装置由柴油箱、输油泵、低压油管、柴油滤清器、喷油泵、高压油管、喷油器和回油管组成。

● 空气供给装置由空气滤清器、进气管和气缸盖内的进气道组成。

● 混和气形成装置即是燃烧室。

● 废气排出装置由气缸盖内的排气道、排气管和排气消声器组成。

① 柴油　柴油机使用的燃料是柴油。与汽油相比，它具有分子量大、蒸馏温度高、黏度大、自燃点低、价格便宜等特点。评价柴油质量的主要性能指标是发火性、蒸发性、黏度和凝点。

发火性是指燃油的自燃能力。柴油的自燃点约为 300℃。柴油的发火性用石榴烷值表示，石榴烷值愈高，发火性愈好。

蒸发性是由燃油的蒸馏试验确定的。蒸发性愈好，愈有利于可燃混和气的形成和燃烧。

黏度决定燃油的流动性。黏度愈小，则流动性愈好，但容易泄露，供油不足，功率下降。黏度过大，不易喷雾，混合气质量差，燃烧不完全。所以柴油的黏度应适当。

凝点是柴油冷却到开始失去流动性的温度，它表示柴油在低温时流动性的好坏，国产柴油以柴油凝点的温度来命名牌号。如 10 号、0 号和-35 号轻柴油的凝点分别为 10℃、0℃和－35℃。

综上所述，柴油机应选用十六烷值较高，蒸发性较好、凝点和黏度合适、不含水分和机械杂质的柴油。

② 可燃混合气的形成与燃烧　柴油机的可燃混和气直接在燃烧室内形成，通常把柴油的燃烧过程分为四个阶段。第一阶段是备燃期。当压缩行程终了，活塞到达上止点前某一时刻，柴油开始喷入燃烧室，迅速与高温高压空气雾化、混合、升温和氧化，进行燃烧前的化学准备过程。

第二阶段是速燃期。此时活塞位于上止点附近，火焰从着火点处迅速向四周传播，气缸压力很快升到最大值，推动活塞下行做功。

第三阶段是缓燃期。活塞在下行中一边燃烧，一边继续喷油，直到喷油停止，绝大部分柴油被烧掉，放出大量热量，燃烧温度可达 1973～2273K。

第四阶段是后燃期。在缓燃期中没有烧掉的柴油继续燃烧，但因做功行程接近结束，放出的热量大部分被废气带走。

可见柴油的燃烧过程是贯穿在整个做功行程的始终。

③ 燃烧室　由于柴油的混合气形成和燃烧是在燃烧室中进行的，故燃烧室结构型式直接影响混和气的品质和燃烧状况。

柴油机燃烧室分为统一式燃烧室和分隔式燃烧室两大类。

a. 统一式燃烧室是由凹形活塞顶与气缸盖底面所包围的单一内腔，燃油自喷油器直接喷射到燃烧室中，故又称为直接喷射式燃烧室。主要用这种燃烧室时一般配用多孔喷油器。

b. 分隔式燃烧室由两部分组成，一部分是活塞顶与气缸盖底面之间，称为主燃烧室；另一部分在气缸盖中，称为副燃烧室。这两部分由一个或几个孔道相连。采用这种燃烧室时配用轴针式单孔喷油器。按其结构又可分为涡流室燃烧室和预燃室燃烧室两种。

④ 喷油器　喷油器的功用是将柴油雾化成较细的颗粒，并把它们分布到燃烧室中。根据混和气形成与燃烧的要求，喷油器应具有一定的喷射压力和射程，以及合适的喷注锥角。此外，喷油器在规定的停止喷油时刻应能迅速切断燃油的供给，不发生滴漏现象。目前，中小功率高速柴油机绝大多数采用闭式喷油器，其常见的型式有两种：孔式喷油器和轴针式喷油器。

国产柴油机多采用孔式喷油器，主要用于具有直接喷射燃烧室的柴油机。喷油孔的数目范围一般为1～8，喷油直径为0.2～0.8mm。喷孔数和喷孔角度的选择由燃烧室的形状、大小和空气涡流情况而定。

⑤ 喷油泵　喷油泵的功用是定时、定量地向喷油器输送高压燃油。多缸柴油机的喷油泵应保证：

a. 个缸的供油次序符合所要求的发动机点火次序；

b. 各缸供油量不均匀度在标定工况下不大于3%～4%；

c. 各缸供油提前角一致，相差不大于0.5℃曲轴转角；

d. 供油和停止迅速，避免喷油器滴漏现象。

喷油泵的结构型式很多，可分为三类：柱塞式喷油泵、喷油泵-喷油器和转子分配式喷油泵。柱塞式喷油泵性能良好，使用可靠，目前为大多数柴油机所采用。

⑥ 调速器　柴油机工作时的供油量主要取决于喷油泵的油门拉杆位置。为此，还受到发动机的影响。因此当发动机转速增高时，喷油泵柱塞的运动加快，柱塞套上油孔的阻流作用增强，柱塞上行到尚未完全封闭油孔时，柴油来不及从油孔挤出，致使泵腔内的油压及早升高，供油时刻略有提前。同样道理，当柱塞下行到其斜槽与油孔接通时，泵腔内的油压一时又降不下来，使供油停止时刻略有延迟。这样，发动机转速升高，柱塞有效行程增长，使油量急剧增多，如此反复循环，导致发动机超速运转而发生“飞车”。反之，随着发动机转速的降低，供油量反而自动减少，最后使发动机熄火。为了适应柴油机负荷的变化，自动地调节喷油泵的供油量，保证柴油机在各种工况下稳定运转，这就是调速器的作用。

柴油机多采用离心式调速器，即利用飞球离心力的作用来实现供油量的自动调节。离心式调速器分为两速调速器和全速调速器。保证柴油机怠速运转稳定和能限制最高转速的称为两速调速器。保证柴油机在全部转速范围内的任何转速下稳定工作的，称为全速调速器。

⑦ 喷油提前角调节装置　喷油提前角对柴油机工作过程影响

很大。喷油提前角过大时，由于喷油时缸内空气温度较低，混合气形成条件较差，备燃期较长，将导致发动机工作粗暴，严重时会引起活塞敲缸；喷油提前角较小时，将使燃烧过程延迟过多，所能达到的最高压力较低，热效率也明显下降，且排气管中常冒白烟。因此为保证发动机有良好的工作性能，必须选定最佳喷油提前角。

最佳喷油提前角即是在转速和供油量一定的条件下，能获得最大功率及最小燃油消耗率的喷油提前角。应当指出，对任何一台柴油机而言，最佳喷油提前角都不是常数，而是随供油量和曲轴转速变化的。供油量越大，转速越高，则最佳供油提前角也越大。此外，它还与发动机的结构有关，如采用直接喷射燃烧室时，最佳喷射提前角就比采用分隔式燃烧室时要大些。

喷油提前角实际上是由喷油泵供油提前角保证的。而调节整个喷油泵供油提前角的方法是改变发动机曲轴与喷油泵凸轮轴的相对角位置。近年来国内外车用柴油机常装有机械离心式供油提前角自动调节器，以适应转速的变化而自动改变喷油提前角。

⑧ 柴油机供给系的辅助装置

a. 柴油滤清器。柴油在运输和储存过程中，不可避免地会混入尘土、水分和机械杂质。柴油中水分会引起零件锈蚀，杂质会导致供油系统机密偶件卡死。为保证喷油泵和喷油器工作可靠并延长其使用寿命，除使用前将柴油严格沉淀过滤外，在柴油机供油系统工作过程中，还采用柴油滤清器，以便仔细清除柴油中的杂质和水分。

目前常用的滤清器是单级微孔纸芯滤清器。因其过滤效率高、使用寿命长、抗水能力强、体积小、成本低等优点，在柴油滤清器中获得广泛使用。

b. 输油泵。输油泵的功用是以一定的压力将柴油从油箱输送到柴油泵。

活塞式输油泵由于工作可靠，目前应用广泛。它安装在喷油泵壳体的外侧，依靠喷油泵凸轮轴上的偏心轮来驱动。在输油泵上还装有手油泵，其作用是在柴油机启动前，用来排除渗入低压油路中的空气，利于启动。

（5）发动机冷却系

如前面所述，在可燃混合气的燃烧做功过程中，气缸内气体温度可高达 2000K 以上，直接与高温气体接触的机件（如气缸体、气缸盖、活塞、气门等）若不及时加以冷却，则其中运动机件可能因受热膨胀而破坏正常间隙，或因润滑油在高温下失效而卡死；各机件也可能因高温而导致机械强度降低甚至损坏。为保证发动机正常工作，必须对这些在高温条件下工作的机件加以冷却。因此，冷却系的任务就是使工作中的发动机得到适度的冷却，从而保持在最合适的温度范围内工作。

根据冷却介质的不同，冷却系分为风冷系和水冷系。发动机中使高温零件的热量直接散入大气而进行冷却的一系列装置成为风冷系；使热量先传导给水，然后再散入大气而进行冷却的一系列装置则称为水冷系。目前车用发动机上广泛采用的是水冷系。采用冷却系时，应使气缸盖内冷却水温度在 80～90℃之间。

① 水冷系的组成　水冷系中分为自然循环式水冷系和强制循环式水冷系。前者利用水的自然对流实现循环冷却，因冷却强度小，只有少数小排量的发动机在使用。后者是用水泵强制地使水（或冷却液）在冷却系中进行循环流动，因其冷却强度大，得到广泛使用。如图 4-12 所示。

发动机的水冷系由百叶窗、风扇、水泵、散热器、节温器、水温表等组成。

② 散热器　散热器又叫水箱，其功用是将冷却水中的热量散发到大气中。散热器包括上水室、散热管、散热片、下水室、放水开关等组成。

③ 水泵　水泵的功用是对冷却水加压，使其在冷却系中加速流动循环。目前，离心式水泵被广泛采用。

④ 节温器　发动机冷却水的温度过高或过低都会给发动机的工作带来危害。节温器的功用是保证发动机始终保持在适当的温度下工作，并能自动地调节冷却强度。目前，广泛采用折叠式双阀门

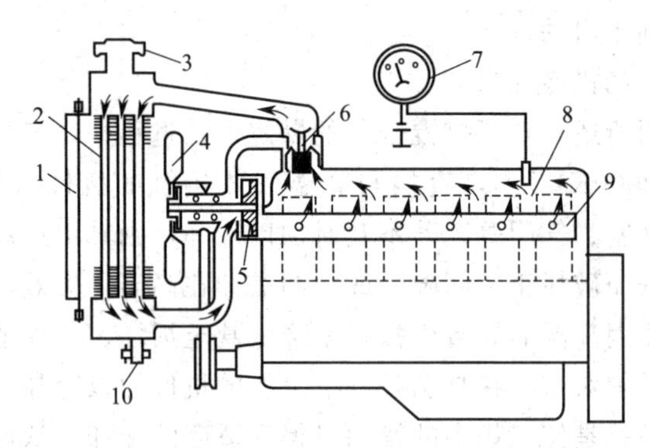

图 4-12　发动机强制循环式水冷系示意图

1—百叶窗；2—散热器；3—散热器盖；4—风扇；5—水泵；6—节温器；7—水温表；8—水套；9—分水管；10—放水阀

节温器，它安装在气缸盖的出水管口。

⑤ 防冻液　防冻液的作用是在冬季防止冷却水冻结而使气缸体和气缸盖被冻裂。可在冷却水中加进适量的乙二醇或酒精，配成防冻液。

使用防冻液时必须注意以下事项：

a. 乙二醇有毒，在配置或添加时，应注意不要吸入体内。

b. 防冻液的热膨胀系数大于水，故在加入时，不要加满，防止工作时溢出。

c. 发现数量不足时，可加水调节数量和浓度。一般可使用 3 年左右。

(6) 发动机润滑系

发动机工作时，运动零件的相对运动表面（如曲轴与主轴承、活塞与气缸壁等等）之间必然产生摩擦。金属表面之间的摩擦不仅会发动机内部的功率消耗，使零件工作表面迅速磨损，而且由于摩擦产生的大量热量可能导致零件表面烧损，致使发动机无法运转。因此，为保证发动机正常工作，必须对运动表面加以润滑，这就是在摩擦表面上覆盖一层润滑油，形成油膜，以减少摩擦阻力，降低功率损耗，减轻机件磨损，延长发动机使用寿命。

发动机的润滑是由润滑系来实现的。润滑系的基本任务就是将机油不断地供给到各零件的摩擦表面，减少零件的摩擦和磨损。

① 润滑剂　发动机润滑系所用的润滑剂有机油和润滑脂两种。机油品种应根据季节气温变化来选择。因为机油黏度是随温度变化而变化的。温度高则黏度小，温度低则黏度大。因此夏季要用黏度较大的机油，否则将因机油过稀而不能使发动机得到可靠的润滑。冬季气温低要用黏度较小的机油，否则因机油黏度过大，流动性差而不能在零件摩擦表面形成油膜。

国产机油按黏度大小编号，号数大的黏度大。汽油机用的机油分别为 6D、6、10 和 15 号四类。其中冬季使用 6 号和 10 号，夏季使用 10 号或 15 号；6D 是低凝固点机油，适用于我国北方严寒地区使用。柴油机用机油分为 8、11、14 三类。其中冬季使用 8 号，夏季使用 14 号，装巴氏合金轴承的柴油机可全年使用 11 号。

发动机所用润滑脂，常用的有钙基润滑脂、铝基润滑脂、钙钠基润滑脂及合成钙基润滑脂等。选用时也要考虑冬、夏季不同气温的工作条件和特点。

② 润滑系的组成　发动机的润滑油是通过机油泵产生一定压力后，经过油道输送到各摩擦表面上进行润滑的，这种润滑方式叫做压力润滑，如主轴瓦、凸轮轴瓦、气门摇臂等。利用曲轴连杆运动时将润滑油飞溅或喷溅起来的油滴和油雾润滑没有油道的表面，这种润滑方式叫做飞溅润滑，如连杆小头与活塞销、活塞与气缸壁的润滑等。所以发动机的润滑又叫复合式润滑。

润滑系由集滤器、机油泵、机油滤清器、限压阀等组成。柴油机润滑系循环，如图 4-13 所示。

a. 机油泵的作用是将机油提高到一定压力后，强制地压送到发动机各零件的运动表面。齿轮油泵因其工作可靠、结构简单得到广泛的应用。

b. 机油滤清器的作用是在机油进入各摩擦表面之前，将机油中夹带的杂质清除掉。为使机油滤清效果良好，而又不使机油阻力

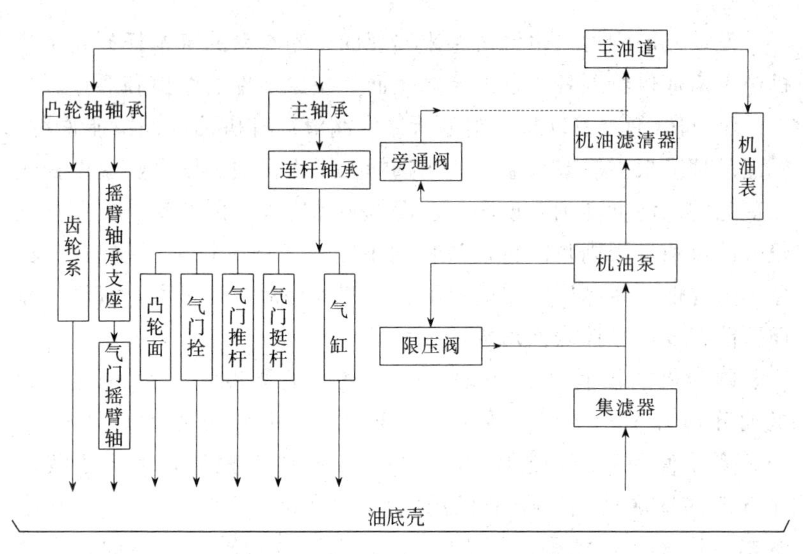

图 4-13 485Q 柴油机润滑系循环示意图

增大，所以在发动机润滑系中采用了多级滤清，即由集滤器、粗滤器、细滤器组成。

c. 限压阀的作用是使润滑系统内机油压力保持在一个适度的数值上稳定地工作。机油压力过高或过低都将给发动机的工作带来危害。油压过高，将使气缸壁与活塞间的机油过多，容易窜入燃烧而形成大量积炭；油压过低，机油不易进入各摩擦表面，从而加速机件的磨损。

(7) 汽油发动机点火系

汽油机在工作时，气缸内的压缩可燃混和气的爆燃做功是靠火花塞电极间产生的电火花而引燃的。将蓄电池或发电机的低压电变为高压电，并按发动机各缸的工做次序适时地进入气缸，点燃被压缩的可燃混和气，从而使发动机做功，这就是点火系的功用。

点火系按其产生高压的方式不同，有蓄电池点火系和磁电机点火系两种。其中蓄电池点火系应用广泛。它由蓄电池、点火开关、点火线圈、分电器、火花塞、高压导线等组成。柴油机没有点火系。

(8) 发动机启动系

① 发动机的启动 要使发动机由静止状态过渡到工作状态，必须先用外力转动发动机的曲轴，使气缸内吸入（或形成）可燃混合气并燃烧膨胀，工作循环才能自动进行。曲轴在外力下开始转动到发动机开始自动地怠速运转的全过程，称为发动机的启动。

② 发动机启动的方法 转动发动机曲轴使发动机启动的方法很多，常用的有电启动和手摇启动两种。

电启动是电动机作为机械动力，当将电动机轴上的齿轮与发动机飞轮周缘的齿圈啮合时，动力就传到飞轮和曲轴，使之旋转。电动机本身又用蓄电池作为能源。目前绝大多数机动车发动机都采用电动机启动。手摇启动最为简单。只需将启动手摇柄端头的横销嵌入发动机曲轴前端的启动爪内，以人力转动曲轴。这种方法显然加重了驾驶员的劳动，而且操作不便。故目前仅在中小功率车辆上还备有启动手摇柄作为后备启动装置，以及在检修、调整发动机时使曲轴转过一定角度。

发动机在严寒季节启动困难，这是因为机油黏度增高，启动阻力矩增大，蓄电池工作能力降低，以及燃料气化性能变坏等缘故。为了便于启动，在冬季应设法将进气、润滑油和冷却水预热。柴油机冬季启动困难更大，为了能在低温下迅速可靠地启动，常采用一些用以改善燃料的着火条件和降低启动转矩的启动辅助装置，如电热塞、进气预热器（预热塞）、预热锅炉和启动喷射装置以及减压装置等。

③ 启动机 启动机一般由直流电动机、操纵机构和离合机构三部分组成。

a. 汽油机所用的启动机的功率一般在 1.5kW 以下，电压一般为 12V。柴油启动机功率较大（可达 5kW 或更大），为使电枢电流不致过大，其电压一般采用 24V。

b. 启动机的操纵机构。机动车上使用的启动机按其操纵方式不同，有直接操纵式和电磁操纵式（远距离操纵式）两种。直接操纵式是由驾驶员通过启动踏板和杠杆机构直接操纵启动

开关并使传动齿轮副进入啮合。电磁操纵式是由驾驶员通过启动开关（或按钮）操纵继电器（电磁开关），而由继电器操纵启动电磁开关和齿轮副或通过启动开关直接操纵启动机电磁开关和齿轮副。

c. 启动机的离合机构。启动机应该只在启动时才与发动机曲轴相连，而当发动机开始工作之后，启动机应立即与曲轴分离。否则，随着发动机转速的升高，将使启动机大大超速，产生很大的离心力，而使启动机损坏。因此，启动机中装有离合机构。在启动时，它保证启动机的动力能通过飞轮传递给曲轴；启动完毕，发动机开始工作时，立即切断动力传递路线，使发动机不可能反过来通过飞轮驱动启动机以高速旋转。

常用的启动机离合机构有滚柱式、弹簧式、摩擦片式等多种型式。

4.3 电瓶叉车的电动机

4.3.1 动力型蓄电池的结构特点

目前，在电瓶叉车、电瓶牵引车上使用的电源基本上都是动力型蓄电池。动力型蓄电池也称牵引型蓄电池，其工作原理与启动型蓄电池基本相同。在结构上，动力型蓄电池正极板一般采用管式极板，负极板是涂膏式极板。管式正极板是由一排竖直的铅锑合金芯子、外套以玻璃纤维编结成的管子；管芯是在铅锑合金制成的栅架格上，并由填充的活性物质构成。由于玻璃纤维的保护，使管内的活性物质不易脱落，因此管式极板寿命相对较长，如图 4-14 所示。

将单体的动力型蓄电池通过螺栓紧固连接或焊接的型式，可以组合成不同容量的电池组，电瓶叉车和电瓶牵引车都是以电池组的型式提供电源的。

4.3.2 动力型蓄电池的性能

动力型蓄电池自出厂之日起，在温度为 5～40℃，相对湿度不

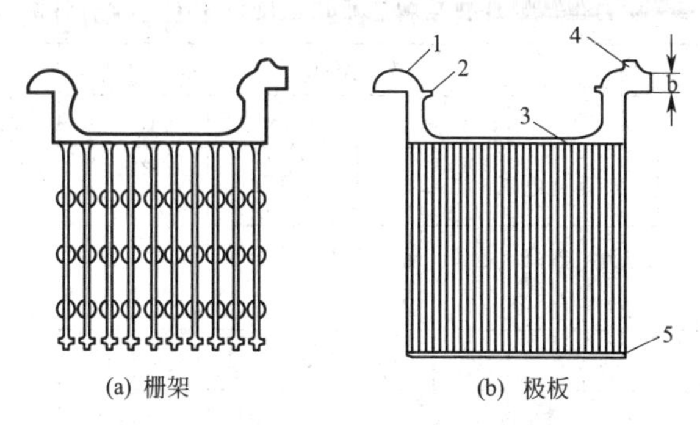

(a) 栅架　　(b) 极板

图 4-14　动力型蓄电池栅架和极板结构图

1—挂耳；2—挂钩；3—背梁；4—焊接极耳；5—封底

大于 80%的环境中，保存期为两年；若超过两年，容量和使用寿命都会相应地降低。

动力型蓄电池在放电过程中，当电解液温度不同时，其表现出的电气性能也不同。表 4-3 是电解液平均温度在 30℃时表现出的电气性能。

4.3.3　动力型蓄电池的维修

（1）动力型蓄电池的维护

动力型蓄电池的维护与启动型蓄电池的维修基本相同，为了使蓄电池经常处于完好状态，延长其使用寿命，在蓄电池使用中应特别注意以下几个方面：

① 拆装、搬运蓄电池时应注意防震，电池在车上应固定稳妥；

② 加注电解液应纯净，防止灰尘进入电池内部，经常擦除电池表面的灰尘脏物，保持加液口塞通气孔畅通；

③ 及时清除导线接头及极柱上的腐蚀物，并紧固接头；

④ 定期检查电解液密度和液面高度；

⑤ 经常检查蓄电池的放电程度，夏季放电不能超过 50%，冬季放电不能超过 25%；否则，应及时进行补充充电。具体维护方法如表 4-4 所示。

表 4-3　动力型蓄电池在电解液平均温度为 30℃ 时电气性能参数

<table>
<tr><th rowspan="4">型号</th><th colspan="8">放电率/h</th><th rowspan="4">开始放电时电解液密度(30℃)/(g/cm³)</th></tr>
<tr><th colspan="2">5h</th><th colspan="2">3h</th><th colspan="2">1h</th><th colspan="2">1.5h</th></tr>
<tr><th colspan="4">终止电压 1.75V</th><th colspan="2">终止电压 1.7V</th><th colspan="2">终止电压 1.5V</th></tr>
<tr><th>电流/A</th><th>容量/A·h</th><th>电流/A</th><th>容量/A·h</th><th>电流/A</th><th>容量/A·h</th><th>电流/A</th><th>容量/A·h</th></tr>
<tr><td>D-232</td><td>46.4</td><td>232</td><td>65</td><td>195</td><td>139</td><td>139</td><td>232</td><td>116</td><td rowspan="6">1.265±0.005</td></tr>
<tr><td>D-250</td><td>50</td><td>250</td><td>70</td><td>210</td><td>150</td><td>150</td><td>250</td><td>125</td></tr>
<tr><td>D-308</td><td>61.6</td><td>308</td><td>86</td><td>258</td><td>185</td><td>185</td><td>308</td><td>154</td></tr>
<tr><td>D-330</td><td>66</td><td>330</td><td>92</td><td>270</td><td>198</td><td>198</td><td>330</td><td>165</td></tr>
<tr><td>D-370</td><td>74</td><td>370</td><td>104</td><td>312</td><td>222</td><td>222</td><td>370</td><td>185</td></tr>
<tr><td>D-440</td><td>88</td><td>440</td><td>123</td><td>269</td><td>264</td><td>264</td><td>440</td><td>220</td></tr>
<tr><td>D-180</td><td>36</td><td>180</td><td>50</td><td>150</td><td>108</td><td>108</td><td>180</td><td>90</td><td rowspan="12">1.265±0.005</td></tr>
<tr><td>D-390</td><td>78</td><td>390</td><td>109</td><td>327</td><td>234</td><td>234</td><td>390</td><td>195</td></tr>
<tr><td>D-520</td><td>104</td><td>520</td><td>146</td><td>438</td><td>312</td><td>312</td><td>520</td><td>260</td></tr>
<tr><td>D-300</td><td>60</td><td>300</td><td>84</td><td>252</td><td>180</td><td>180</td><td>300</td><td>150</td></tr>
<tr><td>D-350</td><td>70</td><td>350</td><td>98</td><td>294</td><td>210</td><td>210</td><td>350</td><td>175</td></tr>
<tr><td>D-400</td><td>80</td><td>400</td><td>112</td><td>336</td><td>240</td><td>240</td><td>400</td><td>200</td></tr>
<tr><td>D-395</td><td>79</td><td>395</td><td>111</td><td>333</td><td>237</td><td>237</td><td>395</td><td>197.5</td></tr>
<tr><td>D-450G</td><td>80</td><td>350</td><td>126</td><td>378</td><td>270</td><td>270</td><td>450</td><td>225</td></tr>
<tr><td>D-515</td><td>103</td><td>515</td><td>144</td><td>432</td><td>309</td><td>309</td><td>515</td><td>257.5</td></tr>
<tr><td>D-360</td><td>72</td><td>360</td><td>101</td><td>303</td><td>216</td><td>216</td><td>360</td><td>180</td></tr>
<tr><td>D-385</td><td>77</td><td>385</td><td>106</td><td>318</td><td>231</td><td>231</td><td>385</td><td>192.5</td></tr>
<tr><td>D-450</td><td>90</td><td>450</td><td>126</td><td>378</td><td>270</td><td>270</td><td>450</td><td>225</td></tr>
<tr><td>D-480</td><td>96</td><td>480</td><td>133</td><td>399</td><td>480</td><td>480</td><td>480</td><td>240</td><td>1.280±0.005</td></tr>
</table>

注：表中 3 小时率和 1 小时率仅供参考。

表 4-4　动力型蓄电池定期维护时间表

维护项目	维护内容	工具	每天（8 小时）	每周（50 小时）	每月（200 小时）	3 个月（600 小时）	6 个月（1200 小时）
动力型蓄电池	电解液水平	目测		○	○	○	○
	电解液比重	比重计		○	○	○	○
	电瓶电量		○	○	○	○	○
	接线端子是否松动		○	○	○	○	○
	连接线是否松动		○	○	○	○	○
	电瓶表面清洁		○	○	○	○	○
	通风盖是否拧紧，通风口是否畅通				○	○	○
	远离烟火		○	○	○	○	○

注：表中“○”表示检查、校正及调整。

（2）动力型蓄电池常见故障诊断（表 4-5）。

表 4-5　动力型蓄电池常见故障诊断

故障现象	故障特征	故障原因	诊断措施
容量降低	达不到额定容量或容量不足	使用后充电不足或补充电不足	均衡充电并改进运行方法
		电解液密度偏低	调整电解液密度
		外接线路不通畅，电阻较大	理顺外接线路，减小电阻
	容量逐渐降低	极板严重硫化	反复充电消除极板硫酸盐化
		电解液有杂质	检查电解液，必要时更换
		电池局部短路	维修或更换
	容量突然降低	电池内部或外部短路	检查原因，并排除

续表

故障现象	故障特征	故障原因	诊断措施
电压异常	电池充电时电压偏高在放电时电压降低很快	极板硫酸盐化	消除极板硫酸盐化
	电池在使用中，开路电压明显降低	反极或短路	检查单体电池电压
冒气异常	电池充电后不冒气	电池内部短路	检查并排除
	电池在充电中冒气太早，并有大量气泡	极板硫酸盐化	消除极板硫酸盐化
	电池在放置或存放电过程中冒气	充电后立即放电或电解液中有杂质	搁置一小时左右放电或更换电解液
电解液温度高	正常充电时，液温升高异常	充电时电流过大或内部短路	调整充电电流或排除短路
	个别电池温度比一般高	极板硫酸盐化	消除极板硫酸盐化
电解液密度和颜色异常	电池在充电中密度上升少或不变	极板硫酸盐化	消除极板硫酸盐化
	电池充放电以后，搁置期间密度下降大	电池自放电严重	更换电解液
	电解液颜色、气味不正常，并有浑浊沉淀	电解液不纯，活性物质脱落	更换电解液并冲洗电池内部

4.4 直流电动机的分类与结构

4.4.1 直流电动机的分类

按照励磁方式的不同，直流电动机可分为他励、串励、并励和复励等，如图 4-15 所示。

① 他励直流电动机——励磁绕组 WE 与电枢绕组 WA 互不相连，励磁绕组由独立的直流电源供电，如图 4-15(a) 所示。

② 串励直流电动机——励磁绕组 WE 与电枢绕组 WA 串联，两绕组中的电流相同，如图 4-15(b) 所示。

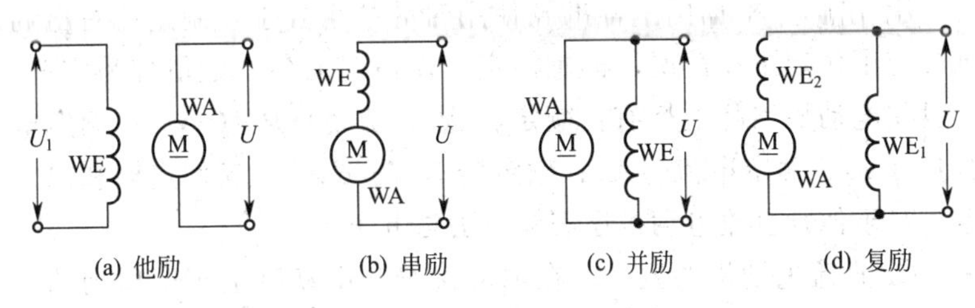

图 4-15 直流电动机的分类

③ 并励直流电动机——励磁绕组 WE 与电枢绕组 WA 并联，两绕组电压相等，如图 4-15(c) 所示。

④ 复励直流电动机——有两组励磁绕组 WE1 和 WE2，其中一组 WE2 与电枢绕组 WA 串联，另一组与电枢绕组 WA 以及 WE2 并联，如图 4-15(d) 所示。

不同励磁方式的电动机具有不同的机械特性。根据生产机械的要求选择相应的励磁方式的直流电动机。其中串励式直流电动机具有双曲线（软）的机械特性，可以在低速时获得较大的转矩，轻载时获得较高转速的特点，所以蓄电池叉车和牵引车采用了串励直流电动机。

按照功能的不同，直流电动机又可分为牵引电机、起升电机和转向电机。它们的工作原理大致相同，只是在功率大小、励磁方式上有所不同。如表 4-6 所示，列出 CPD10/15H、CPD10/15HA 两型电动叉车的牵引电机、起升电机和转向电机的技术参数。

表 4-6 电动叉车用牵引电机、起升电机和转向电机的技术参数

型号	功能	额定功率 kW	额定电压 /V	额定电流 /A	额定转速/(r/min)	最高转速/(r/min)	励磁方式	绝缘等级	冷却方式	防护等级	扭矩 /N·m	质量 /kg
XQ-5-1B	牵引	5	45	139	1480	3200	串励	F	IC01	IP20	60	95
XQD-6.3A	工作						复励	F	IC00	IP44	15	72
XQ-0.55-3	转向						复励	F	IC00	IP44	30	13

4.4.2 直流电动机的型号

在直流电动机上有一块标明其型号和主要技术参数的铭牌，为使用和选择电动机提供依据。

① 铭牌　根据国家标准及使用时的技术要求，制造厂对电动机规定了额定工作情况，标志额定工作情况的各种数值称为定值。一般在电动机铭牌上标有：额定容量（功率）PN(kW)；额定电压U（V)；额定电流（A)；额定转速（r/min)；工作定额和温升等，对于他励直流电动机还需标明励磁电压。

② 直流电动机的型号。在电动叉车和电动牵引车中用到的直流电动机型号有很多种，常用的主要有 ZQ、ZXQ、ZQD、ZZ、ZZY 等几种。其型号的具体意义如下所示：

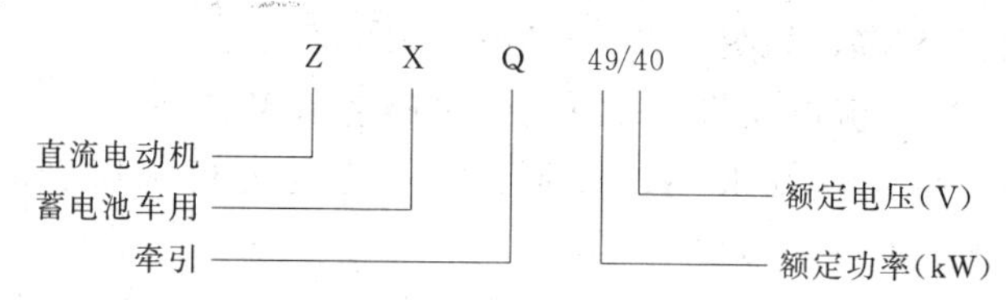

4.4.3　直流电动机的结构

直流电动机在结构上可以分为定子（或磁极）和绕轴转动的转子（或电枢）两部分，如图 4-16 所示为直流电动机的结构图。

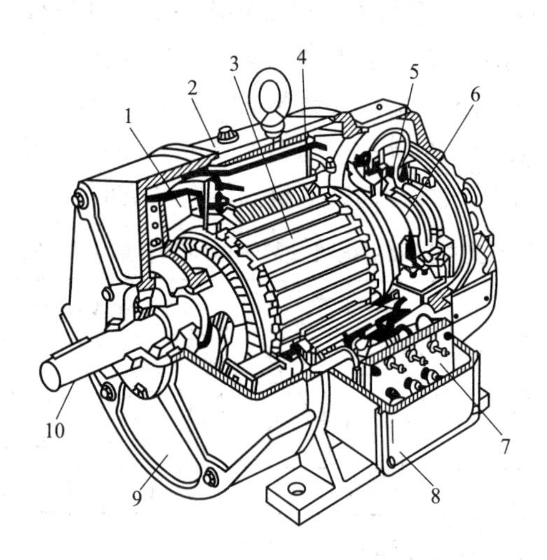

图 4-16　直流电动机的结构图

1—风扇；2—机座；3—电枢；4—主磁极；5—电刷及刷架；6—换向器；7—接线板；8—接线盒盖；9—端盖；10—输出轴

(1) 定子（磁极）部分

直流电动机的定子部分主要由产生磁场的主磁极、外壳（机座）、电刷装置和前后端盖等组成，如表4-7所示。

表4-7　直流电动机定子部分的结构

结构名称	图示	结构特点	主要功能
主磁极	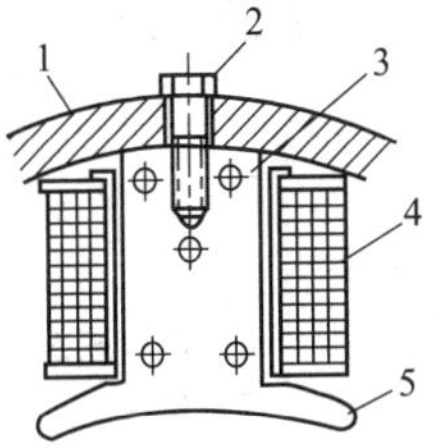 1—机座；2—螺栓；3—铁芯；4—励磁绕组；5—极靴	由铁芯和套在铁芯上的励磁绕组两部分组成。铁芯用薄钢片叠成，用来导磁和支持励磁绕组；铁芯下面扩大的部分称为极靴。主磁极的数目有2极、4极、6极等。在连接励磁绕组时，应保证相邻磁极是异极性	产生主磁场
换向磁极		由铁芯和线圈构成。通常铁芯由整块钢做成，它用来支撑绕组和导磁；线圈由导线绕成	产生附加磁场
电刷装置	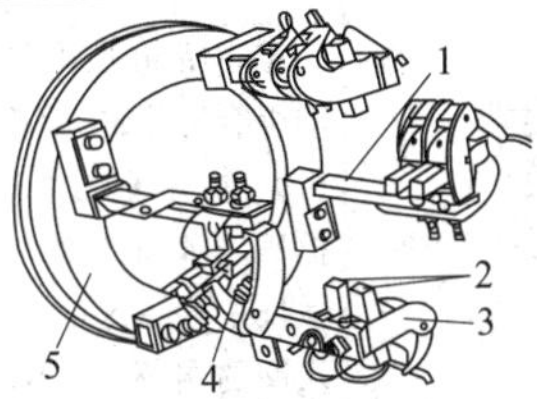 1—碳刷；2—刷杆；3—刷架；4—端盖；5—换向器	电刷通常用石墨制成，放在电刷架的刷握里，依靠弹簧弹力将它紧压在换向器上	连接电枢与外电路
机座和端盖	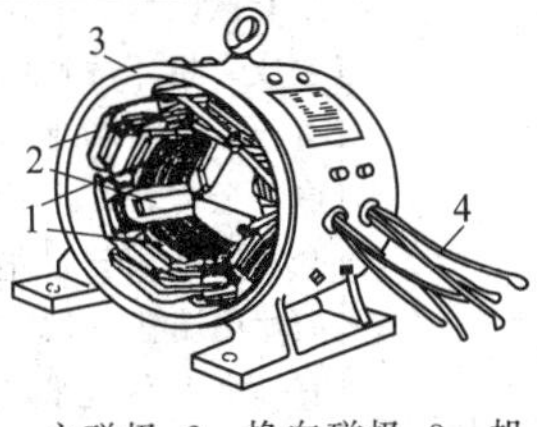 1—主磁极；2—换向磁极；3—机座（外壳）；4—引出线	机座多采用钢板焊接或铸钢制成。机座两端各装一个端盖，用以保护电动机内部免受外界损伤；端盖内装有轴承，以支撑转子（电枢）和固定电刷装置，通常端盖用铸铁制成	支撑整个电动机

(2) 转子（电枢）部分

转子部分是由电枢铁芯、电枢绕组和换向器等组成；其主要功能是在磁场中受力而对外输出机械转矩。转子的结构组成如表 4-8 所示。

表 4-8　直流电动机转子部分的结构

结构名称	图示	结构特点
转子	1— 轴；2— 轴承；3—风扇；4—电枢；5—换向器；6—轴承	由电枢铁芯、电枢绕组和换向器等组成
电枢铁芯		电枢铁芯的作用是放置电磁枢绕组，它也是磁路的一部分；电枢铁芯是由带槽的硅钢片叠成的，硅钢片的厚度约为0.35～0.5mm，片与片之间互相绝缘
电枢绕组		电枢绕组是由许多铜制的线圈组合起来的，这些线圈叫做绕组元件；绕组元件绝缘后嵌入电枢铁芯表面的槽中，然后将这些元件按照一定的方法连接起来，线圈的端部焊在换向器上
换向器	1— 绝缘套筒；2— 钢套；3 —V 形铜环；4 —V 形云母环；5— 云母片；6—换向片(铜制)；7— 压环；8— 锁紧圈	换向器是一个圆柱体，由许多带有燕尾形的铜片（或换向片）叠成。相邻两换向片之间都垫有云母绝缘片；所有的换向片都嵌入金属套筒后压紧，换向片与套筒间也用云母绝缘。每个换向片尾端有一个凸起部分，上面有一个小槽，电枢绕组的首末端就焊接在这个小槽里

4.4.4　直流电动机的工作原理

图 4-17 所示电路是直流电动机的原理示意图。磁极 N、S 是由主磁极产生的一对磁极，线圈 abed 代表电枢线圈（绕组）；A 和 B 表示换向器，小方块表示电刷，是外加电源电压。

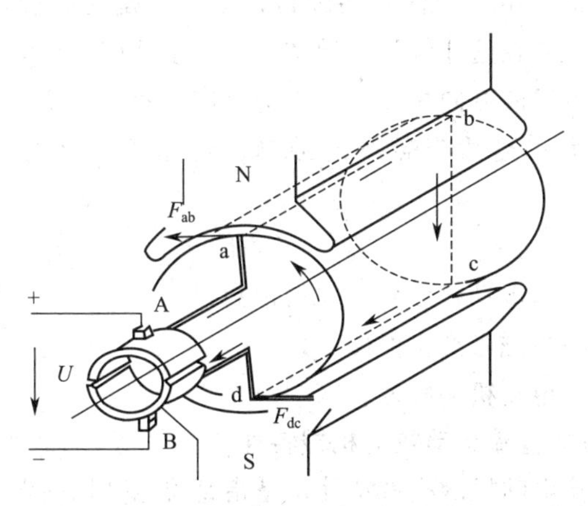

图 4-17　直流电动机的原理

我们知道，通电导体在磁场中要受到力的作用，其受力方向用左手定则判断。图中 ab 边电流是从 a→b；cd 边的电流是 c→d。因此，根据左手定则可以判断出 ab 边受力 F_{ab} 是向左的，而 cd 边受力 F_{ab} 是向右的，故线圈 abcd 受到一个逆时针方向旋转的力矩。

当线圈 abcd 旋转 180°后，ab 边和 cd 边与图示位置正好对调了，而换向器同样也随着线圈转了 180°，结果 ab 边和 cd 边的电流方向都反过来。根据左手定则判断 cd 边受力向左，ab 边受力向右，线圈 abcd 仍然受到一个逆时针方向的力矩。因此，线圈连同电枢铁芯就旋转起来，这就是直流电动机的工作原理。

那么电枢受到的力矩与哪些因素有关系呢？从电动机工作原理可知，主磁极产生的磁通越大、通入电枢绕组的电流越大、电枢的绕组越多，那么受到的力矩也越大。由于这个力矩是由电流与磁相互作用产生的，我们称之为电磁转矩，用 T 表示。显然，电磁转矩 T 可用下式表示：

$$T = C_e I_A \Phi \tag{4-1}$$

式中　C_e——与电动机结构（如线圈匝数等）有关的常数；

I_A——电枢中的电流；

Φ——磁场的磁通。

由于电枢绕组（导体）在旋转运动时切割主磁极产生的磁力线，因此，又要在这些绕组（导体）中产生感应电动势，此感应电动势与外加电压的方向相反，故称为反电动势，用 E_A 表示。反电动势 E_A 的大小显然与磁场的强弱、转速的快慢有关，其表达式为：

$$E_A = C_e \Phi n \tag{4-2}$$

式中　C_e——与电动机结构有关的常数；

Φ——主磁极产生的磁通；

n——电动机的转速。

4.4.5　串励式直流电动机的机械特性

串励直流电动机的机械特性，是指直流电动机的电磁转矩与转速之间的关系，如果用曲线图表示这种关系，就称为机械特性曲线。

为了说明串励式直流电动机的电磁转矩与其转速之间的关系，我们先看一看加到电动机上的电源电压，在串励直流电动机中都用在什么地方，如图 4-18 所示。图中 U 是电源电压，R_A、R_W 分别表示励磁绕组和电枢绕组的电阻，E_A 是电枢中的反电动势。显然，外加电源电压 U 一方面去克服电枢反电动势 E_A，另一方面要在 R_W 的 R_A 产生电压降，故用表示式表示，则为：

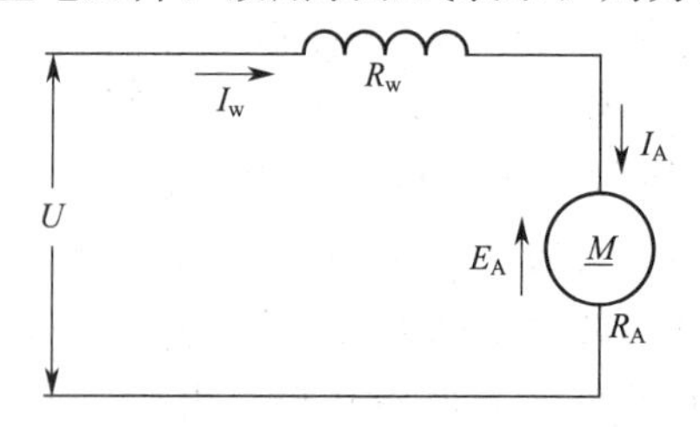

图 4-18　串励直流电动机电路

$$U=E_A+R_A+I_WR_W$$

因为串励电动机的 $I_W=I_A$

所以

$$U=E_A+I_A(R_A+R_W) \qquad (4\text{-}3)$$

把式(4-2) 代入式(4-3) 得：

$$U=C_e\phi_n+I_A(R_A+R_W)$$

经整理后得：

$$n,=[U-I_A(R_A+R_W)]/C_e\phi$$

电磁转矩的增减，是由负载转矩决定的。二者的关系是数值上大小相等，方向上则是相反的。从上式可知，当负载转矩增加时，电动机的电磁转矩必然增加，即 I_A 增加 ϕ 也增加，于是 n 要减小，即转速 n 下降；当负载转矩较小时，I_A 的总值还不大，磁路未饱和，负载转矩增加时，ϕ 随着 I_A 增加而成比例地增加，故转速下降很快；当负载转矩较大时，I_A 的总值已经较大了，磁路饱和，这时负载再增加，I_A 也增加，但 ϕ 却不再增加。因此，转速 n 尽管仍是降低的，但下降得比较平缓了。

如果用横坐标表示转矩 T，用纵坐标表示转速 n，则串励电动机的机械特性（自然特性）近似一双曲线，如图 4-19 所示。

其中，图 4-19(a) 是指串励电动电源电压 U，电枢电路中的电阻和磁通不加人工调节的情况下，得出的特性曲线，因而称为自然特性。但是当改变电动机的电源电压 U，或者在电枢电路里串入外加电阻 R_r，或者改变电动机的主磁通 ϕ 时，电动机的特性曲线都将要改变。图 4-19(b)、(c)、(d) 表示的是降低电源电压 U 、增大电枢电路外电阻 R_r 和减小磁通 ϕ 的机械特性变化情况。总体而言，串励直流电动机的机械特性具有以下几方面的特点。

① 具有较软的机械特性，即具有轻载高速、重载低速的特点。轻载时转速高，可以大大缩短无载操作（如空车行驶、空钩下降）的时间，从而提高机械的生产率；重载时转速自动降低，则可以保证生产安全及防止电机过载。因此，串励电动机最适合于电力牵引车（如电力机车、蓄电池车辆等）的运行要求。

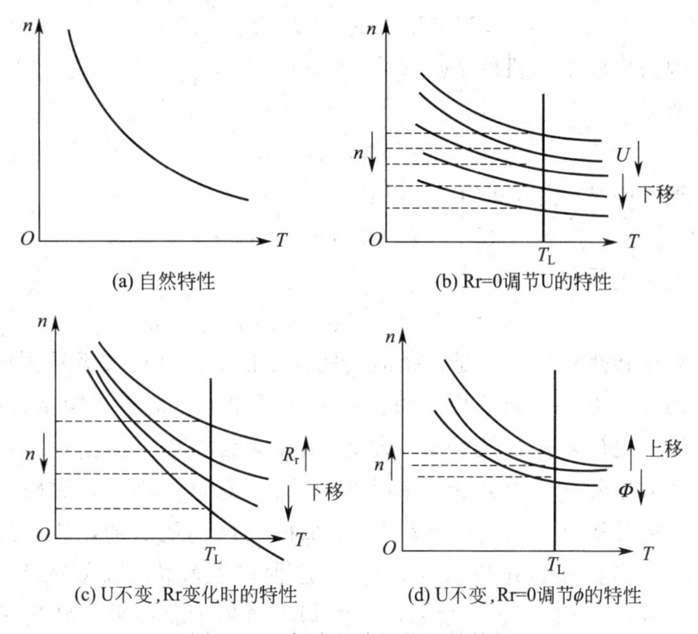

图 4-19　串励电动机的机械特性

② 串励电动机在空载或轻载时转速很高，以致会达到“飞车”的程度。空载或轻载时需要的电磁转矩 T 很小，因而电枢电流 I_A 及磁通 ϕ 也很小，由式(4-3) 或图 2-4 的机械特性可见，这时电机的转速 n 将很高。为了防止因电机“飞车”而造成的转子损坏事故，串励电动机不允许在空载或轻载（低于额定负载的 20%～30%）下运行。但在电动叉车或电动牵引车中，因车辆本身有自重，电动机不会空载运行，因而这种危险性不大。

③ 串励电动机具有较大的启动能力和过载能力。直流电动机的启动能力和过载能力受电动机允许的电流过载倍数的限制，电流过载倍数大会使换向器与电刷的工作恶化，造成换向火花，所以电流过载倍数一般限制在额定电流的 2.0～2.5 倍。

串励电动机在正常运行时，磁路未饱和，可近似认为磁通 ϕ 与励磁电流 I_W^2（等于电枢电流 I_A^2）成正比，即 $\phi \propto I_A^2$，根据式(4-1)，可得 $T=C_X 3 I_A^2$，即电动机转矩与电枢电流的平方成正比。

因此，在允许的电流过载倍数条件下，串励电动机的转矩过载倍数较大，亦就是具有较大的启动能力和过载能力。

4.5 串励直流电动机的控制类型

4.5.1 直流串励电动机的启动控制

直流串励电动机不能直接接入电源进行启动。因为在启动瞬间，电动机的转速为零，即 $n=0$，此时反电动势 $E_A=0$，根据电源电压与反电动势以及电阻压降的关系可知，此时的电枢电流（称为启动电流，用 I_{st} 表示）为：$I_{st}=(U-E_A)/(R_A+R_W)=U/(R_A+R_W)$，由于电动机启动瞬间 $E_A=0$，又因为直流串励电动机的磁极绕组的电阻 R_W 和电枢绕组的电阻 R_A 都很小，故启动时的电流很大，约为其额定电流的 10～20 倍。这样大的启动电流会在换向器上产生强烈的火花而烧坏换向器；同时还会使电动机及其所带动的机械产生很大的冲击，给工作机械带来危害，例如使叉车的货物产生猛烈撞击或使货物掉落等。

为了保证电动机在启动时，既有较大的启动转矩又不致烧毁换向器，一般限制在 1.5～2.5 倍额定电流的范围之内。所采用的方法是降压启动，即降低电动机的端电压来启动。降压启动通常采取两种方法，即串接电阻降压启动和晶闸管调压启动。

① 串接电阻降压启动。串接电阻降压启动是在电动机电路中串入数级电阻，启动过程中依次短接，以减小启动电流。如图4-20所示，通过直流接触器 KM 和启动电阻 R 调节电动机的电流。在刚启动时，电动机电路中接入全部电阻 R（$R=r_1+r_2$），此时启动电阻 R 与电动机分压，于是有：

$$U_M=U-U_R$$

式中 U_M——电动机的端电压；

U——电源电压；

U_R——外接电阻上的电压降。

由上式可知，由于刚启动时接入全部启动电阻，启动电流在启

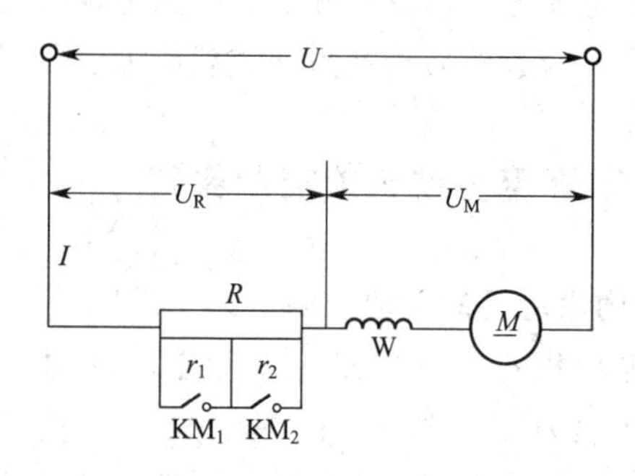

图 4-20 串接电阻启动

动电阻上的电压将 U_R 较高，故电动机的端电压 U_M 较低。随着电动机转速升高，反电动势也逐渐增加，电压降 U_R 也减少，U_M 则升高，其转速 n 也随之升高。当启动电阻全部切除时，$R=0$，因而 $U_R=0$、$U_M=U$，即电动机在电源的全电压下工作，启动完毕。

上述启动的过程可以用图 4-21 所示的启动特性曲线来表示。当图 4-20 中触头 KM_1 及 KM_2 均断开时，全部启动电阻（r_1+r_2）接入，这时电动机的特性如图 4-21 中曲线 1 所示。曲线 2 相应于触头 KM_1 闭合，即电阻 r_1 切除时的机械特性，曲线 3 相应于触头 KM_1 和 KM_2 都闭合，即全部启动电阻都切除时的机械特性。利用图中的特性曲线可以分析电动机启动过程中转速及转矩的变化情况。

这种启动方法只能分级启动，且启动电阻还有附加损耗，所以不经济；但这种方法简单、方便，故在小功率电动机中用得较广。

② 晶闸管调压启动。利用晶闸管调压原理，使电动机电压 U_M 逐渐增大，转速从 0 逐步加快直到额定转速，实现启动，如图 4-22 所示。

这种启动方法没有附加损耗，经济性好。因电压可以均匀地增加，使启动过程很平滑，目前在电动叉车和电动牵引车上基本都采用这种启动控制方式。

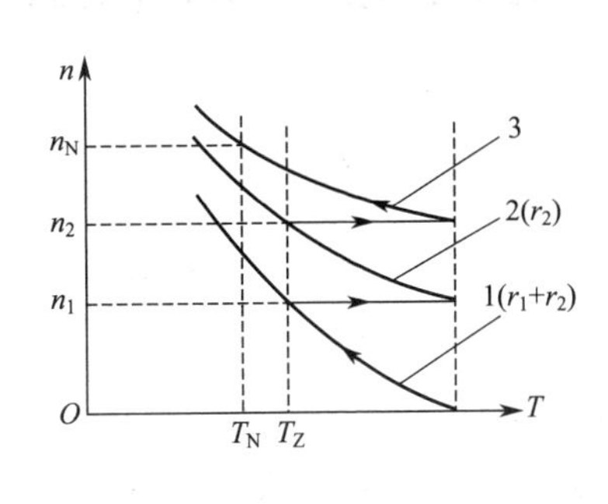

图 4-21　启动过程

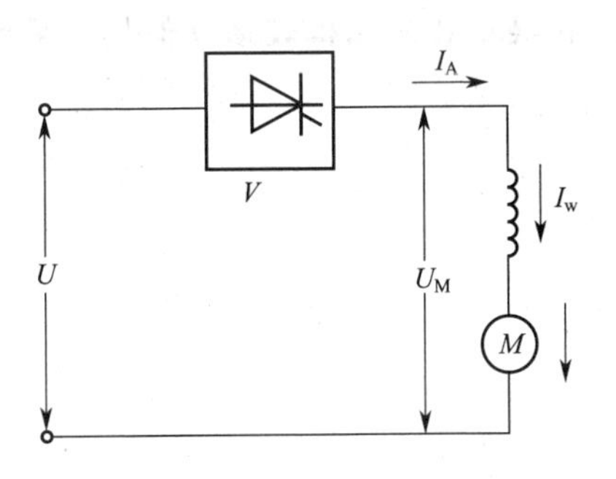

图 4-22　晶闸管调压启动

4.5.2　直流串励电动机的调速控制

所谓电动机的调速是指用人为的方法，使电动机在同一负载下获得不同的转速。根据直流串励电动机的转速公式：

$$n=[U-I_A(R_A+R_W)]/C_e\Phi$$

由上式可知，改变电动机的励磁磁通 Φ、电动机的端电压 U_M，均可改变电动的转速 n。而改变电动机的电压 U_M，又可通过改变电源电压 U 或者在电枢电路中串接电阻来达到。因此，串励电动机的调速方法是多样的，下面介绍几种常用的调速控制方法。

（1）改变磁通 Φ 调速

串励电动机从转速表达式可知，转速 n 与磁通成反比例变化，即磁通 Φ 增大，转速 n 减小（降低），Φ 减小，转速 n 增加。磁通 Φ 的增减变化，有两种方法，一种是改变励磁电流 I_W，另一种是改变励磁绕组的匝数 N，下面分别介绍。

① 改变励磁绕组匝数 N 调速。如图 4-23 所示。电动机励磁绕组由 W_1（设匝数为 N_1）、W_2（设匝数为 N_2）两部分组成。当触头 KM 断开时，N_1 与 N_2 串联，电枢电流同时流过 I_{W1} 和 I_{W2}，这时产生磁通的励磁绕组总匝数为 N_1+N_2。当触头 KM 闭合时，绕组 N_1 被触头短接而切除，此时产生磁通的励磁绕组变为 N_2，即匝数减少，从而磁通 Φ 减少，电动机的转速 n 升高。这种调速方法所需换接设备少，调速过程没有附加电能损耗，比

较经济，故用得较多。但是，采用这种调速方法的电动机必须是专门制造的。

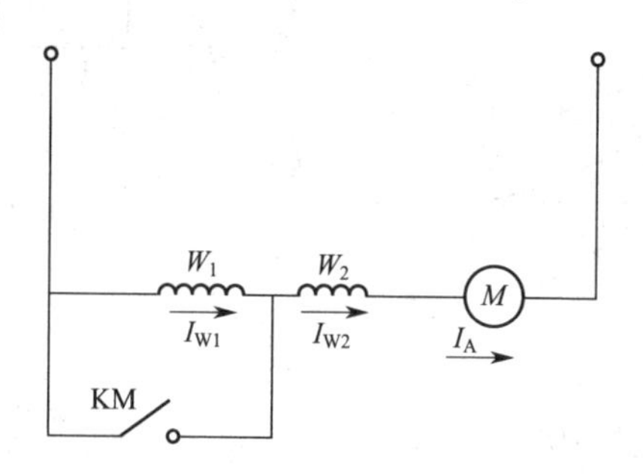

图 4-23 改变励磁绕组匝数（N）调速

② 改变励磁电流 I_W 调速。电路如图 4-24 所示，电动机的励磁绕组由相同的两个分段 W_1 及 W_2。构成，通过 W_1 与 W_2 的串、并联换接，以改变励磁电流，实现调速。

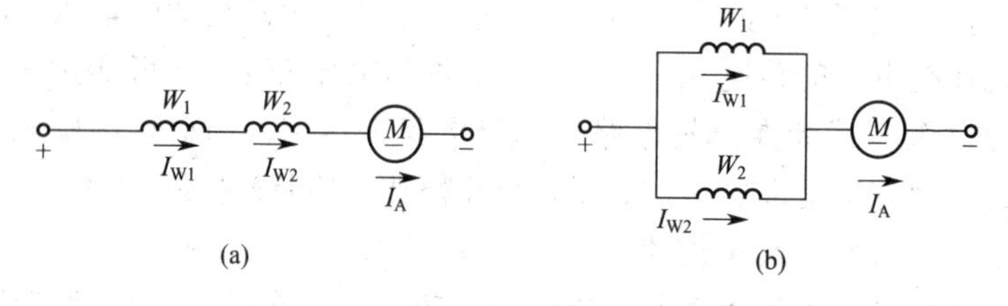

图 4-24 改变励磁电流调速

当 W_1 与 W_2 串联时，两段绕组中流过的励磁电流都等于电枢电流，即 $I_{W1}=I_{W2}=I_A$，如图 4-24(a) 示。当 W_1 与 W_2 换接成并联时，如图 4-24(b) 所示，假定电枢电流 I_A 不变，则每段励磁绕组中流入的励磁电流等于电枢电流的一半，即 $I_{W1}=I_{W2}=I_A/2$。即换接后，励磁电流减小，ϕ 减小，故电动机转速 n 升高。

应该指出，实际上当负载不变时，换接后因磁通减小，电枢电流会增大。因此，并联时的励磁电流并不等于串联时励磁电流的一半。这种调速方式也比较经济，但与改变励磁绕组匝数相比较，需要的换接设备较多。

(2) 调压变流调速

① 直流电动机的调压调速。通过改变电动机端电压 U_M，例如，将蓄电池串、并联换接；或在电枢电路中串联电阻；或将两个电动机进行串、并联换接，以改变转速 n，具体方法如表 4-9 所示。

表 4-9　直流电动机的调压调速

调速方式	调速原理	调速特点
蓄电池串、并联换接法	将蓄电池分成两组，当两组蓄电池由串联换接成并联时，电动机的端电压减小一半，以达到调速目的	这种调速方法没有附加电能损耗，但调速不平滑
串接电阻法	由电动机的端电压 $U_M=U-U_R=U-I_AR_r$ 可知，当电源电压 U 不变，电枢电流 I_A 不变时，增大电阻 R_r，则 U_M 将减小，其电动机转速 n 降低，反之转速升高	调速过程中，调速电阻会产生大量的电能损耗，一般不适合作长期运行；但这种方法简单方便，在小功率电动机中仍用得很多。目前，普通蓄电池叉车中的走行电动机，均采用这种调速方法
电动机串、并联换接法	当两台电动机由串联换接成并联时，每台电动机的端电压增加一倍，从而得到两级速度	这种调速方法没有附加电能损耗，但只能得到两级速度，故调速不平滑。这种方法只能用于生产机械是由两台相同容量的电动机共同拖动的场合下，一般在电力牵引车中用得较多

② 利用晶闸管斩波装置调压调速。晶闸管斩波装置，又称晶闸管斩波器。它是利用晶闸管作直流快速开关，把平直的直流电变成脉动直流电，以改变电动机的平均端电压来实现调速的，图 4-25(a) 所示为原理电路图。

当晶闸管 V 导通时，其端电压 U_M 等于电源电压 U；当晶闸管 V 关断时，电动机与电源断开，其端电压 U_M 等于零。如果使晶闸管按一定的速度周期性地导通和关断，则电动机的端电压将 U_M 将有如图 4-25(b) 所示的波形。

假设晶闸管的导通时间 t_1（称为导通时间宽度），关断时间为 t_2（称为关断时间宽度），则电动机端电压的平均值 U_M。为：

$$U_M=U_{t1}/(t_1+t_2)=U_{t1}/T=rU/T$$

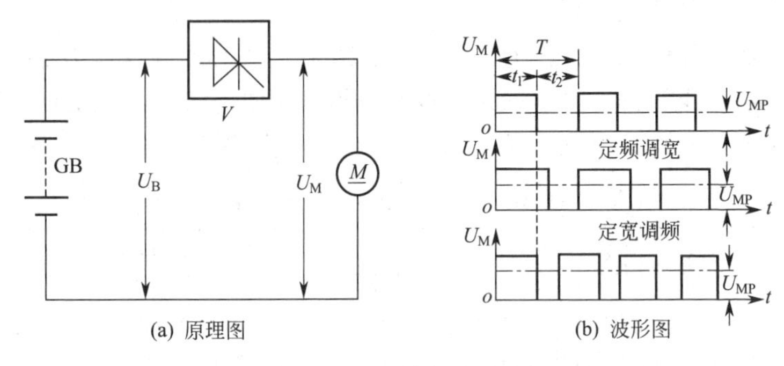

(a) 原理图　　(b) 波形图

图 4-25　利用晶闸管斩波器进行调速

式中，$T=t_1+t_2$，称为工作周期；$r=t_1/T$ 称为导通比。

因此，改变晶闸管的导通比，就可以改变电动机的端电压平均值，从而达到调速的目的。改变导通比的方法有以下三种。

① 定频调宽：周期 T 固定，改变导通时间宽度 t_1。

② 定宽调频：t_1 固定，改变周期 T（也就是改变工作频率）。

③ 调频调宽：t_1 和 T 都改变。

上述定频调宽及调频调宽的调速方法，在以后的蓄电池叉车电路中都有应用。在实际应用电路中，还在电动机的两端并联一个二极管 VD，称作续流二极管，如图 4-26(a) 所示。

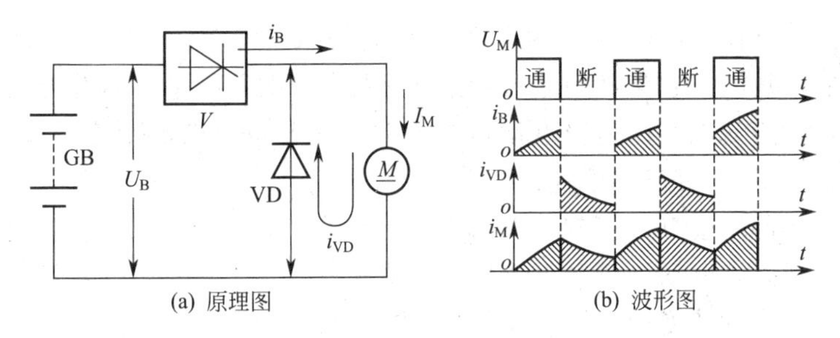

(a) 原理图　　(b) 波形图

图 4-26　续流二极管的作用

这样，当晶闸管 V 导通时，电源 GB 供给电动机的电流 i_{GB} 将按指数关系上升，其波形如图 4-26(b) 所示。当晶闸管 V 关断时，电源不供给电流，即 $I_{GB}=0$。但由于电动机绕组的电感中储有能

量，使电动机电流经二极管 VD 继续流通，即电动机 M 中将流过电流 i_{VD}的波形是按指数关系下降的。因此，电动机 M 所流过的电流 i_M 应为电源电流 i_{GB}与续流电流 i_{VD}之和，即 $i_M = i_{GB} + i_{VD}$，其波形如图 4-26(b)。可见，并联续流二极管后，可以在晶闸管导通比较小的情况下，得到较大的电动机电流，从而得到较大的电磁转矩。

这种调速方法虽然控制系统较复杂，但具有节省电能、电源利用率高以及能实现无级调速等优点，目前大多采用直流串励电动机驱动方式的电动叉车和电动牵引车，基本上都采取这种调速方法。

4.5.3　直流串励电动机的反转控制

改变直流串励电动的转向，是通过改变电磁转矩的方向来实现的。由直流串励电动机的工作原理可知，改变电枢电流 I_A 的流动方向或者改变励磁磁通中的方向，都可以改变电磁转矩的方向；而同时改变电枢电流和励磁磁通的方向，则不能改变电磁转矩的方向。通常是利用开关或接触器等电器，将电枢绕组或励磁绕组进行正、反换接的方式来实现串励电动机反转的。

图 4-27 表示利用换向接触器使电动机反转的几种方法。图 4-27(a) 为反接电枢的方法；图 4-27(b) 为反接励磁绕组的方法；图 4－27(c) 为换接绕向相反的励磁绕组的方法。在图 4-27(a) 中，当正向接触器 1KM 触头闭合时，电流方向如图中虚箭头所示，这时电枢电流 I_A 反向，使电动机反转。励磁电流 I_W 反向，如图 4-27(b) 所示；或两组绕向相反的励磁绕组 W_1 与 W 换接，如图 4-27(c) 所示，都能使磁通反向，因而使电动机反转。

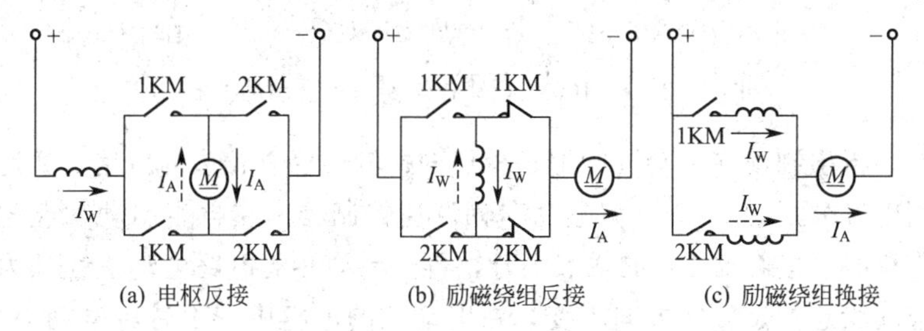

图 4-27　串励电动机的制动控制

4.5.4 直流串励电动机的制动控制

直流串励电动机的制动有反接制动、能耗制动和再生制动等几种型式，目前在电动叉车和电动牵引车上应用最多的是再生制动。如果在直流电动机的自励能耗制动过程中，通过适当控制电路将电枢中产生的电动势加到蓄电池上，用以对蓄电池进行充电。就可以使制动时的能量得到再生，这就是再生制动或称为回馈制动。

实现再生制动应满足两个条件：一是电动机应运行在发电状态；二是发电机产生的电能（由制动能量转换而来）应通过适当的电路反馈到蓄电池。直流串励电动机作发电机运行构成再生制动，使车辆的动能得以回收有两种情况：一是电动车辆下坡时，电动机的转子转速因阻力减小而升高，当超过最高允许转速时，应转入再生制动状态；二是车辆减速时，将车辆动能转换成电能，反馈到电源中去。

如图 4-28(a) 所示，再生制动的控制电路由接触器 RB、二极管 VD3、再生制动传感器 SH、二极管 VD1、VD2 等组成。

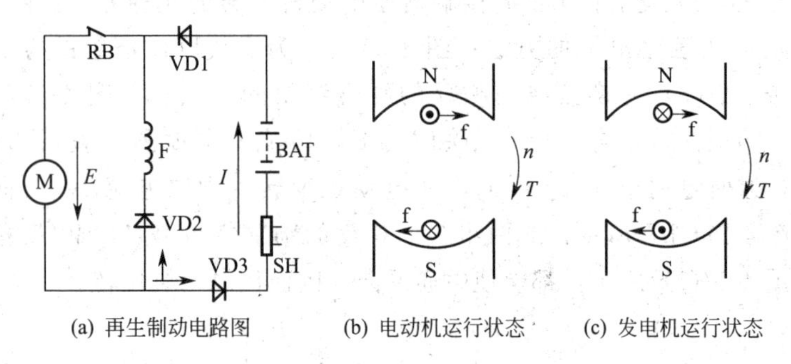

图 4-28 EV100 型调速控制器的再生制动控制

再生制动在电动装卸搬运机械的控制中已有较多的应用，如通用电气公司的 EV100 型电动车辆调速控制器。在再生制动功能起作用时，接触器 RB 的触点闭合，再生制动时的电路电动机在外力拖动状态保持旋转方向不变，在电动机的电枢中产生感应电动势，所产生的电动势经 VD3 和再生制动传感器 SH，及 VD1 蓄电池

BAT 充电，并通过 VD2 向磁场供电。此时，磁场绕组中电流产生的磁场与剩磁的方向相同，即磁场的方向没有改变，电枢产生足够的电动势向蓄电池充电。图 4-28(b) 为电动机运行状态时的电枢导体电流、电枢导体受力、电枢的转矩和旋转方向；图 4-28(c) 为发电机运行时，磁场方向、电枢的旋转方向和转矩方向未变时的感生电动势的方向。注意此时电枢的旋转方向和转矩方向没有改变，这是由车辆下坡或减速时的惯性造成的。

自励能耗制动和再生制动过程中不消耗电源的电能，故较经济。采用这种方法使机械或车辆迅速停车时，效果不好，这两种制动的方法多用来限制机构的运行速度，即多用作限速制动。因为当转速低时，其制动转矩小，制动作用不大，因此，要使机构停车还需与机械制动配合使用。

第5章 叉车的底盘部分

底盘是叉车装配及行驶的载体。其作用是支承、安装发动机车身等部件及总成，形成叉车的总体造型，接受发动机输出的动力，使叉车产生运动且保证叉车正常行驶。底盘由传动系、行驶系、转向系和制动系四大部分组成。

5.1 传动系

5.1.1 概述

机动车辆动力装置和驱动轮之间的传动部件总称为传动系。其作用是将动力装置发出的动力传给驱动车轮，以驱动车轮运动。任何型式的传动系都必须具有如下功能：

a. 实现变速；

b. 实现车辆倒驶；

c. 转弯时，保证车辆两侧驱动轮实现差速作用。

轮式车辆传动方式常见的有机械式和液压式。

机械式传动为传统的传动方式，传动示意图见图5-1。工作时，发动机动力经由离合器、变速器、万向传动轴传入驱动桥，再经装于驱动桥内的主减速器、差速器传至半轴，驱动车轮旋转。某些车辆还在驱动轮中装有轮边减速装置。

液压式传动可分为液力机械式传动（动力传动）和全液压传动（静液压传动）两类。

液力机械式传动车辆，其动力是经由液力变矩器、动力换挡变速箱、万向传动轴、主减速器、差速器、半轴、轮边减速器后传给驱动车轮的。传动示意图见图5-2。

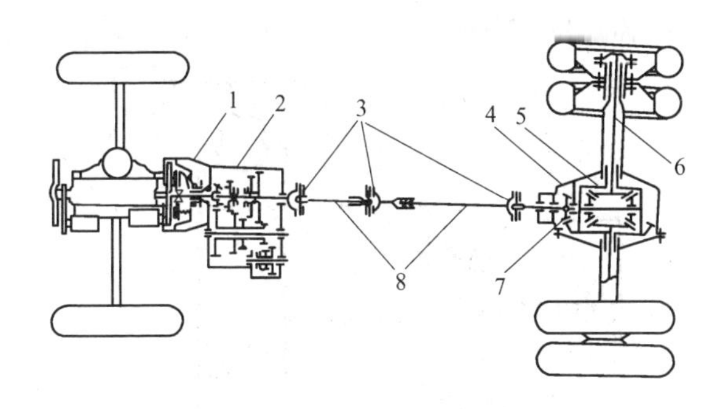

图 5-1　机械式传动系一般组成及布置示意图

1—离合器；2—变速器；3—万向节；4—驱动桥；5—差速器；6—半轴；7—主减速器；8—传动轴

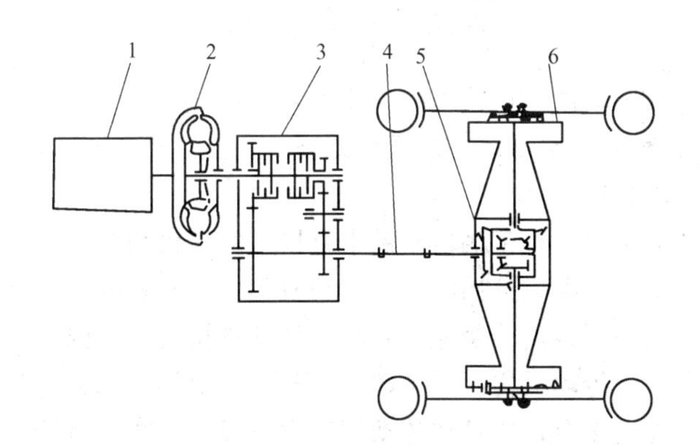

图 5-2　液力机械式传动系统简图

1—内燃机；2—液力变矩器；3—变速器；4—万向传动轴；5—主减速器；6—轮边减速器

静液压传动车辆，则由发动机直接带动油泵，油泵输出的压力油驱动安装在驱动轮上的液压马达旋转而直接带动车轮旋转的。传动示意图见图 5-3。

上述各类传动方式，总体而言，各有特点。机械式传动，车辆性能可靠、造价较低且维修方便，但驾驶员劳动强度相对较大；液压式传动车辆可实现无级变速，操作轻便，驾驶员劳动强度小。但

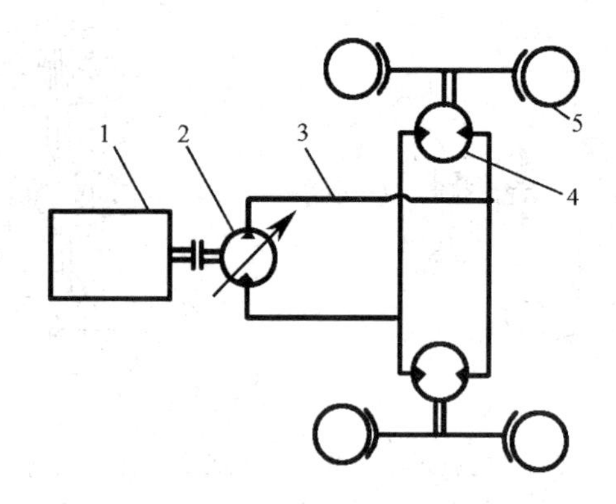

图 5-3 液压式传动系统原理简图

1—内燃机；2—变量液压泵；3—液压管路；
4—液压马达；5—驱动车轮

造价较高，对维修人员技术水平要求较高。

5.1.2 机械式传动系结构及工作原理

（1）离合器

离合器是内燃机车辆传动系中直接与发动机相连的部件。其作用是在发动机启动或换挡时，使发动机和传动装置分离，保证车辆平稳起步、平顺地换挡变速，并防止传动机构过载。因此，离合器应是这样一个传动机构：其主动部分与从动部分可以暂时分离，又可按需要逐渐接合，并且在传动过程中还要有可能相对转动。所以离合器的主动件与从动件间不能刚性连接，而是或借主动件、从动件间的摩擦作用（摩擦式离合器），或利用液体做传动介质（液力耦合器）传递动力。

机动车辆上的主离合器通常采用干式摩擦离合器。

① 干式摩擦离合器构造　图 5-4 是一种干式摩擦离合器的典型结构。工作原理如图 5-5 所示。飞轮 1 是离合器的主动件，带有摩擦衬片的从动盘毂 6 通过花键与从动轴 11（即变速器的主动轴）相连。压紧弹簧 4 将从动盘毂 6 压紧在飞轮端面上。扭矩是靠主、从动盘的摩擦作用传递给从动盘的，弹簧 4 的压紧力越大，则离合

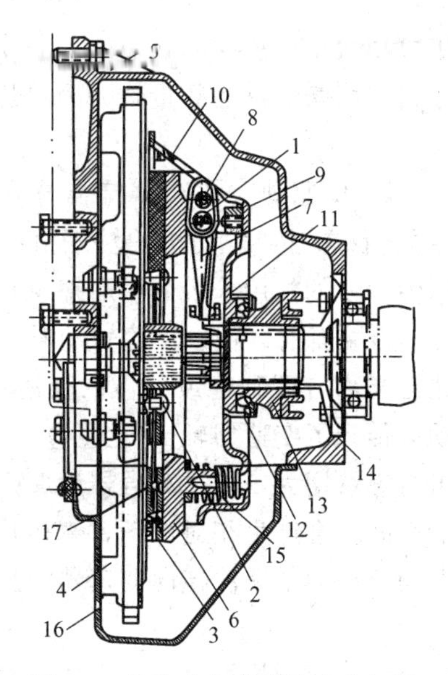

图 5-4 单片式离合器构造分解图

1—分离杠杆支承轴；2—从动盘毂；3—从动盘钢片；4—分轮；5—分轮壳；6—压盘；7—分离杠杆；8—轴销；9—支座；10—离合器盖；11—调整螺钉；12—分离轴承；13—分离轴承座；14—变速器轴承盖；15—压紧弹簧；16—分轮底壳；17—隔热垫

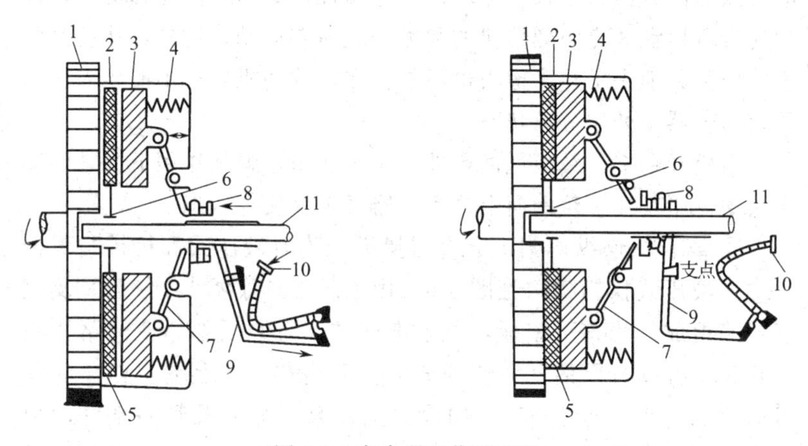

图 5-5 离合器工作原理图

1—飞轮；2—离合器盖；3—压盘；4—压紧弹簧；5—离合器片；6—从动盘毂；7—分离杠杆；8—分离轴承；9—分离拨叉；10—离合器踏板；11—变速器第一轴

器所能传递的扭矩也越大。

根据从动盘数目（即摩擦片的数量）分为单片离合器和双片离合器两种。

② 摩擦式离合器工作原理　离合器接合与分离状态示意图见图 5-5。离合器在接合状态时，发动机的转矩由曲轴传出，带动飞轮旋转。由于压紧弹簧 4 的作用，表面由摩擦材料组成的离合器片 5 紧紧地压在飞轮 1 的端面上。所以飞轮转动时离合器片两面的摩擦力就带动通过花键与离合器片连成一体的变速器轴 11 旋转，这样就将发动机的动力传到了变速器轴 11 上。

当车辆行驶阻力突然增大，超过离合器片摩擦力总和时，离合器片与飞轮及压盘之间就会产生相对滑动，摩擦片可能会迅速升温磨损甚至烧坏，发动机动力就无法传向变速器，从而避免传动系其他零件的破坏。

当踩下离合器踏板，通过拉杆拉动分离拨叉绕支点转动，其另一端拨动端部装有分离轴承 8 的分离轴承座向左移动并推动分离杠杆 7 的内端同时向左。由于分离杠杆外端与压盘铰接在一起，而中部支点与离合器盖 2 铰接，所以当分离杠杆 7 内端向左移动时，外端就带着压盘 3 克服弹簧 4 的弹力一起向右运动，这样，从动盘两边的压紧力消失了，摩擦力也不复存在，发动机转矩不能传入变速器，离合器就处于分离状态。

当松开踏板，踏板返回原处，压盘在压紧弹簧作用下又紧紧地将从动盘压紧在飞轮端面上，离合器又恢复接合状态。

③ 离合器操纵机构　离合器操纵机构有液压式和机械式两种形式。液压式操纵机构见图 5-6。由踏板 1、总泵 2、分泵 3 及一套管路组成。当踏下踏板，总泵推杆推动总泵活塞，使油路里油压升高，推动分泵活塞而使分离叉 4 下端右移、上端左移拨动分离轴承 5，使离合器分离。如果去除总泵、分泵及管路系统，用一拉杆直接将踏板 1 下端和分离叉 4 相连，则成为机械式操纵系统。由于机械式操纵系统所需操作力大，故一般只在小型车辆上使用较多。

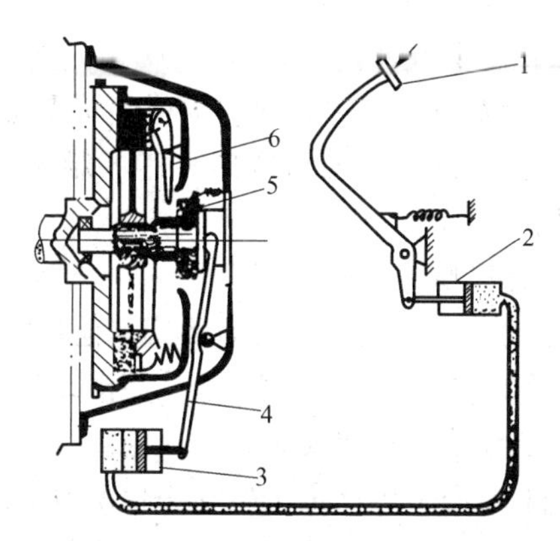

图 5-6　主离合器液压操纵机构

1—脚踏板；2—主油缸（总泵）；3—工作油缸（分泵）；
4—分离叉；5—分离套筒及轴承；6—分离杠杆

④ 离合器的调整　离合器在使用过程中，由于零件（特别是摩擦片）的不断磨损，改变了分离杠杆与分离轴承端面之间的间隙。此间隙过大，会造成踏板踩到底也不能使主、从动盘彻底分离，还有，当更换摩擦片后，分离杠杆和分离轴承原有相对位置会发生改变；此外，由于使用过程中分离杠杆的变形、磨损造成三个分离杠杆端部可能不在变速器输入轴（11）的同一垂直平面内。这些都会造成离合器分离不彻底，使车辆运行中无法换挡，甚至引起变速器换挡齿轮打坏。为此，使用中需要对离合器加以调整。以叉车上常用的 NJ130 汽车离合器而言，离合器分离杠杆端部要在变速器轴 11 同一垂直平面内，误差要控制在 0.2mm 范围内，而分离杠杆端部距分离轴承端面以 2～4mm 为宜。调整分离杠杆端部平面度，可拧动位于离合器盖上的分离杠杆支点调节螺母，而调节间隙，则可通过调整拉杆端部球面螺母（机械式）或分泵推杆长度（液压式）来实现。

（2）变速器

机动车在行驶中和作业时，由于路面情况和载荷不同，车辆所受行驶阻力经常在变化而且变化范围相当大，这就要求驱动轮的扭力也做相应改变。设置变速器的目的就是力求扩大车轮轮周牵引力变化范围，以适应各种道路和载荷情况下起步、爬坡和高、低速度

的要求。其功能有以下四种：

① 适应车辆行驶阻力变化，使车辆得到所需速度；

② 在不改变发动机曲轴旋转方向（一般难以做到的）的情况下，使车辆倒驶；

③ 在发动机怠速情况下临时停车；

④ 必要时通过取力装置，将动力传给其他装置（例如油泵）。

机械式变速器的变速方式，主要是利用滑动齿轮、啮合套或同步器等结构来改变输出轴转速或旋转方向的。

图 5-7 是 NJ131 汽车各挡位齿轮啮合情况及运动传递线路。由图可见在某一确定的发动机转速下，Ⅰ挡速度最低，Ⅱ、Ⅲ、Ⅳ挡速度依次提高。其中Ⅳ挡位是直接传动挡，车速最高，而 R 挡由于中间多了一对啮合齿轮，所以为倒车挡。

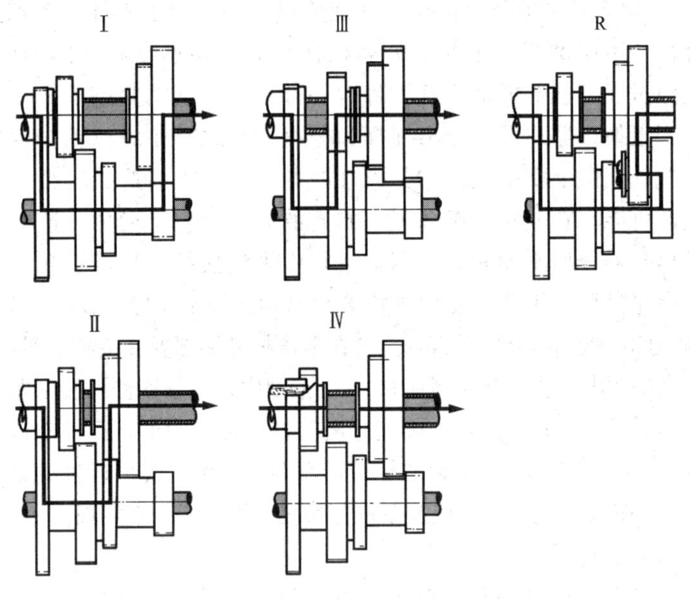

图 5-7　变速器工作示意图

(3) 万向传动轴装置

万向传动轴的功能是将变速器传来的动力传给主减速器主动齿

轮，经差速器和半轴使车轮旋转。

在车辆行驶中，由于减速器会随轮胎上下跳动，弹性悬挂装置的弹性元件也在不断变形，这造成变速器输出轴与主减速器主动齿轮轴线相对位置不断改变。两者如果刚性连接，则必然会造成传动元件损坏。而万向传动轴由于带有万向节和伸缩节，故在传动中不会受变速器输出轴与主减速器主动齿轮相对位置变化的影响。

应当指出，对于叉车车桥与车体完全刚性连接的车辆，使用万向传动装置与否是由车辆结构决定的，一般中、小型叉车因位置局限，常常不使用万向传动装置。

（4）驱动桥

驱动桥由主减速器、差速器、半轴、轮边减速装置及桥体等构件组成。图 5-8 为某内燃叉车驱动桥构造图。

从变速器经万向传动轴输入驱动桥的转矩首先传到主减速器 8 上，在此降低转速并相应增大转矩后，经差速器 6 分配给左右半轴，并由半轴端部凸缘盘将运动传至驱动车轮。

① 主减速器　主减速器的功能是把传动轴传递来的扭矩传给差速器，由一对螺旋锥齿轮或一对螺旋锥齿轮和一对圆柱齿轮组成。由于组成主减速器的从动齿轮和主动齿轮齿数比较大，所以变速器传来的回转运动经过主减速器传递后转速能大幅下降，转矩也相应增大很多。与此同时，通过螺旋锥齿轮，还能改变旋转方向，使车轮旋转方向正好满足车辆前进、后退之需。

② 差速器　差速器主要由两个半轴齿轮、四个行星齿轮、十字轴和左、右差速器半壳构成。结构见图 5-8。当机动车在不平路面上或弯道上行驶时，它会自动调整两根半轴的转速，使左、右半轴以不同转速旋转。其工作原理是：当两边车轮阻力相同时，四个行星齿轮只有随十字轴绕半轴轴线的转动——公转；当两边车轮阻力不同或车辆转弯时（实际上也是左右车轮阻力不等），则行星齿轮在做上述公转的同时，还有绕自身轴线（十字轴两轴线）的转动——自转，从而使两边驱动轮以不同转速前进或后退。

③ 轮边减速装置　在大型工程机械上，为使车辆有更大的牵引

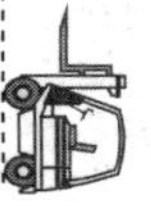

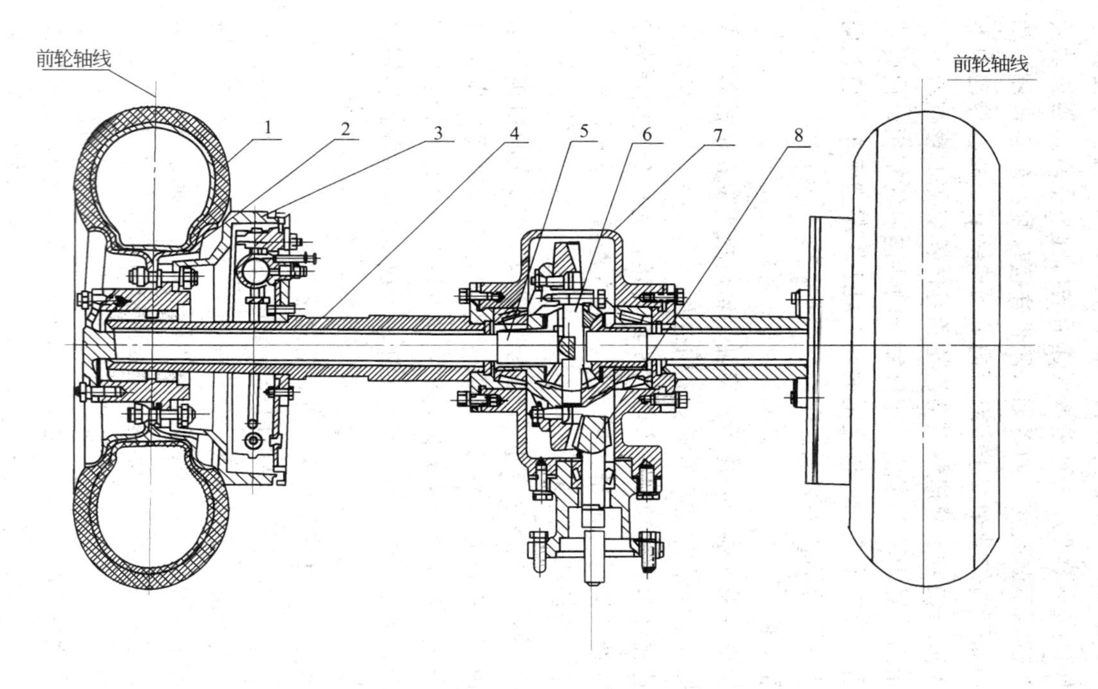

图 5-8　驱动桥

1—轮胎总成；2—轮壳；3—制动总成；4—半轴套管；
5—半轴；6—差速器总成；7—桥壳；8—主减速器

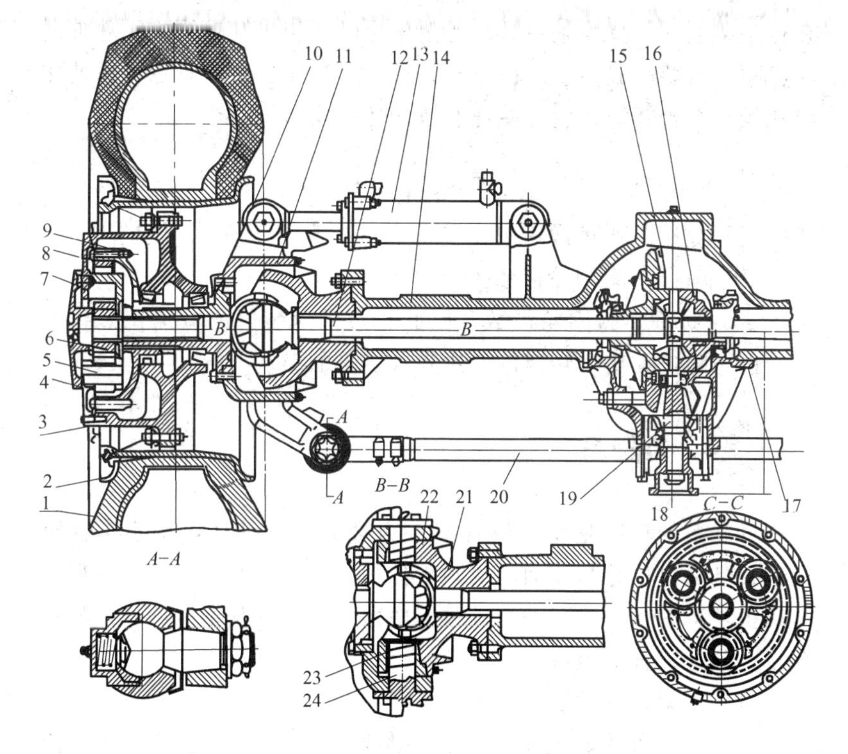

图 5-9　QL-16 转向驱动桥总成

1—轮胎；2—轮辋；3—轮毂；4—行星轮；5—行星轮轴；6—太阳轮；7—行星轮架；8—内齿圈；9—内齿圈支承；10—支承轴；11—转向节架；12—球半轴；13—转向油缸；14—桥壳；15—大螺旋锥齿轮；16—差速器；17—主传动壳体；18—输入法兰盘；19—主动螺旋锥齿轮；20—横拉杆；21—球形支座；22—上销轴；23—止推轴承；24—下销轴

力，往往需进一步降低车轮转速，采用轮边减速装置是常用的有效措施。在图 5-9 中 *C—C* 剖面图即表达了轮边减速装置的构造。由图可见它由通过花键固定在半轴端部的太阳轮 6、与轮毂 3 用螺栓连为一体的行星架 7、用花键固定在桥体上的内齿圈 8 组成，行星架上均布着三个既与内齿圈啮合又与太阳轮啮合的行星轮 4。当太阳轮随半轴旋转时，就迫使行星轮一边沿内齿圈滚动，一边绕固定

在行星架上的行星轮轴自转，行星架也随之绕半轴轴线旋转并带动车轮随行星架一起转动。由于有行星轮的自转，所以车轮转速就相应地低于半轴转速。轮边减速装置的传动比

$$i=\frac{Z_{齿圈}}{Z_{太阳轮}}+1$$

式中　$Z_{齿圈}$——内齿圈齿数；

$Z_{太阳轮}$——太阳轮齿数。

由于 $Z_{齿圈}$ 远大于太阳轮齿数，因此轮边减速装置的减速比是很大的，也即降速和增大转矩的作用是很显著的。

5.2 行驶系

行驶系的功用是将车辆各部件组合成一个整体，承担车辆重量，并且通过车轮与路面间的附着作用，使车辆产生牵引，以保证车辆正常行驶。轮式车辆行驶系一般由车架、驾驶室（或护顶架）、车轮、悬挂装置等组成。

（1）车架、驾驶室

车架是全车的装配基体，它将车辆各相关总成连接成一个整体。常用的车架一般都由型钢和板材经铆焊而成，有些车架还装有铸铁等组成的平衡重块。

应当指出，像叉车这种高起升的起重运输车辆，其护顶架通常不允许拆除。因为它对驾驶员起重要的安全保护作用。

（2）车轮

车轮是轮式车辆行驶系中的重要部件，其功能是支承整车重量，缓和路面传来的冲击力并通过它与路面的附着力来产生驱动力和制动力。

车轮由轮毂、轮辋和轮胎构成。轮毂常用铸钢、锻钢或球墨铸铁等材料制成，用以安装轮辋并通过半轴将轮胎与传动系联系起来。轮辋俗称钢圈，起轮胎支承架的作用。

机动车辆轮胎由橡胶制成，橡胶中间夹有棉线、尼龙线或钢丝

编织成的帘布以增加强度。轮胎从构造上可分为充气轮胎、实心轮胎和半实心轮胎三类。充气轮胎按充气压力大小可分为高压轮胎（充气压力 50～70N/cm^2）、低压轮胎（充气压力 15～45N/cm^2）及超低压胎（充气压力为 15N/cm^2 以下）。充气轮胎由于缓冲性能好，在机动车辆上得到广泛应用。半实心轮胎内部充填有海绵状橡胶，由于有较高的承载能力，不怕扎且有相当弹性，因而在某些特殊的作业场和工作的工程机械上得到相当广泛的应用。至于实心轮胎，由于缓冲性能较差，一般应用在速度较低的机动车辆或人力车辆上。

（3）悬挂装置

车架与车桥之间传力的连接装置总称为悬挂装置。它的功用是把路面作用于车轮上的力传到车架上，以保证车辆正常行驶。

机动车辆悬挂装置有刚性和弹性两类。对叉车这种低速作业车辆，一般都采用刚性连接的悬挂结构。

5.3 转向系

机动车在行驶过程中，经常需要改变行驶方向，因而机动车辆均设置有一套为改变车辆行驶方向并便于驾驶员操纵的机构，这就是车辆的转向系。转向系由转向操纵系统和转向梯形机构组成。

轮式车辆转向方式大致有以下几种：

① 偏转车轮转向。转向时，转向轮绕主销转动一个角度，依靠转向轮的偏转达到车辆转向目的的转向方式称为偏转车轮转向。

② 差速转向。有些小型工程机械依靠改变左、右侧车轮的转速及其转动方向来改变行驶方向，其转向原理与履带车辆相似。随着控制技术的进步，一些左、右驱动轮单独驱动的车辆，使用这样的转向方式可以简化地盘并获得较小的转弯半径。

（1）转向操纵机构

车辆转向操纵机构可分为机械式转向机构和动力转向操纵机构两类。

机械式转向操纵机构由方向盘、机械式转向器、转向器垂臂和

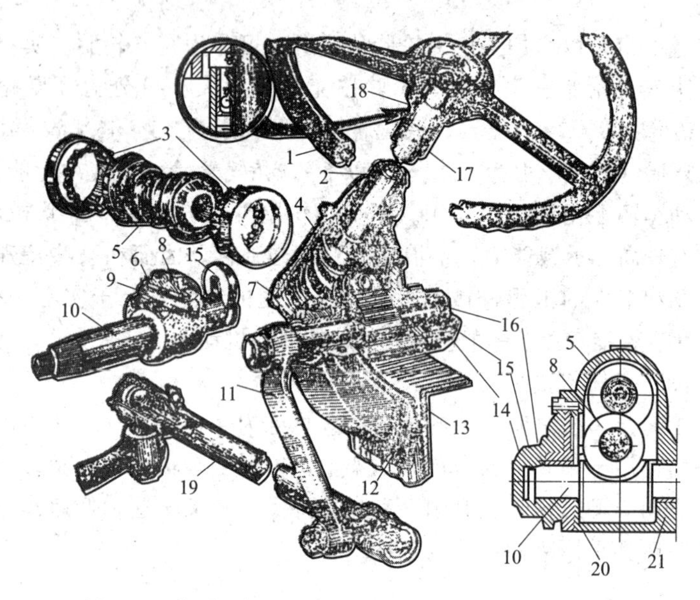

图 5-10　解放 CA10B 型汽车的球面蜗杆滚轮式转向器

1—方向盘；2—转向柱管；3—圆锥滚子轴承；4—壳体；5—球面蜗杆；6—止推垫片；7—调整垫片；8—滚轮；9—滚轮轴；10—转向垂臂轴；11—转向垂臂；12—转向器支架；13—车架左纵梁；14—螺母；15—U 形垫圈；16—调整垫片；17—转向轴；18—球轴承；19—转向直拉杆；20、21—衬套

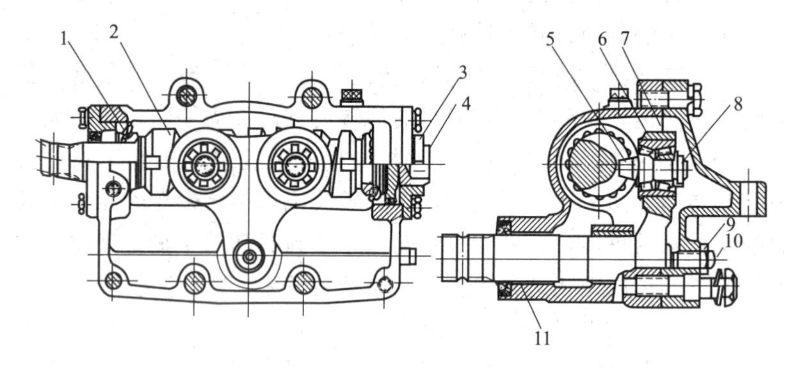

图 5-11　解放 EQ240 型汽车的蜗杆曲柄双销式转向器

1—球轴承；2—蜗杆；3,8,9—螺母；4—调整螺塞；5—销；6—双列圆锥滚子轴承；7—曲柄；10—调整螺钉；11—衬套

纵向拉杆等组成，结构见图 5-10。由于机械式转向操纵系统全靠驾驶员体力操作，故驾驶员劳动强度较大，在重型车辆上更是如此。

机械式转向器的结构形式很多，常见的有球面蜗杆滚轮式、蜗杆曲柄销式、循环球式、蜗杆蜗轮式等。结构分别见图 5-11～图 5-13。

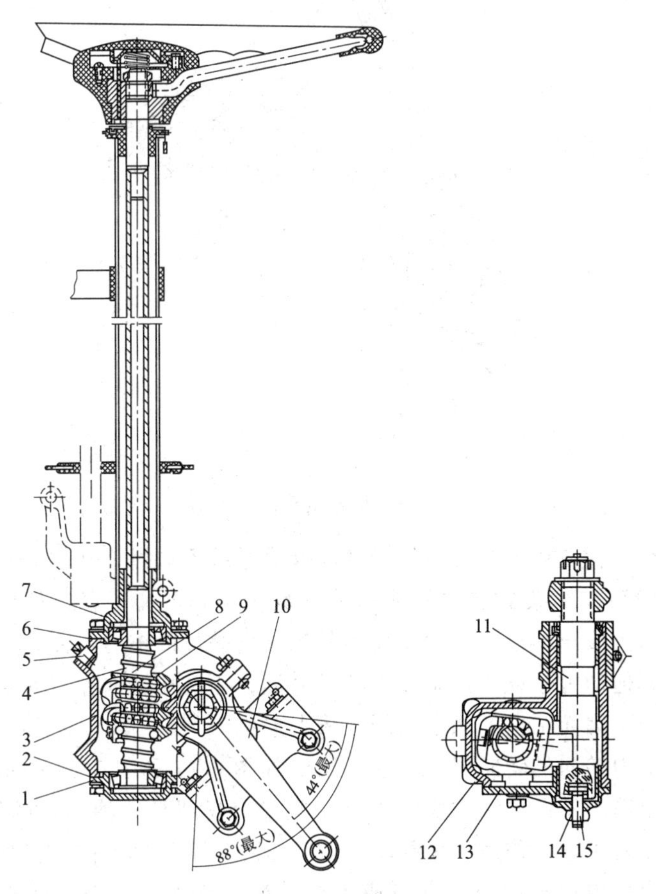

图 5-12　循环球式转向器

1—下盖；2,6—垫片；3—外壳；4—螺杆；5—加油螺塞；7—上盖；8—导管；9—钢球；10—转向垂臂；11—转向垂臂轴；12—方形螺母；13—侧盖；14—螺母；15—调整螺钉

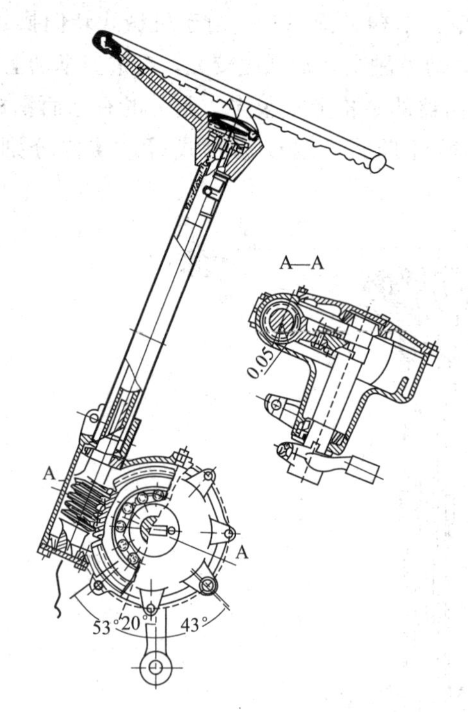

图 5-13　蜗杆蜗轮式转向器

动力转向操纵系统与机械转向操纵系统不同之处在于，推动转向轮偏转或车架折腰的元件不是机械式转向器和一套杠杆传力系统，而是液压油缸；转向动力不是源于驾驶员的体力，而是由发动机或其他动力带动的油泵输出的压力油；而液压转向器只起液压阀的作用，因而结构上两者之间有较大差别。

动力转向的转向器，目前常用的如图 5-14 和图 5-15 所示的转阀式全液压转向器。它实际上是一只带有摆线针轮油马达的转阀。在发动机正常工作时，摆线马达起计量作用（控制转向缸供油量）；在发动机熄火转向时，它又成了起计量作用的手动泵，转动方向盘，能将工作油按一定规律泵入转向油缸，推动转向轮偏转。

（2）转向梯形机构

车轮在地面上滚动时要比在地面上滑动时磨损小，为此，车辆

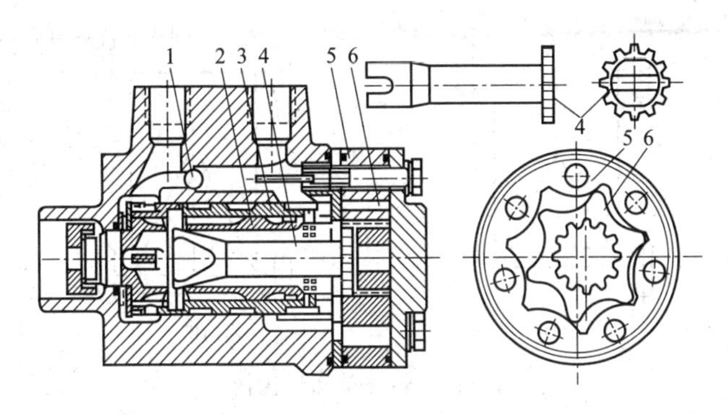

图 5-14　转阀式液压转向器

1—单向阀；2—阀芯；3—阀套；4—万向轴；5—定子；6—转子

转弯时各车轮应尽量接近纯滚动而不出现滑移。为达到此目的，所有过车轮中心线的作用力垂线必须交于一点，并且使内外转向轮偏转的角度符合如下关系（见图 5-16）：

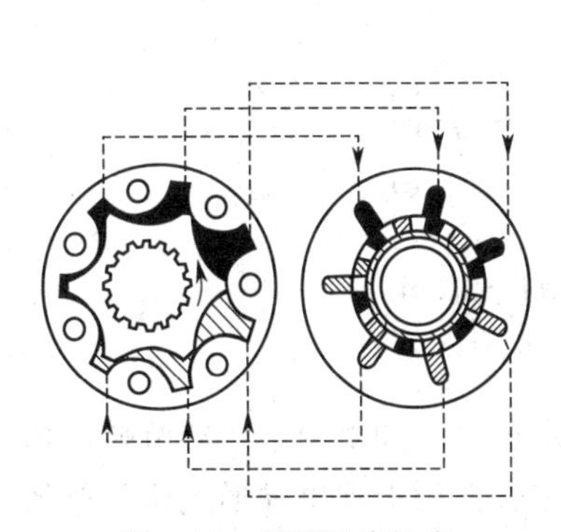

图 5-15　行星摆线针齿轮马达作用原理图

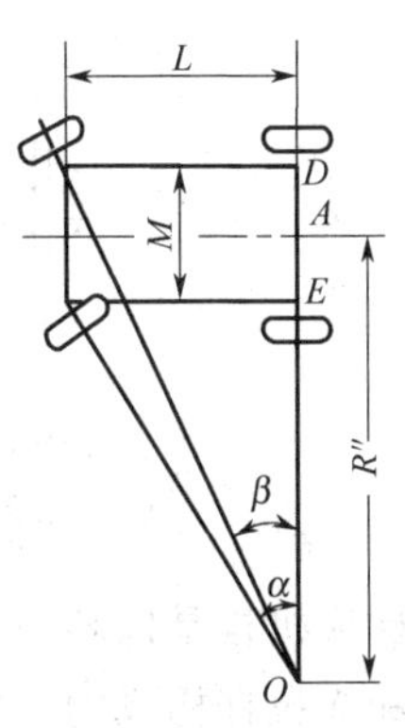

图 5-16

$$\cot\beta-\cot\alpha=\frac{M}{L}$$

车辆上，在轮距和前后轴距确定以后，能始终保证转向时内、外转向轮偏转角符合上述几何关系的结构，我们称为转向梯形机构，一般分为单梯形机构和双梯形机构两种。梯形机构示意图，如图 5-17 和图 5-18 所示。

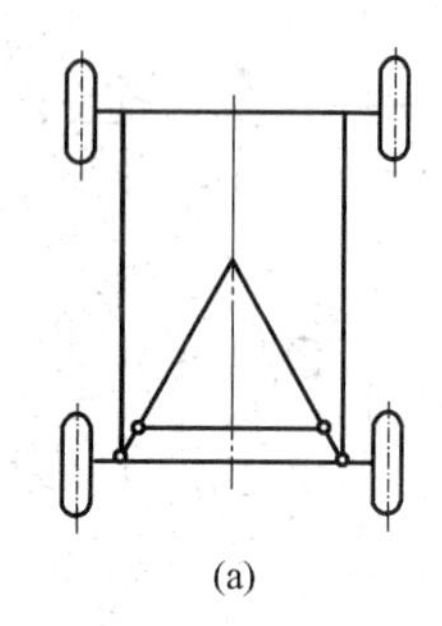

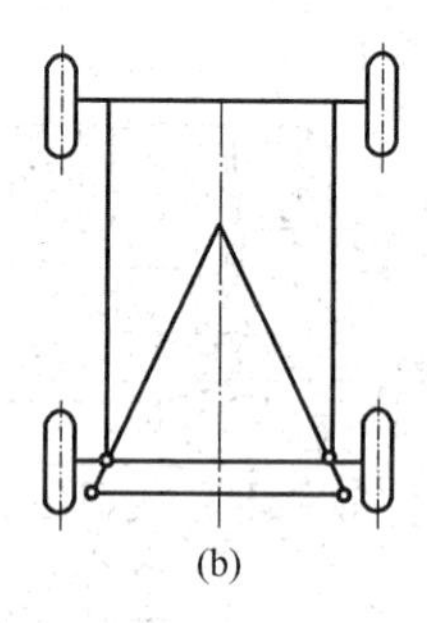

图 5-17 转向单梯形机构

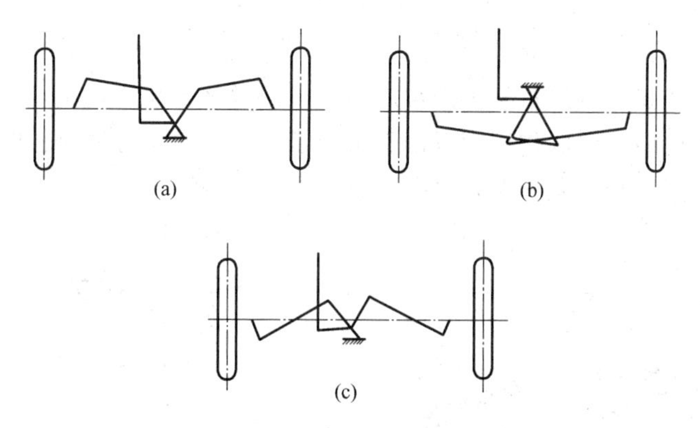

图 5-18 转向双梯形机构

(a) 内置式；(b) 外置式；(c) 八字式

单梯形机构是以转向桥体作固定杆件，加上两个转向节臂（梯形臂）和横拉杆构成的。常见的汽车转向梯形即单梯形机构。单梯形机构允许转向轮的转角一般不大于45°，故使用单梯形转向机构的车辆，转弯半径较大。对于叉车这类需很小转弯半径的车辆，转向轮有时需偏转80°左右，单梯形机构无法满足，故常采用双梯形机构。应当指出，为使梯形机构元件在转动时能灵活无卡滞，因而拉杆头部常装有如图5-19所示的球头销。

(3) 转向轮定位

为保证机动车辆稳定地直线行驶，应使转向轮具有自动回正的

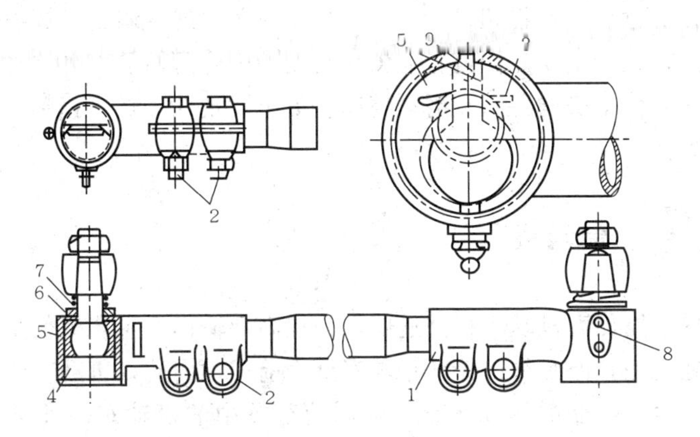

图 5-19　转向横拉杆

1—接头；2—夹紧螺栓；3—弹簧；4—螺塞；5—球头座；
6—防尘垫；7—弹簧；8—球头销；9—限位销

作用。就是当转向轮偶然遇到外力作用发生偏转时，在外力消失后能自动回到直线行驶位置。为达到这个要求，对像汽车这样前轮转向的车辆，通常采用使转向主销既有小小的后倾角，又带一点内倾；而转向轮胎则有一点外倾和前束。这些措施统称为前轮定位。

（4）方向盘自由行程

从转向操纵灵敏性考虑，当然最好是只要方向盘刚一转动，转向传动机构就立即响应，转向轮马上就能够偏转。但实际上由于转向离合器和转向传动机构中各传力零件间存在着转配间隙，并且随着零件的磨损，该间隙会逐渐增大。另一方面，转向系各零件因受外力影响而产生弹性变形，也将使转向轮偏转稍滞后于方向盘转动。事实上，如果方向盘一动，转向轮立即响应的话也易引起驾驶员精神高度紧张，故“立即响应”也未必是最好的。为此，一般轮式车辆方向盘都会有一定的空行程。方向盘的这一空转角度，称之为自由行程。

方向盘适当的自由行程，对缓和和反冲、使操纵柔和、避免驾驶员过度紧张是有利的。一般规定方向盘从相当于车辆直线行驶时的中间位置，向任一方向的自由行程应不超过 10°～15°。当磨损严

重，方向盘自由行程超过 25°～30°时，则必须进行调整。调整方向盘自由行程，主要是调整转向器传动副的啮合间隙。此外，还必须检查转向传动机构各结点磨损情况。如果发现球头销有损坏，必须及时更换。

5.4 制动系

尽可能提高机动车行驶速度，是提高运输作业生产率的主要技术措施之一，但必须以保证行驶安全为前提。因此，机动车辆必须具有灵敏、可靠的制动系统。强制使行驶中的机动车减速甚至停车，使下坡行驶的机动车的速度保持稳定，以及使已停驶的机动车稳定不动，这些作用统称为制动。

车辆的制动方法很多，比较常见的办法是利用机械摩擦来消耗车辆行驶中的动能而产生制动。而使机动车辆产生制动作用的一系列装置称为制动系。制动系按组成部分的作用分两大部分，即用来直接产生作用的制动器和供驾驶员操纵制动器的操纵机构。

应当指出，一般机动车辆具有两套制动装置：行车制动和驻车制动器。行车制动器用于行车过程中减速及紧急情况下安全制动，由脚操纵；驻车制动器主要用于停车时防止车辆遛坡，俗称手刹。在有些车辆上，行车制动与驻车制动时应用同一套制动器，只是采用两套操纵机构而已。

(1) 制动器构造

目前车辆上所用的机械摩擦式制动器大致可分为鼓式和盘式两类。鼓式制动器又有带式和蹄式之分。

带式制动器结构较为简单，在机动车辆上一般较少用于行车制动。目前主要用作某些机动车辆停车制动器，在此不作介绍。

蹄式制动器是轮式机动车辆最常用的制动器。常见的有简单非平衡式蹄式制动器和自动增力式制动器（结构见图 5-20）。

与简单非平衡式制动器不同，自动增力式制动器的左、右制动蹄片端部并不铰接在支承销 5 上，而仅以半圆面靠在支承销 5 的圆

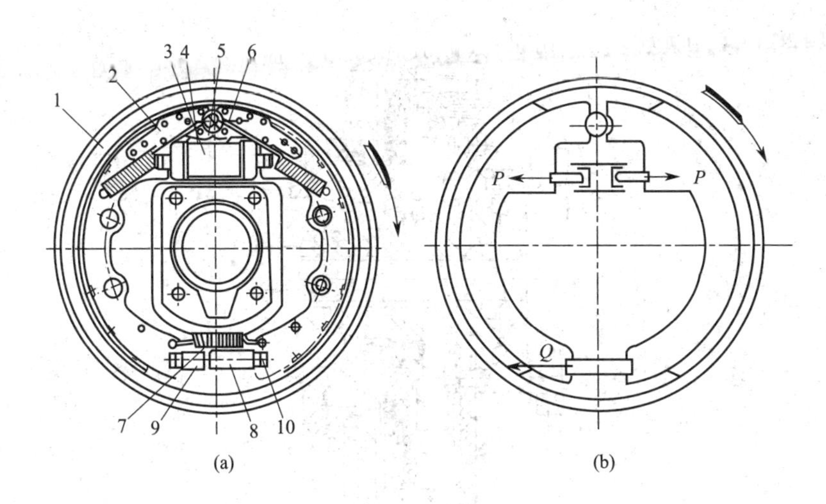

图 5-20 自动增力式制动器

1—制动底板；2—夹板；3—制动轮缸；4,6—回位弹簧；5—支承销；7—拉紧弹簧；8—可调顶杆；9—调整螺钉；10—可调预杆套

柱面上，也即蹄片是浮动的。当在前进中制动时［如图 5-20（b）所示］，旋转的制动鼓对两蹄作用的摩擦力，使图中左蹄上端圆弧面紧靠在支承销 5 上，而右蹄则离开销 5 随制动鼓旋转一个不大的角度，并将制动鼓对它的作用力通过浮动的顶杆 8 完全传到左蹄，于是左蹄产生了比右蹄更大的制动力。因而在同样尺寸情况下，自动增力式制动器的制动效果要比简单非平衡式制动器要好得多。

盘式制动器有全盘式和嵌盘式之分，它们的旋转元件都是以端面为工作表面的圆盘，称为制动盘。

图 5-21 为全盘式制动器结构图，为湿式结构。由图可见，带有花键的摩擦材料组成的旋转盘 2 与轮毂 3 一同旋转。环状低碳钢环 1 为固定盘，在车辆未制动时，与旋转盘 2 间存在间隙，并通过外花键与壳体连成一体。而壳体用螺栓与驱动桥体 7 固定在一起。制动时，制动油液推动活塞 8，将固定盘 1、旋转盘 2 紧紧压在固定在桥体上的制动器壳体内平面上。各旋转盘片和固定盘片间的摩擦力随着制动油压的增高而迅速增大，迫使轮毂带着轮胎停止转动。

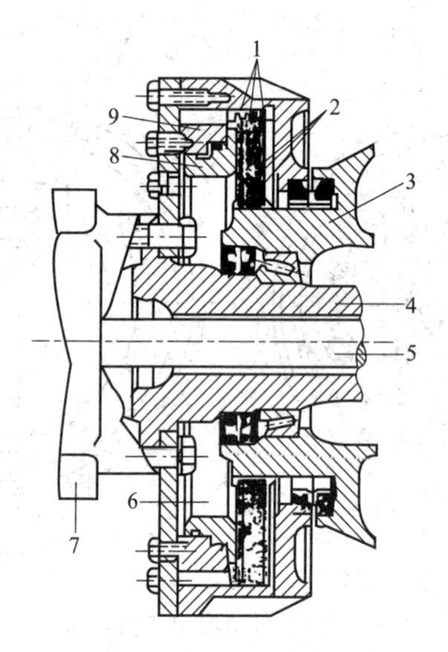

图 5-21 湿式多片式制动器

1—固定盘；2—旋转盘；3—轮毂；4—支承套筒；5—半轴；
6—冷却油室；7—驱动桥壳；8—活塞；9—油缸

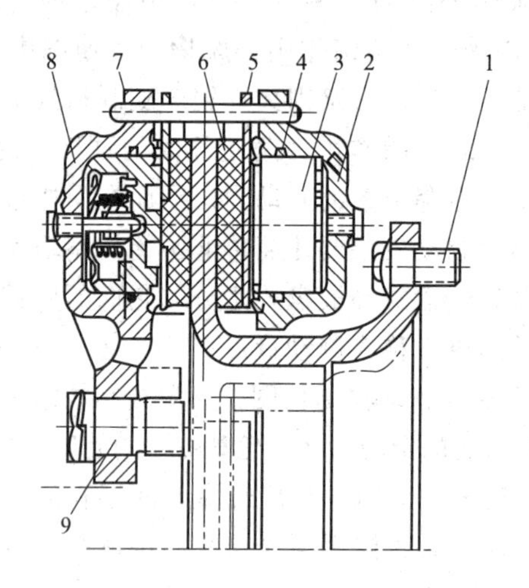

图 5-22 固定夹钳制动器

1—螺钉；2—外钳壳；3—活塞；4—密封圈；5—衬块底板；
6—摩擦衬块；7—导向销；8—内钳壳；9—螺钉

图5-22为一种液压控制的钳盘式制动器结构图。制动盘用螺钉固定在轮毂上，为旋转元件。内制动钳8和外制动钳2对称地安装在制动盘外缘外，并固定于不旋转的桥壳上。制动钳内侧安装有摩擦材料制成的摩擦衬块，其内表面在不制动时与制动盘平面留有适当间隙。制动时，制动油液推动连接在活塞上的制动衬块压向制动盘，两者间的摩擦力迫使制动盘连带车轮停止旋转。

(2) 制动操纵机构

制动操纵机构是将驾驶员的操纵力或其他力源（压力油或压缩空气）传给制动器，并用来控制制动器力矩大小及作用时间的一套机构。只靠驾驶员施于踏板或手柄上的力，通过一系列杠杆机构或简单液压装置，使制动器产生制动力矩的称为人力操纵机构。而利用车辆制动力作为制动力源，驾驶员通过踏板或手柄，只控制传至制动器力源大小的一类制动操纵机构称为动力制动操纵机构，有液压式、气压式和油气综合式（空气增力、真空增力、真空助力）等多种形式。下面介绍两种机动工业车辆常见的制动操纵机构。

① 人力液压式制动操纵机构　人力液压式制动操纵机构如图5-23所示。该机构由踏板1、液压总泵4、油管7以及制动分泵9等组成。总泵、分泵及油管内充满制动液。

当驾驶员踩下踏板，总泵推杆2即推动总泵活塞3，油液推开总泵出油阀6，经油管7进入分泵9，在油液作用下向两边推开活塞8和10，使蹄片11和14绕支承销12转动，直至蹄片11和14紧压制动鼓13，靠两者摩擦产生制动作用。

当松开制动踏板时，管路中油压迅速下降，蹄片在回位弹簧16作用下被拉回原位，分泵中多余的制动液经回油阀5迅速流回总泵。此时制动解除。

② 真空增压式制动操纵机构　图5-24是真空增压式制动操纵机构管路示意图。由图可见，真空增压式与人力液压式制动操纵机构的最大不同在于，真空增压式多了一套真空加力装置——真空增压器、真空筒和真空泵。其中真空泵由发动机带动，只要发动机一工作，真空泵就工作并使真空筒产生一定真空度。

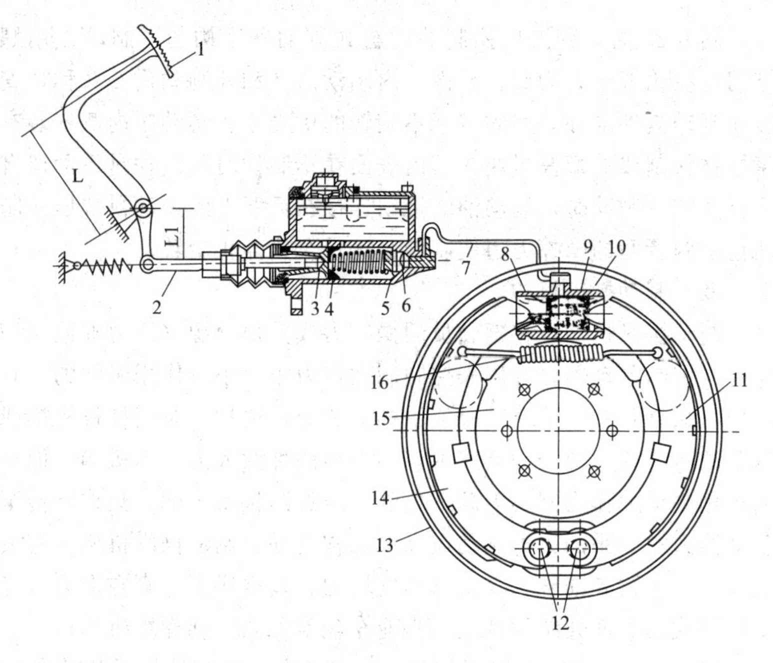

图 5-23 人力液压制动操纵机构

1—脚踏板；2—推杆；3—总泵活塞；4—液压总泵；5—回油阀；6—出油阀；7—油管；8,10—轮缸活塞；9—制动分泵；11,14—蹄片；12—支承销；13—制动鼓；15—制动底板；16—回位弹簧

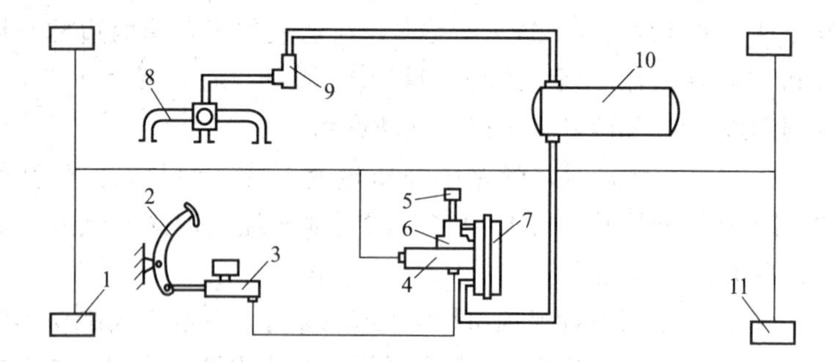

图 5-24 真空增压式制动传动机构管路示意图

1—前制动轮缸；2—制动踏板；3—制动主缸；4—辅助缸；5—空气滤清器；6—控制阀；7—真空加力气室；8—发动机进气管；9—真空单向阀；10—真空筒；11—后制动轮缸

图 5-25 时某型号真空增压器结构图，真空增压器基本结构由三大部分构成：第一部分为内装膜片 22 和回位弹簧 25 的加力气室（由前半壳 20 和后半壳 23 构成）；第二部分为真空阀 15 和空气阀 16 组成的控制阀；第三部分为带有球阀 5 的辅助缸 3。加力气室前腔与真空筒相通，而后腔通过通气管 28 与控制阀 A 腔连通。在不制动时，空气阀 16 是关闭着的，而加力气室前腔 C 由阀体孔道与控制阀 B 腔相连，因而 A、B、C、D 四腔相通且具有相同的真空度。弹簧 25 将膜片压向右方。

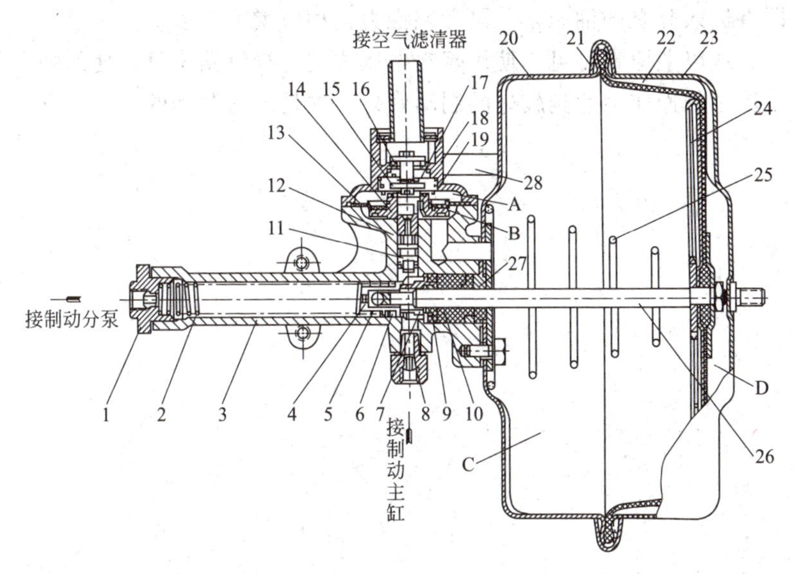

图 5-25　真空增压器

1—出油接头；2—辅助缸活塞回位弹簧；3—辅助缸体；4—辅助缸活塞；5—球阀；6,12—皮圈；7—活塞限位座；8—进油接头；9—双口密封圈；10—密封圈座；11—控制阀活塞；13—控制阀膜片；14—膜片座；15—真空阀；16—空气阀；17—阀门弹簧；18—控制阀体；19—控制阀膜片回位弹簧；20—加力气室前壳体；21—卡箍；22—加力气室膜片；23—加力气室后壳体；24—膜片托盘；25—加力气室膜片回位弹簧；26—推杆；27—连接块；28—通气管

当驾驶员踩下踏板，制动总泵 3（见真空增压式制动传动机构示意图）的油液经管路进入辅助缸体。因此时球阀 5 是打开着的，

故油液一面通过辅助缸体进入制动分泵，一面推动控制阀活塞 11 向上运动，首先关闭真空阀 15，随后打开空气阀 16。此时空滤器的空气就进入了加力气室的后腔，而前腔真空度没有改变。由于加力气室前后腔真空度不同，空气的压力将膜片 22 压向左边。推杆 26 随膜片左移并在球阀 5 关闭后继续左推辅助缸活塞 4。此时辅助缸活塞 4 上作用有两股推力：一是总泵来油的推力，另一个是加力气室膜片两面气压差形成的推杆 26 的推力。由于膜片面积较大，故使推杆 26 产生的推力十分可观，作用结果大大提高了辅助缸中即将进入分泵的油压，分泵活塞推力也相应增大很多。

从以上原理可见，使用真空增压式制动操纵系统可以使驾驶员用较小的操作力达到较好的制动效果。这是动力制动的最大优点。

第6章 工作装置

6.1 典型叉车工作装置

叉车工作装置是指位于叉车前面、通常由液压缸推动、可带着货叉升降和倾斜的一套装置，俗称门架系统。叉车的门架系统是区别于其他工程车辆的主要特征性机构，见图 6-1。

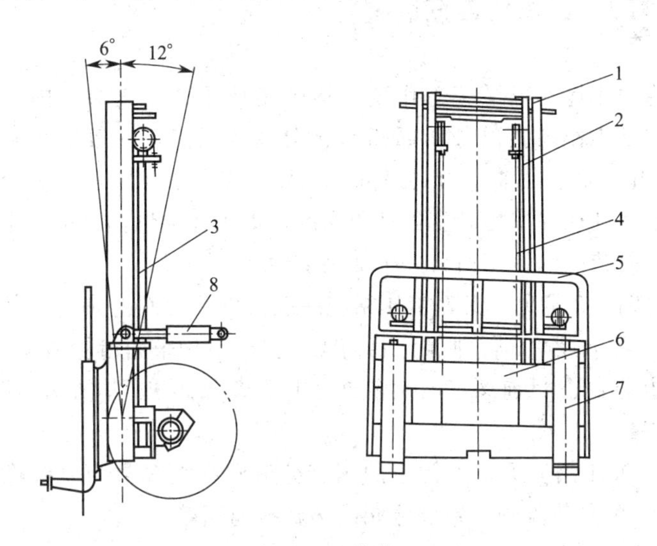

图 6-1 工作装置

1—外门架；2—内门架；3—升降油缸；4—链条；
5—挡货架；6—货架叉；7—货叉；8—倾斜油缸

叉车工作装置由外门架、内门架、货叉架、货叉及起重链条、升降油缸、倾斜油缸等组成。起升链条一端固定在升降油缸筒或车桥铰接的外门架上，另一端为活动端，与可上下运动的货叉架固

定，因此工作中，当升降油缸 3 顶起装有链轮的横梁时，链条的活动端带着安有货叉的货叉架也同时上升，并且起升速度是油缸活塞杆升速的两倍。而当油缸回油，则依靠叉架、货叉及货物的重量叉架会自行下落。

为使叉车整车高度较小，以便于通过库门或车间大门，门架均做成伸缩式的两节门架系统。对于起升高度特别高的，门架往往做成三节，即由内、中、外三个门架构成一套门架系统。叉车外门架的两侧，一般安装有两只活塞油缸，其后端与车体铰接。此两油缸主要用于使门架前后倾斜，以利货物装卸和防止货物在叉车运行过程中掉落。

6.2 叉车的液压装置

为便于操作，叉车工作装置均采用液压驱动。对于内燃机叉车，驱动工作装置的液压回路和转向液压回路，一般采用同一个（或一组）油泵供油，为共泵分流回路。见图 6-2 所示。对于蓄电池叉车，则往往采用独立的液压回路，即工作装置油缸由一个油泵供油，而转向油缸则由另一个油泵供油。

由图 6-2 可见，叉车液压系统一般由以下元件组成。

① 动力元件——油泵。目前叉车上一般均采用齿轮油泵。

② 油缸。目前叉车上大多数使用活塞式油缸。其结构见图 6-3 和图 6-4。

③ 液压阀。叉车上常用的阀有分流阀（大多数为单路稳定分流阀）、单向节流阀、带溢流阀的多路换向阀等。

④ 辅助装置——油箱、油管、接头、滤油器等。

由图 6-2 可见，油泵（由发动机驱动）将油液从油箱吸出，通过油管压入分流阀 5 后分成两路：一路向全液压转向器 7 供油，以供给转向油缸，保证满足转向需要。另一路进入多路换向阀 11，当换向阀手柄位于中立位置时，液压油通过多路阀体，直接回油箱，此时油压力很小，消耗的发动机功率也很小，当推动换向阀手

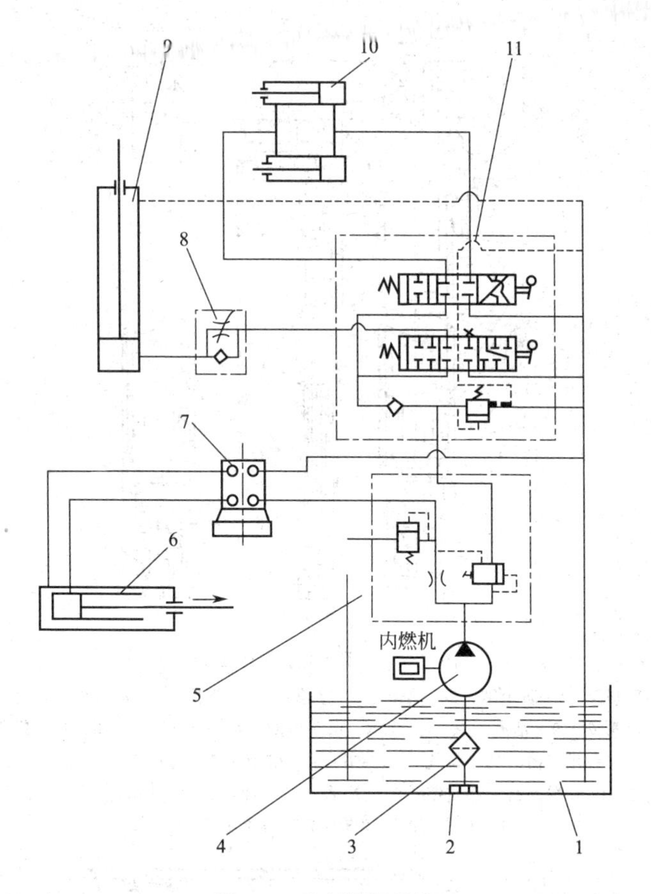

图 6-2 叉车液压系统

1—工作油箱；2—永久磁铁；3—滤清器；4—油泵；5—单向分流阀；
6—转向油缸；7—液压转向器；8—限速阀；9—起升油缸；
10—倾斜油缸；11—多路换向阀

柄，压力油就可相应地进入起升油缸 9 或者倾斜油缸 10，使工作系统完成起升或倾斜的相应动作，此时整个系统压力随着负荷的增加而升高。

叉车上常用的分流阀为单路稳定分流阀，结构见图 6-5。其主要功用为，将油泵来油分成两路，并且不管油泵来油量多少，它都

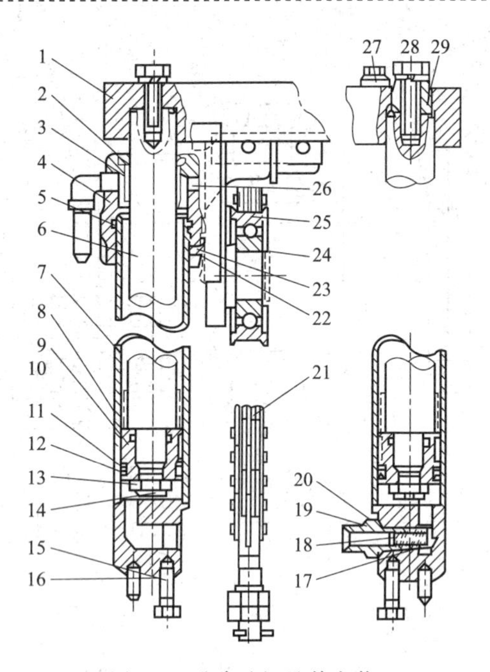

图 6-3 升降油缸及其安装

1—活动梁；2—防尘圈；3—轴套；4—缸盖；5—O 形圈；6—活塞杆；7—缸体；8—O 形圈；9—活塞；10—支承环；11—挡圈；12—Y_X 型密封圈；13—螺母；14—开口销；15—螺栓；16—销；17—滑阀；18—弹簧；19—接头；20—O 形圈；21—起重链；22—塞子；23—螺钉；24—挡圈；25—链轮；26—塞子；27—卡板；28—螺栓；29—螺塞

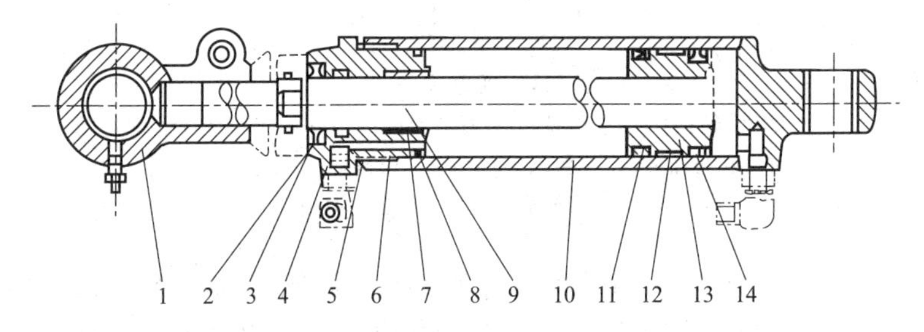

图 6-4 倾斜油缸

1—耳环；2—防尘圈；3—挡环；4—Y_X 型密封圈；5—O 形圈；6—导向套；7—轴承；8—O 形圈；9—活塞杆；10—缸体；11—Y_X 型密封圈；12—支承环；13—活塞；14—Y_X 型密封圈

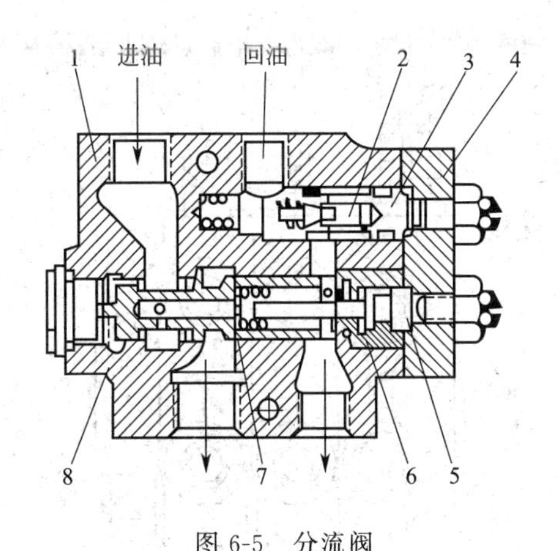

图6-5　分流阀

1—阀体；2—安全阀；3—阀座；4—侧盖；
5—调节杆；6—导套；7—固定节流片；8—滑阀

能优先以某一基本不变的流量油输入全液压转向器供转向之需。即使车辆不作转向，这部分流量也基本不变，只是通过转向器回油管返回油箱而已。在满足转向流量的前提下，多余的流量才进入多路阀供工作系统使用，这是叉车单路稳定分流阀的特点。

应当指出，目前叉车为使结构紧凑，往往将单稳阀与多路换向阀作为一体，国产的CDA4和CDB阀即属此类。图6-6为CDA4阀外形图，内部结构图6-7。当流量和压力变化时，滑阀L会自动向右移动来改变R、S两处的开度，保证去工作腔Q和去全液压转向器出口PS的流量自动平衡，按满足转向需要稳定分流。

为了保证工作安全，叉车液压系统中设有以下几个保证安全的环节。

（1）主安全阀

叉车的主安全阀一般设在多路换向阀进油口的上方（或下方），见图6-6和图6-7，它实际上是一只先导式溢流阀。一般而言向里拧紧调节螺栓，就能提高溢流压力而使工作系统工作能力提高；反

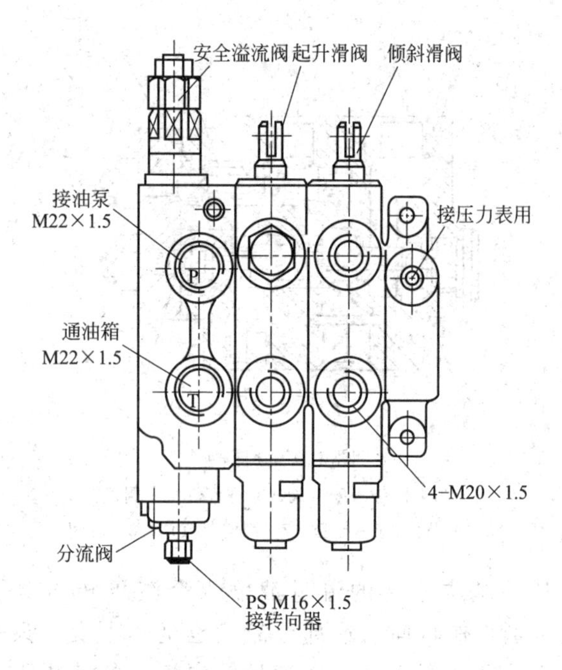

图 6-6　CDA4 阀外形

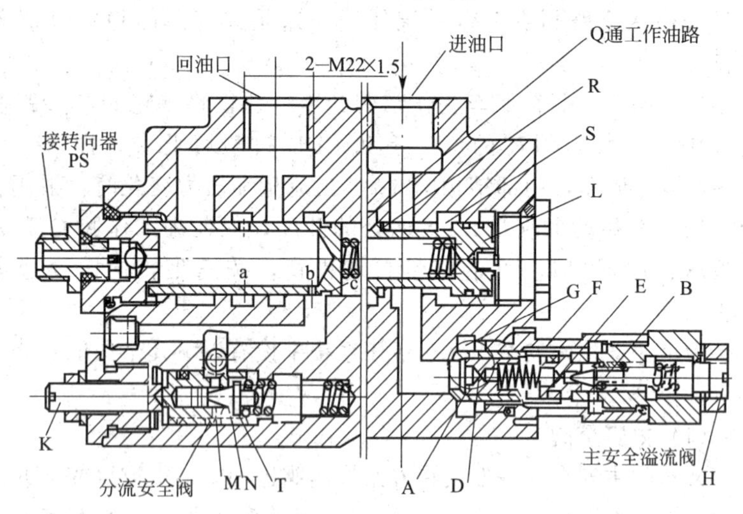

图 6-7　CDA 阀内部结构

之，则降低工作系统压力。该阀在叉车出厂时已调整到超载25%时，货叉只能升起300mm以下，也即叉车不能在此重量下正常工作。这样就保证了叉车不致因过分超载而影响其稳定性，故作为驾驶人员，在作业中不能随意调节此阀。

（2）限速阀

叉车的限速阀安装在叉车的升降回路中，位于起升油缸进油口前方。它实际上是一只单向节流阀，结构见图6-8。

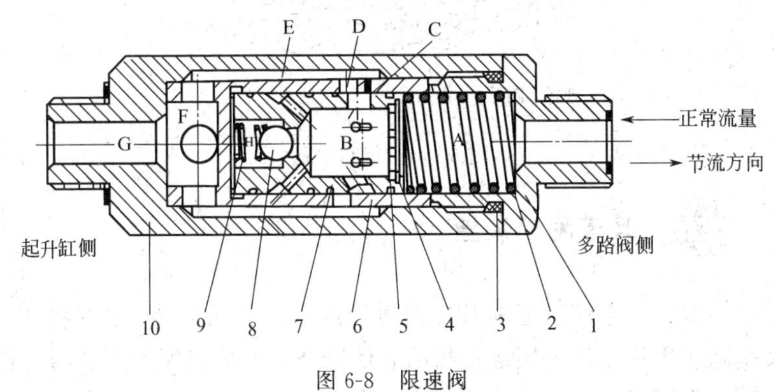

图6-8　限速阀

1—接头；2—弹簧；3—O形圈；4—挡圈；5—节流板；6—阀套；7—阀芯；8—尼龙球；9—弹簧；10—阀体

此阀在油缸起升时全开，全部流量能迅速通过，而在下降时，阀的通油孔C、D相应地遮挡一部分，形成节流作用，油液流量相应减少，使货叉下降速度相应减缓，即货物下降速度不致太快。一只好的限速阀应能做到，货叉在满载时下降速度不大于600mm/s，而在空载时，下降速度不小于300mm/s。

（3）多路阀的前倾自锁装置

当前，叉车多路换向阀的倾斜阀块中都装自锁装置，它实际上是一只液控单向阀。此自锁装置主要用来防止因倾斜缸内部负压可能引起的震动，并避免因误操作造成的严重后果。采用此结构，在发动机熄火时，及时猛推操纵杆也不能使门架前倾。其结构见图6-9。

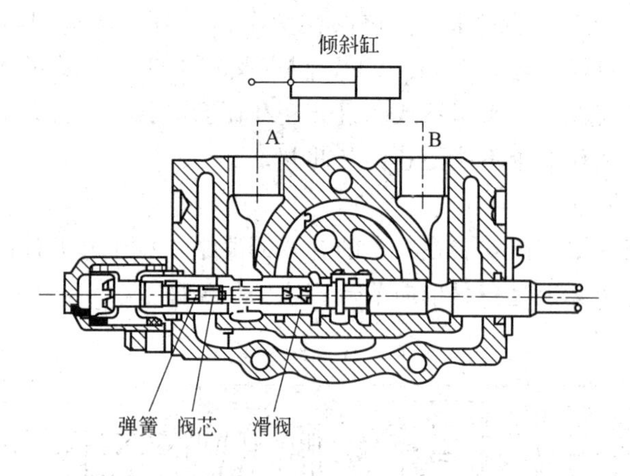

图 6-9 前倾自锁阀

6.3 叉车附属装置

为扩大叉车使用范围及提高对固定形状物品的装卸搬运效率，叉车除使用货叉作为搬运货物的载体以外，还可装配可更换的各种专用工作附属装置。随着技术进步和人们对工作效率的追求，专用附属装置使用已越来越普遍。叉车附属装置种类繁多，概括起来，大致分为以下几类。

6.3.1 横向移动属具

能横向移动的属具是通过油缸的推力，使装在叉架上的属具作横向移动。典型的有侧移叉和夹抱器，见图 6-10 和图 6-11。

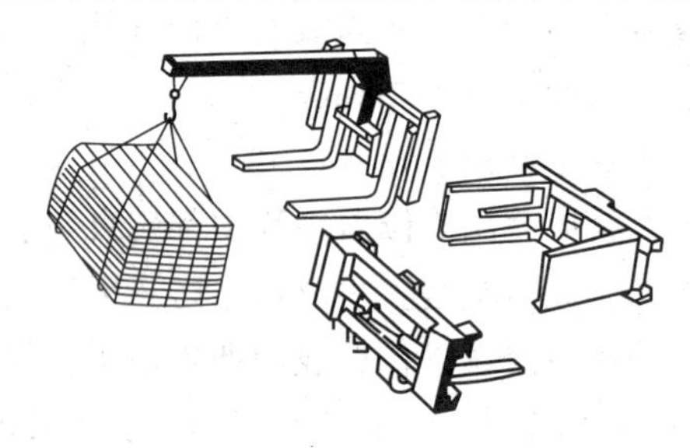

图 6-10 能横向移动的属具

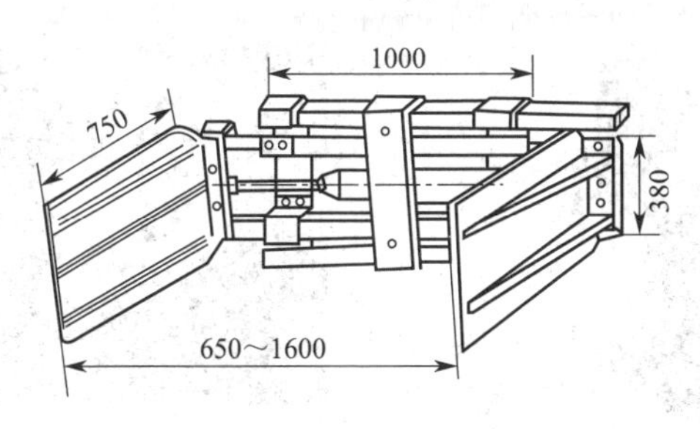

图 6-11 夹抱器

属具能横向移动，则即可以降低叉车作业时对准货垛的要求、减少来回倒车的次数，也便于离墙较近货物的装卸以提高库容利用率。而使用夹抱器，则能提高形状规则物品的装卸效率。

不管是侧移叉还是夹抱器，使货叉或夹抱横向移动的动力均来自油缸。所以配装夹抱器或侧移叉的叉车液压系统，均需在多路阀上加装一联“O”型机能滑阀。而为了使夹抱器不致将物品夹坏，在控制夹抱器动作的油路中，一般常需增加一只节流阀，以控制夹抱油缸的油压，调节夹紧力。

6.3.2 旋转属具

装卸需要翻转或调头的货物，使用可回转的属具则有无比优越性。装有此类属具的叉车，能使所装物品迅速翻转到合适的角度。

图 6-12～图 6-15 是不同厂家的几种典型回转属具，它们均可

图 6-12 旋转叉车

图 6-13 旋转管夹

图 6-14 旋转软包夹

图 6-15 轮胎夹

图 6-16 卸下外罩的 360°全方位旋转器

以在叉车横向垂直平面内做回转，有些可做 360°旋转。其结构由两部分组成：其一为由油缸推动，可做横向移动夹紧物的夹抱器或横移叉；另一部分则是旋转机构，其主要构成为由液压马达带动的一对齿轮副。图 6-16 所示为旋转齿轮副（带动小齿轮的液压马达图中未示出）。当液压马达在压力油推动下旋转时，装于马达端部的小齿轮带动大齿圈旋转，于是固定在齿圈上的夹抱器等就随之转动了。

所以，在装有回转式属具的叉车的液压系统中，多路换向阀就需比标准叉车多两只“O”型滑阀机能的阀，一只阀控制夹抱器油缸的夹紧、松开动作，另一只阀则控制液压马达的回转（即夹抱器的回转）。

6.3.3 垂直运动属具——载荷稳定器

在搬运某些货物，尤其比较重并且体积庞大的货物时，为防止叉车运行中货物掉落，常使用载荷稳定器，用它将货物压紧在托盘或货叉上。结构见图 6-17，它实际上是一块由油缸驱动作上下运动的压板。

6.3.4 前后运动属具——推出器和前移叉

推出器作用主要是使货物顺利地从货叉卸下，结构形式如图 6-18 所示。

前移叉主要用于装卸叉车无法贴近处的货物，见图 6-19。

图 6-17　载荷稳定器

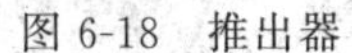

图 6-18　推出器

图 6-19　前移叉

6.3.5　专用货物的专用装卸属具

叉车有时需装卸单件笨重货物或者特别长大的物品，此时可在叉车货架上安装起重臂，依靠货叉架的上下运动，使叉车临时充当吊车使用。

至于装卸钢丝卷、卷板等圆环状的货物，则可在货叉架上装置串杆。将串杆插入货物中心孔，就能非常可靠而迅速地装卸这类物品了。

此外叉车还可配备铲斗和料斗卸料装置，这在松散物料的运输和某些场合的加料作业上能起很大作用。叉车还可配上集装箱吊具，能迅速装卸运输集装箱，这在港口作业上显得特别重要。叉车还能根据搬运物品的特殊需要，配备专门设计的属具。起重臂、串杆、铲斗、集装箱吊具分别见图 6-20～图 6-23。

图 6-20　起重臂

图 6-21　单串杆

图 6-22　铲斗

图 6-23　集装箱吊具

综上所述可见，叉车在装备专用属具以后，可以大大拓展它的使用范围，极大地提高装卸搬运效率。

6.4　叉车起重系统的维护

(1) 起重系统的技术要求

门架应无裂痕，不应有影响强度、刚性的缺陷，变形量不得超过设计的允许值。门架一般采用重叠式结构。内外门架应配合良好，滑动灵活，无卡阻现象。

导向滑轮架应安装正确牢靠。滑轮和滑轮轴应无裂纹和缺损，轮槽磨损量不得超过原设计厚度的10%，与导向滑轮架配合适中，以使滑轮转动灵活可靠。链条规格型号应符合设计规定。链板和轴应无裂纹和变形，并保持传动灵活可靠。

属具架、导轮架应完好，无裂纹，与门架配合良好，能在门架上灵活滑动，平稳无卡阻现象。导轮架横梁的导向面应平整、光滑，以便货叉横向移动平稳可靠。货叉应有足够的强度和刚性，并与导轮架横梁配合良好。属具架一般应装有扁钢制成的防护框架，并保持完整无变形。门架及倾斜油缸与车架应连接牢固，配合良好，锁止可靠，转动灵活。

门架不得有变形和焊缝脱焊现象，内门架与外门架、属具架与内门架相对升降平顺。门架与滚轮的配合间隙不得大于1.5mm，滑动良好无卡阻。滚轮转动应灵活，滚轮及轴应无裂纹、缺损，轮槽磨损量不得大于原尺寸的10%。两根起重链条张紧度应均匀，不得扭曲变形，端部连接牢固；链节销轴与承孔的配合间隙不得过大。链轮转动应灵活，凹槽深度不超过原尺寸0.5mm；属具架不得有严重变形、焊缝开焊现象。

货叉表面不得有裂纹，各部焊缝不得有脱焊现象。货叉根角不得大于93°，厚度不得低于原尺寸的90%；左右货叉尖的高度不得超过货叉水平段长度的3%，货叉定位应可靠，货叉挂钩的支承面、定位面不得有明显缺陷；货叉与属具架的配合间隙不应过大，且移动平顺。

(2) 常见叉车货叉的磨损断裂部位及维修

在叉车的使用中，常见货叉的危险段是在其垂直段下部靠近弯

头处，及货叉垂直段上端与上挂钩焊接处的垂直部分。尤其叉车驾驶员往往违章操作，单独使用一边货叉前端起吊或尖挑地面货物，导致该货叉或叉尖弯曲变形，甚至（货物超载后）垂直段根部折断，造成严重的经济损失。

按国家标准规定，货叉使用状况应每年检查一次；在恶劣工况条件下使用的叉车应更频繁地进行检查，以查出任何缺陷或永久变形，以便采取有关技术措施，消除不安全隐患。叉车货叉的检验应由专业技术人员进行，发现货叉产生了有碍安全使用的迹象、失效和明显变形等任何缺陷，必须停止使用，只有经过严格修复，并经测试验收合格后方可使用。

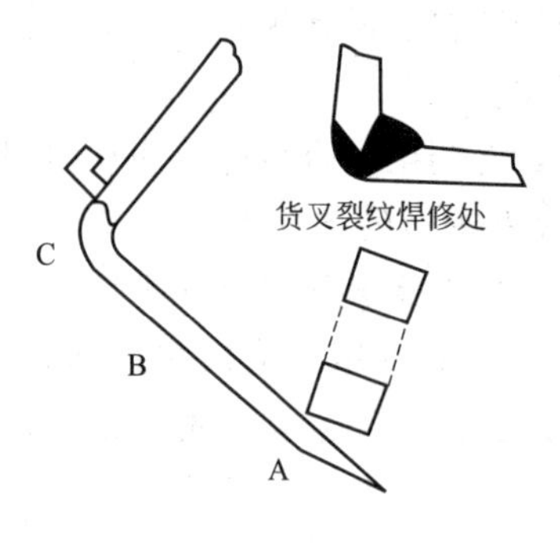

图 6-24　货叉裂纹的焊修
A—叉尖处；B—货叉水平段；
C—货叉根部、上钩、下钩
的垂直段连接处

货叉表面（尤其货叉根部、上钩、下钩及垂直段的连接处，见图6-24），一经发现两叉尖之间的高度差超过水平段长度的3%，必须停止使用。使用中还必须保证定位销在原位处于良好的维护和正常的工况，若发现任何故障，货叉在进行良好的修复之前必须停止使用。应定期彻底检查货叉水平段和垂直段的磨损程度，尤其是货叉根部，若其厚度减少至原来的90%也应停止使用。货叉的上挂钩支承面以及上下挂钩的定位面的磨损、积压及其他局部变形，致使货叉和叉架之间的间隙增大，必须修复之后方可使用。

采用焊修时，必须严格执行有关焊接工艺，选择适当的焊接材料（焊条）及焊接方法，以保证货叉的焊接质量（提高货叉焊接后的弯曲强度），从而达到原厂要求的刚度和强度，预防使用中的再次变形和磨损。在没有条件的情况下，货叉断损最好更换新件，不允许凑合使用。货叉焊修后，只有经过严格的技术标准检验，达到原厂规范要求之后，方可投入使用。

由于叉车的货叉使用涉及到人身和财产的安全，因此在使用中应慎之又慎，以避免造成不应有的损失。

货叉是叉车的基本取物装置，用得最为广泛。货叉尺寸应符合《叉车货叉的尺寸》和《叉车挂钩型货叉和货叉架的安装尺寸》的有关规定。还要对货叉进行必要的试验检测，以保证货叉使用时的绝对安全可靠。货叉设计起重量为 2500kg，载荷中心距为 400mm 的标记为 2500×400。标准规定，对新产品样品、老产品审验合格证时要进行下列试验。

① 试验载荷。试验载荷应相当于货叉制造厂规定的设计起重量的 3 倍，并使试验载荷作用在设计的载荷中心距处。

② 货叉的加载方式。必须与叉车的使用工况相同。加载时必须无冲击并逐渐地加载到试验载荷，加载应保持 30s 后卸载，然后再重复一次。

③ 在第二次加载的前与后，须对货叉进行检查，如发现货叉有永久变形，则为不合格产品。

④ 试验过程中还应当检查挂钩的变形以及挂钩焊缝是否开裂。

(3) 叉车工作装置的维修

链条与滑轮在检修时，链片不得有裂纹和变形，需转动灵活。每 20 节链节伸长不超过规定值（8mm）。链条销子的磨损不得超过原直径的 5%，不得有严重弯曲、疲劳裂纹和锈蚀。如超过允许情况时，应更换。若滑轮表面出现不均匀磨损，两滑轮外径差大于 0.2mm，滑轮表面出现台阶或压痕，影响链条正常运行时，应予以更换。

主、侧滚轮在检修时，检查主、侧滚轮的磨损情况，其痕迹应均匀。其磨损限度沿直径方向，主滚轮为 1.0mm，侧滚轮为 0.5mm，否则应更换。

内外门架在检修时，要求平直，在全长内不直线度不得超过 1mm，使用限度 3mm。否则，应修复。用磁力探伤，敲击法检查有无裂纹。如有，应修复。检查变形或扭曲。当弯曲变形在全长范围内超过 1.5mm，横向宽度差超过 1.5mm，内门架顶板弯曲变形

超过 2.0mm 时，应矫正。当整体变形严重、导轨里口尺寸超过磨损限度时，应报废。内外门架内侧面导轨每边磨损起台阶达 2mm 时，应更换导轨或修整后使用。

工作装置装配在检查与调整时：

一是对内外门架前后间隙进行检查与调整。选配使用间隙为 1mm 以下的滚轮进行组装。组装时，在得到适合间隙后，操纵升降手柄，使内门架上下运行，要运行平稳，滚轮转动自由、均匀。

二是内外门架左右间隙的检查与调整。按照所要求的尺寸，用增减垫片的方法调整侧向滚轮的安装位置，以保证滚轮与内外门架槽钢内外壁的间隙值得到满足（内门架最高位置时为 0.1～1.0mm，内门架最低位置时为 0.1～1.5mm）。

三是叉架左右间隙的调整。与内外门架左右间隙调整相同，只是间隙值在各处均为 0.1～1.0mm。全部调好后，起升叉架、内门架，看动作是否平稳。从最大高度下降，要求内门架连同空叉自由落下。否则，应重新调整。

四是起重链条的调整。起重链条太长，起升高度达不到要求；太短会造成叉架跑出内门架槽钢的严重事故；两链条一松一紧，造成一链条过载和偏载，引起叉架和内门架运动不平稳，不灵活。因此，必须对两链条进行调整。其方法是：将叉车停在平坦的场地上，门架成垂直状态，把货叉降至地面，起升油缸活塞（柱塞）降至下止点。装上链条，两链条一端与叉架相连，并锁定。使链条绕过滑轮，其另一端与起升油缸体凸缘或外门架横梁相连，并用铰链螺栓调整链条长度。用手指在距地面 1000mm 处，以 49N 的力为准按链条，链条移动距离为 20mm 以下，以同样方法，调整另一根链条。两链条调好后，起升货叉再检查两链条的松紧程度，长短应一致。

第7章 叉车电气系统

7.1 叉车汽油发动机点火系统

7.1.1 叉车发动机点火系统的维护与养护

(1) 分电器

① 分电器的结构　分电器用来接通和切断低压电路，使点火线圈产生高压电，并按发动机的工作顺序将高压电流分配给各气缸的火花塞。分电器的形式很多，475Q 发动机应用的 FD13 型分电器如图 7-1 所示，它由断电器、配电器、点火调节装置和电容器等组成。

断电器通过接通和切断低压电流，把直流变成断续变化的电流，使点火线圈产生高压电。它由一对触点、托板和一个凸轮组成，底板固定在分电器壳上，触点装在底板上。活动触点装在具有胶木顶块的断电臂上，并经弹簧片与绝缘接线柱相连，固定触点经底板搭铁。触点在弹簧片作用下保持闭合，凸轮凸角顶到顶块时，触点断开。触点断开的间隙是 0.35～0.45mm，间隙不当时可扳动底板上的偏心螺钉调整，触点串联在低压电路中，断电器的凸轮装在分电器轴上，凸轴上有与发动机气缸数相同的凸角。

配电器是把点火线圈产生的高压电按发动机的点火顺序分配到各缸，它由分电器盖和分火头组成。分电器盖和分火头都是用胶木制成。分电器盖在分电器壳上，盖内的中间有中心电极，其内座中装有带弹簧的小炭棒，弹性地压在分火头的导电片上。盖内的周围有与各气缸相等的高压分线旁电极，中心电极和旁电极都分别与盖

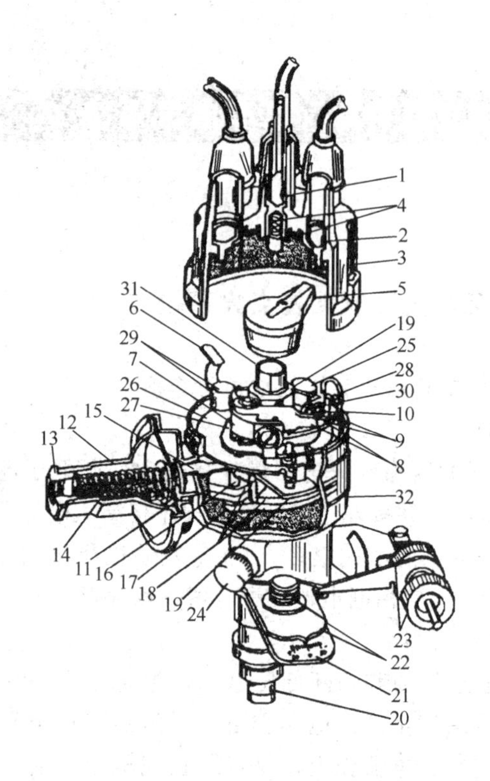

图 7-1　FD13 型分电器组成

1—高压线中心插座（接点火线圈）；2—高压线旁侧插座（接火花塞）；3—分电器盖；4—炭精柱及弹簧；5—分火头；6—分电器盖弹簧夹；7—断电器活动触点臂弹簧；8—断电器活动触点及臂；9—断电器固定触点及支架；10—固定触点支架固定螺钉；11—真空调节器膜片（夹布橡胶）；12—真空调节器壳；13—真空调节器管接头；14—真空调节器膜片弹簧；15—真空调节器拉杆；16—离心调节器离心块拉紧弹簧；17—离心调节器托板；18—离心调节器离心块；19—断电器凸轮带离心调节器横板；20—分电器轴；21—辛烷值选择器刻度盘；22—辛烷值选择器夹板及压紧弹簧；23—辛烷值选择器调节螺母；24—油杯；25—电容器；26—断电器固定盘；27—断电器活动底板；28—低压接线柱（接点火线圈初级线圈接线柱）；29—油毡及油毡支架偏心螺钉毡夹；30—固定触点支架偏心螺钉；31—油毡；32—分电器壳

上的插孔相通。分火头装在分电器轴的顶端，其中有铜质导电片。当分火头随轴旋转时，导电片在距旁电极0.25～0.80mm处擦过。当断电器触点断开时，导电片总是正对着分电器盖内某一旁电极，高压电自中心电极经孔中的炭棒和导电片以火花形式跳到旁电极上，再经高压导线送至气缸内的火花塞。

电容器与分电器触点并联，当触点打开时，增强高压电路的电压，减小触点间火花，保护触点防止烧坏。它由两条铝箔、中间隔上绝缘的蜡纸卷制成筒形，放置在金属壳内制成。

② 分电器的养护与维修

a. 分电器的养护。每当叉车进行养护时，都要按下列要求维护分电器。首先清除分电器盖和分火头上的污垢及氧化物，并用浸有汽油的干净棉丝擦净各处，检查断电触点间隙是否为0.35～0.45mm，同时检查分电器的安装部位和线路的连接情况。检查白金触点的接触处有无烧蚀不平，必要时用细砂条锉平，并将其表面洗净擦干，按规范要求调整间隙；检查断电臂绝缘块和触点的磨损情况以及断电臂弹簧张力，必要时更换新件。检查断电器底板转动的灵活性，离心点火提前机构有无卡滞和真空点火提前机构有无卡住及漏气现象；检查凸轮，若衬套与轴之间有明显的间隙或凸轮的外径已磨损严重，应予更换凸轮，并允许更换离心块等件，但必须按规定调试。清洗外壳，并检查轴和石墨青铜衬套之间的配合情况。若其间隙过大、松旷，则应更换衬套，并按规范装好；对分电器各零部件进行全面的检查和鉴别，经养护、调整达到技术规范后才能继续使用。

b. 分电器传动机构的检修。分电器、机油泵与中间传动轴之间本来就有一定间隙，使用过久之后，配合件表面均会受到不同程度的磨损。分电器传动轴衬套磨损严重，会使分电器传动齿轮与分电器传动轴套之间的间隙过大超限，在发动机运转中，会导致分电器总成摆头摇晃。并且传动轴在配气凸轮轴传动齿轮的推动下，上下窜动偏摆。若凸轮轴上、下轴向间隙过大（即较明显感觉）时，会影响白金触点间隙，使之自动错开、歪斜或偏移而接触不良，引

起点火不准时、排气管放炮、动力不足和油耗增加。另外传动轴上下窜动严重时，致使榫头与机油泵的凹槽脱开，机油泵不工作。检修时打开分电器盖，用手摇柄慢慢摇转曲轴，察看触点间隙是否过小，凸轮的各棱角是否磨损不均，再用手来回拨动凸轮，看其摆动量是否过大，用手捏住分电器轴，上下推拉，来回晃动，凭借感觉检查其上下窜动的间隙，不应超过0.25mm。若窜动量过大，可在分电器壳与驱动齿轮或轴下端的固定环（靠插头驱动）之间，或在缸体导向孔座与中间传动轴之间，用换装加厚垫片的办法加以调整，消除间隙，以减少中间传动轴轴向窜动，必要时应更换分电器总成。也可将分电器壳体夹在虎钳上，用千分表测量检查轴的旷量。一般正常配合间隙为0.02～0.04mm，若超过0.08mm为松旷，应更换衬套加以修复。

分电器传动轴与分电器轴是用铆钉连接的，使用中铆钉在不断变化的剪切力作用下发生松动，使两者之间产生相对位移，从而改变了点火时间，使最佳点火提前角受到影响，造成发动机工作时“发吐”，行驶无力。在转速发生变化时相对位移也比较大，遇此情况应将分电器传动轴和分电器轴重新铆紧，铆前要注意做好记号，以免影响原有的点火顺序。

③ 分电器点火提前装置的检修　分电器在使用中，其真空调节器拉杆端部的轴销与托盘连接孔长期配合磨损松旷，工作时拉杆来回伸缩运动。当拉杆上下活动范围过大时，便容易自动松脱，与离心调节器的离心块相撞，并紧紧地卡滞在分电器壳壁上，造成拉杆弯曲变形。这时因发动机运转惯性，凸轮轴带动分电器传动轴运转，因分电器轴卡住而转不动，但扭力过大后会使传动齿轮横销被剪切断损，使齿轮与轴脱开。启动时，凸轮轴上的传动齿轮同分电器轴的传动齿轮只是啮合空转，而分电器和机油泵停止工作。遇到上述故障，抽出分电器总成，用尖嘴钳或钢丝勾取出分电器传动齿轮，用专门车制的横销把齿轮和轴紧紧地铆合成一体，按技术规范正确地安装分电器，重新调整点火正时即可。

分电器离心式点火提前装置及真空调节器弹簧在长期工作之

后，容易锈蚀失效（回位弹簧与销轴与孔锈蚀飞脱不开，凸轮轴中心孔锈蚀转不动），使离心装置中的配重块不能复位，提前角减小，混合气燃烧不完全，造成发动机中、高速“突、突”发响，排气冒黑烟、放炮，功率降低。出现此类故障应及时检修或更换有关部件。真空调节器膜片破损、膜片弹簧松弛以及管道漏气、密封不良，容易进入水和灰尘，导致分电器内部零部件积污锈蚀、导电不好、接触不良，发现膜片破损、弹簧失效应予更换。

④ 分电器断电器的检修　分电器凸轮各棱角磨损不均或过限，使触点闭合角度有大有小，触点接触不良（歪斜或偏移）而烧蚀，影响高压火花的强弱。可用游标卡尺测量各棱角的磨损量，一般不得超过 0.40mm。若磨损不均匀，各个棱角顶开触点时的间隙差超过 0.05mm，则应更换凸轮。在安装凸轮时，限位螺钉下方只能用平垫圈。拧紧螺钉后，凸轮既不能在轴上卡死，又无轴向窜动即为合格。

固定触点头的铆接松动，容易引起触点接触不良而烧蚀。用高压试火，就会产生火花弱、跳火距离短、启动困难、容易熄火、化油器回火、排气管放炮等异常现象。若触点头铆接松动，应予更换新件。断电器触点臂衬块铆钉松动，断电臂弹簧弹性减弱、折断，绝缘块磨损，触点臂销孔胶木套损坏漏电都会引起触点故障。使车辆在运行中加不起油，无法正常行驶。停车时发动机有怠速无高速，查电路良好，触点不松动，有间隙能开闭，并有较强的高压火花，更换点火线圈等部件均不能排除故障，当更换断电器后故障消失。

触点臂与活动触点松动，叉车在行驶中会突然熄火，再启动时着火困难。偶尔启动着火，有时运转正常，有时排气管发出“突突”声，容易熄火。若将中央高压线取下对准缸体试火，时强时弱，有断火现象。上述故障经诊断查明原因之后予以修复，必要时更换有关零件。

检查触点有无积污或烧蚀，如有，应用什锦锉或油石进行修磨。修理时应注意两触点的贴合（不少于 90%）。单片触点（钨）

的厚度不应小于0.5mm，否则应与断电臂一起更换。在有条件时，也可只换触点。两触点应该同心，其中心最大偏差不应大于0.25mm。

用厚薄规测量两触点的间隙，在凸轮的每一顶角上均应在0.4mm范围内，否则，应松动固定触点支架的固定螺钉，转动偏心螺钉进行调整。因为触点间隙大小对高压电有很大影响。若间隙过大，凸轮便过早地将触点顶开，切断低压电路，而迟些使触点闭合和接通电路。这样低压电路处于闭合状态的时间就减短，电流将难以达到最大值，因此，在发动机低速或中速时，还可能有较强的火花，而在高速时，因高压电降低，就会造成断火。而且，触点间隙增大，点火提前角也要增大，这对发动机的功率也有很大影响。若间隙过小，虽然增大了触点闭合时间，但由于触点间易形成火花，不仅易烧蚀触点，而且高压电也不高。另外，触点间隙过小，等于提前角延迟，同样对发动机功率有影响。用弹簧秤测量活动触点臂弹簧的张力，如图7-2所示。当触点刚分开时，其沿触点轴向的张力应为500～700kgf。如不符合规定，可用弯曲弹簧片的方法进行校正，如无效时，应予更换。因为弹簧张力对高压电也有很大影响，若张力不足，在发动机高转速时，触点闭合就迟，闭合时间

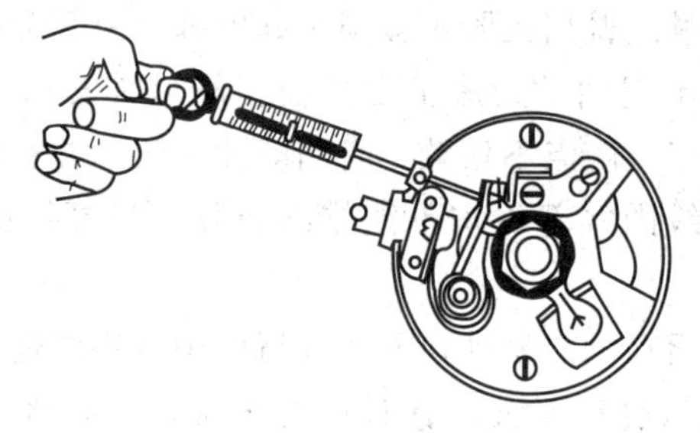

图7-2 检查触点弹簧张力

缩短，使低压电流还未恢复到一定程度，触点便又张开，因此，使发动机在工作中断火和不能达到较高的转速。相反，若张力过大，不但会加速胶木顶块和凸轮的磨损，而且在触点臂回跳时，又会发生振动现象。

活动触点臂绝缘衬套应牢固地紧压在活动触点臂的孔中，不得松动。活动触点臂必须能绕臂轴顺利而无阻滞地旋转，并且也不应有明显的轴向与径向间隙。活动触点臂绝缘顶块的端部应与凸轮外表面全部吻合，不得显著脱开，否则应进行修理或更换新件。

分电器传动齿轮与齿轮轴上的齿轮有一定的啮合关系，当分电器传动总成拆装时，应在安装时按以下步骤进行：旋转曲轴，使第一缸处在压缩行程终了的上止点；用起子从分电器传动轴孔插入气缸体内，转动机油泵轴，使机油泵轴的凹槽处于规定的位置；将分电器传动轴的凹槽转动至规定的位置（注意凹槽偏心的位置）；将传动总成轻轻地插入气缸体孔内，再将起子插进分电器传动总成的壳体内，一边用手往下压动分电器传动轴壳体，一边用起子前后大幅度地摆动分电器传动轴壳体，以便使机油泵传动轴上的凸出部分晃入机油泵轴的凹槽内，直至传动壳体压紧密封垫时为止（切勿敲打或硬拧螺母来安装分电器传动总成，以免损坏机件）。分电器传动总成的密封衬垫在装配时，应注意方向，切勿将回油孔堵住。装上分电器传动总成后，再检查一次点火次序和分火头位置，确认无误后，紧固分电器传动总成的紧固螺母。

⑤ 配电器的检验与修理　分电器盖应紧密地装在外壳上，不得有显著的径向位移和转动。弹簧钩应将盖勾紧，在受振时不得松动，分火头应紧紧地套在凸轮顶端。分电器盖和分火头不能有裂痕，否则会被高压电击穿漏电，造成发动机断火、错火或根本不能发动等故障。其检查方法如下。

对分火头，如图 7-3 所示，用高压电的一只试针接分火头的导电片，另一只试针放在分火头的座孔内，如此时有火花发生，则证明分火头已窜电损坏，应更换。如在叉车上检查时，将分火头倒放在气缸盖上，然后将高压线对准分火头的座孔，用手扳动触点使其一张一闭来产生高压电，如此时从高压线的端头上有火花跳入座孔中，则证明分火头已经窜电。对分电器盖检查时，将高压触针分别插在分电器盖相邻的两个旁插孔、中央插孔内，进行试火，若有火，证明绝缘损坏、漏电，应更换。另外，分电器盖内中央插孔的

炭棒应活动自如，不应有卡住现象。如果磨损过短，应更换。炭棒弹簧如有折断或张力过弱也应更换。

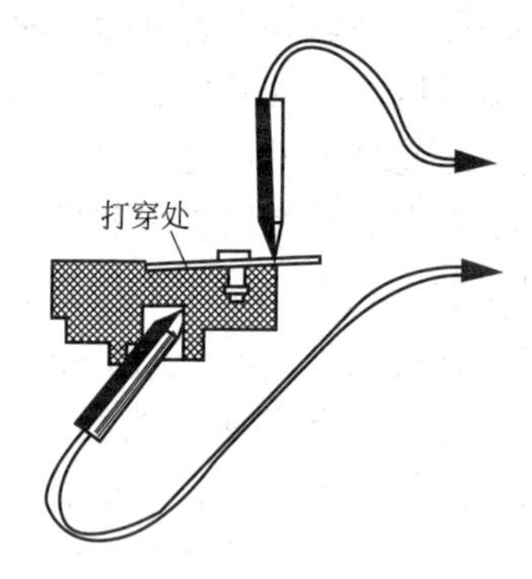

图 7-3 分火头的检验

⑥ 分电器轴和外壳的检验与修理

a. 轴的检修。轴的上端弯曲度不得大于 0.03mm。可用如图 7-4 所示的方法进行检查，把分电器外壳夹在虎钳上，将百分表的触头垂直地顶在轴的上端，然后转动分电器轴，其表针的摆差不应大于 0.06mm，否则可用铜锤敲击校直。假如无百分表时，可装上断电器，转动分电器轴，检查触点每次被凸轮顶开的间隙是否一致，以此来判断轴的弯曲情况。

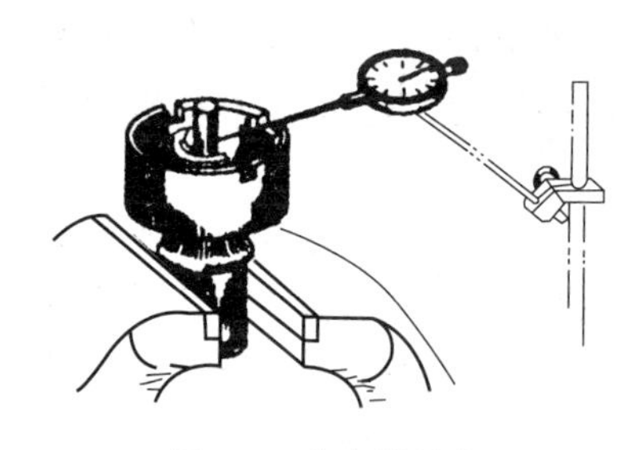

图 7-4 分电器轴弯曲度的检查

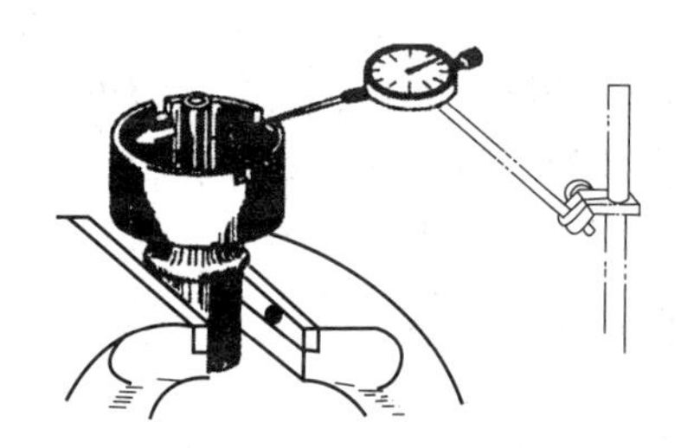

图 7-5 分电器轴与轴承配合间隙的检查

b. 轴的磨损情况的检验与修理。标准的轴径为 12.7mm，若磨损未超过 0.04mm 时，只需要更换轴承，轴可继续使用。若磨

损超过 0.04mm 时，经光磨外圆，更换轴承后，仍可继续使用。必要时需镀铬修复或应更换新件。轴尾榫头的标准厚度为 4mm，当磨损超过 0.03mm 时，应进行焊修。如属传动齿轮磨损，应配换新齿轮。

c. 轴与轴承配合间隙的检验和轴承的更换及铰配。分电器轴与轴承的正常配合间隙为 0.02～0.04mm，最大不得超过 0.07mm。其检查方法如图 7-5 所示。使百分表的触头垂直地顶在分电器轴的上部，而后用力沿触头轴线方向推拉分电器轴，这时测得的最大间隙不应大于 0.15mm。若无百分表时，可装上断电器，使凸轮顶开触点，然后沿触点方向推拉凸轮，此时触点最大和最小间隙之差，不应大于 0.15mm，否则应更换新轴承。更换新轴承时，应使新轴承的外径与座孔之间有 0.02～0.2mm 的过盈，即轴承的内径以刚好插入轴为宜。两个轴承应分别从两端压入轴承座孔，而且轴头的外端边缘应稍低于外壳平面。最后钻油孔和进行铰削。

⑦ 凸轮的检修　凸轮的表面应十分光洁，不得有任何伤痕和能使顶块加速磨损的缺陷。在养护时，凸轮润滑毛毡和分电器轴端的毛毡必须浸以钙钠润滑脂或滴入 1～2 滴润滑机油，以便润滑。对凸轮的检修标准有以下两条。一是对不均匀磨损，用百分表测量各凸角对中心线的距离，相差不得大于 0.03mm。否则各凸角控制触点开闭的时间将不一致，影响点火时机。二是对均匀磨损，用游标卡尺测量各对角的直径，与未磨损的比较，相差不得大于 0.04mm。若过大，则使凸角顶开触点的时间缩短。总之，凡磨损超过技术要求时，均应在专用磨床上加工修复。但是经过多次修磨以后，其凸轮对角的直径不得小于 26.36mm，否则应进行焊修或更换新件。

⑧ 电容器的检验　在完成常规的处理后触点仍不断烧蚀，则需对初级电压值和电容量进行检查。将初级电压调整到正常值（9～10V)，在点火线圈“－”极至分电器接线柱之间的线路中串联一段电阻线，串联后如果初级电压值仍高，可再串联电阻；如初级电压过小，可减少电阻值，即剪断一些，逐步调至合适。电容器

的容量不能过高或过低，一般在 0.18～0.25uF 范围为宜。电容器要耐 500V 的高压；要求有良好的绝缘，绝缘电阻在 20℃时应不低于 50MΩ。

a. 电容器检验方法。检查电容器工作是否正常时，拆下分电器盖，打开点火开关，一只手触摸电容器的外壳，另一只手去拨动活动触点，使之开合。若手感到发麻，即认为该电容器已被击穿漏电。在换装新电容器时，一定要选购正规厂家生产的标明电容值为 0.25uF 的电容器。安装时电容器固定到分电器外壳的搭铁线与触点的连线都要紧固牢靠。

在使用中，电容器故障多为绝缘被击穿，导致短路漏电；外部火线连接线断路等。至于内部绝缘被击穿，往往是因为绝缘蜡纸受潮而引起的。怀疑电容器工作不良，可采取换件对比法鉴别，用试灯检查，用万用表检查等方法，即可确定其工作性能的好坏。

• 专用仪器检验。若有仪器时，可直接测量电容器的电容量。当不符合规定要求时，应更换。用电压为 500V 的摇表测量电容器的电阻。如不符合要求，也应更换。

• 试灯检验。用 220V 的交流试灯，检验电容器是否短路、漏电或失效。将试灯的一只触针接电容器的导线，另一只触针接电容器的外壳，若试灯发亮，说明电容器内部短路，应更换。若试灯不亮或微红，就将触针移去，然后使电容器导线与外壳相碰，此时如有强烈蓝色火花发生，则表示电容器良好，否则如无火花或无强烈火花发生，则表示电容器内部断路或漏电，造成容量不足或失效，应更换。

• 比较法检查。将被试电容器和标准电容器直接安装在工作的点火装置中进行比较鉴定。也可用单独一只电容器在车上试验比较。取下分电器盖及分火头，接通点火开关，并使高压线头距气缸 7～12mm，然后用手扳动触点，察看高压火花的情况；而后再将被试电容器拆除，重新试验火花。如两次高压火花完全一样或相差不多，则表明电容器失效，应更换。

b. 电容器击穿的鉴别。在试高压火花时，一开始火花很强，

再打几次后，火花渐渐地变弱了为损坏；在触点刚张开时，用旋具将电容器外壳搭铁，看是否有火花，如有火花为击穿；将电容器取下，一端接蓄电池正极，另一端接负极，如在接触处有火花为击穿；怠速时，着火很好，一加油就要熄火，有时消声器放炮，有时化油器回火都有可能为电容器工作失效。

⑨ 分电器的装复　分电器的装复顺序及润滑要点如下。

a. 首先装回分电器轴。先在轴上涂些机油，然后将轴插入分电器外壳内。更换固定销并穿在孔内。而后用手上下推动分电器轴，如纵向间隙不符合 0.08～0.25mm 的规定时，可在轴下端的固定环与外壳之间增减适当厚度的垫圈进行调整，最后将固定销铆住。在分电器轴与轴承间用滑油进行润滑。

b. 装回离心调节器。在装离心调节器托盘时，应注意在托盘与壳之间加装止推片，并用黄油进行润滑，在离心块轴上涂些机油。在托板轴承上应加润滑油，然后装回离心块和弹簧。

c. 装回断电器。在装凸轮时，限位螺钉下方只能用平垫圈。在凸轮拨板与离心调节器托盘之间用加减垫圈的方法，把凸轮在分电器轴上的轴向间隙调至 0.1～0.5mm，最后拧紧限位螺钉。将断电器托板轴承加足黄油（F12 型分电器无轴承者可不加注黄油），装回触点，而后将托板总成装回外壳内。装上分电器低压接线柱及接线柱到触点的导线。装回真空调节器和电容器。

d. 调整触点间隙。调整时，转动凸轮使凸角的尖端正好顶着触点的顶块，然后松动固定触点支架的固定螺钉，扭转偏心螺钉进行调整，并用厚薄规进行检查（用厚薄规检查的方法是：选用 0.35mm 和 0.45mm 厚的两片厚薄规，先将 0.35mm 的厚薄规插入间隙时如感松旷，而后将 0.45mm 的插入时却感紧滞，则证明间隙恰在 0.35～0.45mm 范围内），而后将固定触点支架的固定螺钉紧定牢固。

e. 在油杯内加足黄油。在凸轮轴的油毡和凸轮旁的油毡内滴入润滑机油。最后将分火头和分电器盖装回。

(2) 点火线圈

点火线圈是利用电磁互感原理制出的一种变压器。它能将12V的低压电变成15000～20000V的高压电，主要由铁芯、低压线圈、高压线圈、外壳和附加电阻等组成。当分电器触点闭合时，低压线圈有电流通过，铁芯被磁化，并在周围产生磁场。当触点张开时，低压线圈中的电流消失，磁场中的磁力线即收缩，迅速切割了高压线圈，使高压线圈产生高压电，供火花塞跳火，点燃混合气。

① 点火线圈的技术要求　叉车用点火线圈（见图7-6）在常温下，其低压线圈的电阻值为1.95Ω，高压线圈的电阻值为36000Ω，附加电阻为1.1～1.2Ω。在发电机各种转速下，点火线圈能在热态时连续产生高压电流。在分电器试验台上进行跳火试验，当分电器以1400～2000r/min旋转时，由点火线圈发生的火花应该能连续跳过三极针状放电的7mm间隙。若冷态试验，应将放电装置的电极间隙比通常数值增加2mm。点火线圈（12V）初级绕组、次级绕组及附加电阻的电阻值（20Ω），应符合有关要求。

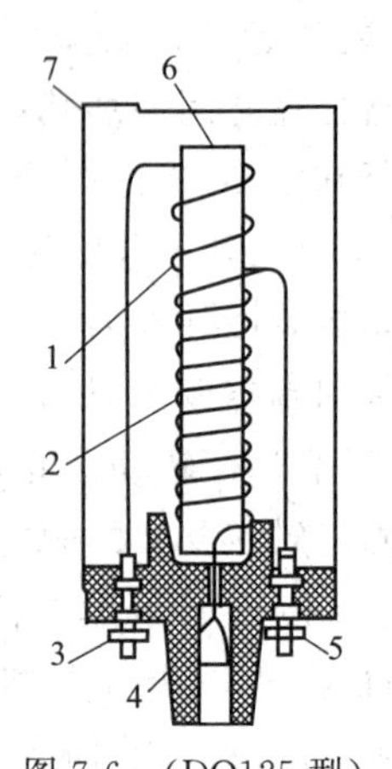

图7-6 （DQ125型）
点火线圈示意图
1—低压线圈；2—高压线圈；
3，5—接柱；4—高压线插头；
6—铁芯；7—点火线圈壳体

② 点火线圈的技术检验　在进行修理时，必须对点火线圈进

行检验，主要包括外壳的清洁检视，高低压线圈是否短路、断路、搭铁和发出火花强度是否符合要求等。

a. 直观检查。点火线圈一般出现故障较少，使用中注意其表面清洁干燥，防止漏电。点火线圈的常见故障主要有线圈短路、断路、绝缘盖裂纹、跳火能力低及线圈发热等。检查点火线圈的外表、外壳是否完好，型号是否相符合；有无裂损或绝缘物溢出；各接线柱连接是否牢靠。若发现绝缘盖破裂或外壳损伤，因容易受潮而失去点火能力，应予以更换。检查高低压线圈是否短路、断路和低压线圈是否搭铁。检查外壳，察看点火线圈外表，高压线座孔是否完好，必要时修复。

b. 高压火花检查。用导线将点火线圈初级绕组的“－”接柱与蓄电池的负极柱相连，并使点火线圈次级高压输出导线的端头与蓄电池负极柱间保持约1mm的间隙。然后，将点火线圈初级绕组的另一接柱与蓄电池正极柱相划碰，高压输出导线与蓄电池负极柱间应有高压火花产生，否则，表明点火线圈性能不良或损坏。

c. 就车检查技术状况。点火线圈的就车检查，先检查并实现点火线圈外壳、胶木盖清洁，无破损；高压线插座各接线柱牢固、无锈蚀等。并使断电器触点间隙正常，电容器状况良好。然后打开点火开关，将分电器盖上的中央高压线拔出，距发动机机体（不要有沾着油类的易燃物）表面约6mm。一手拨动断电器活动触点，使之由闭合到断开，此时高压线端头与机体之间应有强烈的蓝色火花跳过。若高压线与缸体间无火花跳过，即可断定点火线圈损坏、点火线圈技术状况不良，应更换；若其跳火微弱，为线圈有搭铁或漏电之处，低压线路有毛病，应予检修。

d. 交流试灯法。用220V交流（有条件时最好用500V）试灯检验低压线圈的绝缘情况，将试灯的一个触针接低压线圈接柱，另一触针接点火线圈外壳。若试灯发亮，表示绝缘损坏，有搭铁故障。否则，证明低压线圈绝缘良好。

对于高压线圈，因为它的两个头一个接于高压插孔，另一个与低压线圈相接，但也有与外壳相接的。所以在检验是否有短路故障

时，应将试灯的一个触针接高压插孔，另一触针接低压接柱或外壳。此时，如试灯暗红或不亮，即表示没有短路。否则如发出亮光，则表示已经短路。同时，在检验时，对最好和良好的点火线圈所发出的光度进行比较，以易区别。对于断路故障的检验，其方法与检验短路时相同。如试灯不发亮，就应特别注意。当将触针从接柱或外壳上刚刚取下来时，看有无火花发生，若没有，即表示已经断路。如是内部线圈短路、断路或搭铁，应更换新件。

e. 用耗电量法检验低压线圈是否短路。用充足电的蓄电池、电流表与低压线圈组成一个串联的检验电路，如图 7-7 所示。当接通电路后，如为 6V 系的点火线圈，应在 6V 试验电源电压下检验，其通过的电流不应超过 5A。如为 12V 系的点火线圈，应在 12V 试验电源电压下检验，其通过的电流不应超过 3A。否则，若超过较多，则证明已经有短路故障。如无电流通过，一般是接线柱等处接触不良所致。其内部线圈一般不易断路。

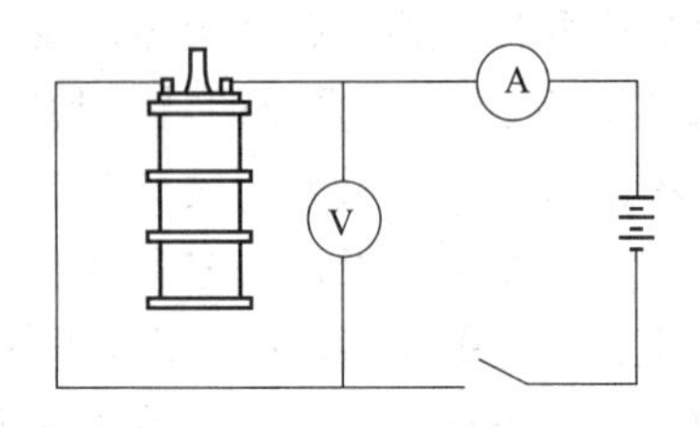

图 7-7　检查低压线圈的耗电量

f. 点火线圈电阻检测。点火线圈出现故障较少，使用中注意其表面要清洁干燥，防止漏电。检测时，拆除点火线圈上的所有导线，把电阻表连接在正负接线柱之间，测其初级电阻额定值为 0.5～0.7kΩ(无触点)，1.7～2.1kΩ(有触点)；次级电阻额定值为 2.4～3.5kΩ(无触点)，7.0～12kΩ(有触点)，若不符合上述标准或中央插孔周围有裂纹，应予更换。

g. 用万用表检查。初级线圈有无断路、短路或搭铁，检测开关接柱与“－”接线柱，其电阻值应符合生产厂家规定（一般应在 1.2～1.9Ω 范围)。电阻值小于规定值为短路，无穷大为断路；测

量外壳与接线柱（“+”、“-”均可），其电阻值应为无穷大，若阻值为0，则初级线圈有搭铁故障，应予更换新件。用万用表检测次级线圈有无断路、短路；检测高压导线插孔和低压接线柱，其电阻值应符合生产厂家的规定，若过小为短路；无穷大，则表明次级线圈有断路，应予更换新件。用万用表检测附加电阻两端，其电阻值应为1.3～1.7Ω，电阻值过小，为短路，反之则为断路，应予更换新件。

③ 点火线圈的安装　点火线圈的性能参数必须与工作电压、点火形式和发动机车型相配套。初级绕组电阻值为1.4～1.8Ω时，需串联附加电阻后使用，串联后的初级电路总电阻应为3～3.5Ω，用于12V工作电压。安装点火线圈前应检查绝缘盖表面，除去吸附油污或导电杂质，使其清洁、干燥。应备的附件必须完整，支架外壳的安装螺钉应紧固可靠。油浸式点火线圈还应检查绝缘盖与金属外壳连接处的密封性，凡密封不良、有漏油或渗油现象者不宜安装。在连接自带附加电阻的点火线圈时，不要把附加电阻的两个接线柱短路或拆除后直接连接电源使用，以防点火线圈温度过高，绝缘物加速老化，甚至烧坏造成爆裂等故障。安装点火线圈时，绝缘盖或高压插孔应向上，否则叉车运行中易引起高压线脱落故障，且接线或更换拆卸也不方便。点火线圈应装于通风良好、离地面较高、距分电器较近的位置，以利散热。防止水溅入。

④ 点火线圈的安装使用注意事项　当发动机停转时，应及时切断点火电源，使点火开关处于“ON”或“OFF”位置，拔去钥匙，以免蓄电池长时间向点火线圈放电。更换或维修点火线圈，切记要装上高压耐油橡皮套，以防止灰尘、导电物进入高压插孔内，并增加绝缘性，防止外跳火，保护绝缘盖，以免引起外来损伤。中央高压线与高压插孔接触应良好可靠，以防工作时内部跳火，使绝缘盖炭化，导致高压击穿。当点火线圈附加电阻烧断时，应立即更换同规格的附加电阻，其电阻值一般在1.4～1.8Ω之间按需选择，电阻丝的材料为ϕ0.5～0.6mm的铁铬铝合金丝，如一时难以找到此种材料，也可用镀锌铁丝暂时代用。

点火线圈尽可能安装在通风干燥处，防止其受高温、潮湿的影响，并保持其外表清洁。经常检查点火线圈各接线柱，防止因腐蚀、老化而短路或断路；正确调整调节器的限额电压，保证发电机输出电压在限额电压的范围；定期清洗或更换火花塞，尽量避免其“吊火”；发动机不工作时，不要长时间开启点火开关。

⑤ 点火线圈的修理　点火线圈一般出现低压线路烧毁，引起短路或断路故障。如出现烧毁，应更换新点火线圈。如修复可按下列方法进行。烫去点火线圈壳盖的焊锡，拆下壳盖，将壳体放在开水中煮去沥青，取出线圈和铁芯。拆除低压线圈，并记下线号、绕线圈及绝缘纸的厚度。按规定线号绕低压线圈，每层线圈刷上绝缘漆，垫上绝缘纸，如此重复绕线，直到绕够规定的圈数为止。把绕好线圈的铁芯放在虫胶漆中浸透，取出并烘干。将低压线圈两端线头焊在点火线圈低压接线柱上，高压（次级）线圈的接头焊接在高压线接头上，另一端焊接在低压线圈通往分电器的接线柱上。最后将铁芯和绕好的线圈一起放入点火线圈壳体内，用沥青填满壳内空隙。检查壳盖是否破裂和漏电，而后即可将壳体和壳盖焊牢。点火线圈经过检验，如内部有短路、断路、搭铁等故障，或发火强度不符合要求时，一般均应更换为新品。

（3）火花塞

火花塞是将高压电引入燃烧室，跳过它的电极间隙而产生火花点燃混合气。它由火花塞体壳、中心电极、旁电极组成，中心电极由镍锰合金制成，安装在瓷质绝缘体的中心孔中。在钢质外壳下端，有弯曲的旁电极，外壳上面是六面体，便于拆装，下部有螺纹，用以旋入气缸盖中。壳内装有瓷质绝缘体，中心电极固定在绝缘体中。

① 火花塞的技术要求　火花塞在高温、高压和电化学腐蚀的恶劣条件下工作，要求具有良好的绝缘性、较强的耐腐蚀性能和足够的机械强度，火花塞应具有较高的绝缘强度，应承受20kV以上的高电压。具有良好的密封性，在气压为1.5MPa条件下，30s不漏气，以保证发动机可靠地点火。具有耐高温性能，在700℃温度

下能保温10h而不损坏。

在发动机怠速和低温工作状态下，不但应在积炭后有自净的能力，而且应无炽热点火的现象；在气温为－5～－10℃时，具有易于冷启动的性能。火花塞是检查发动机工作状态的窗口，当发现发动机工作状态不良时，检查火花塞，即可基本了解发动机各气缸的工作情况。当拆下火花塞，发现火花塞上有带有黏性的积炭和油污时，可基本断定是活塞环磨损或气门油封损坏造成润滑油窜入气缸所致。火花塞是点火系统中故障率较高的零件之一。

② 火花塞间隙及调整 火花塞中心电极的直径是影响点火性能的重要因素，火花塞中心电极直径越小，电荷密度越大，穿透空气的能力就越强，其点火性能也就越好。另外，火花塞的中心电极越细，火花塞本身所吸收的热量就越小，火花塞的消焰作用也就越小。试验证明，当火花塞间隙大于1.0mm时，对点火性能的影响不大，当火花塞电极间隙小于1.0mm时，其点火性能的差别逐渐增大。当火花塞电极直径为1.0mm时，与电极直径为2.5mm的火花塞比较，显示出较好的点火特性。由此，火花塞电极直径变化给火花塞点火性能所带来的影响，比火花塞两电极之间的间隙所带来的影响更大。但是，火花塞电极直径不能无限制地减小。当火花塞中心电极直径过于减小时，会使火花塞中心电极散热能力变差，温度升高，氧化加剧，电极严重烧损。

火花塞中心电极与侧电极之间的间隙称作电极间隙。火花塞跳火后所产生的热量，一部分被火花塞本身所吸收，另一部分用来点火。当火花塞点火的其他条件不变时，火花塞两电极间的距离越近，火花塞本身所吸收的能量就越多，点火性能就越差。当火花塞的间隙小于某一数值时，将丧失点火能力。电极间隙若过小，则火花能量太小，会使电火花变得微弱，不易点燃混合气，而且容易积炭，造成短路而不能跳火。火花塞的这一性质称为火花塞的消焰特性。反之，随着火花塞间隙的加大，其点火性能会明显提高，尤其是对点燃较稀的混合气，效果更加明显。但当火花塞电极间隙大于1.1mm左右时，如果不加大点火能量而继续加大电极间隙，在发

动机高速时，容易造成缺火或根本不能跳火。因此，发动机温度过高是导致火花塞过热的直接原因。如由于发动机点火时间过早或过迟、发动机缺水或散热不良、选用了不合理的汽油标号等，都会造成发动机温度过高。因此，火花塞间隙必须符合规定要求，火花塞两电极间的极限间隙通常不能小于 0.5mm，也不能大于 1.1mm。火花塞间隙的调整应随发动机的压缩比来进行。压缩比越大，火花塞的间隙应相应地减小。一般火花塞正常电极间隙为 0.6～0.8mm。在测量间隙时，应该用专门的量规，决不能用厚薄规来测量，以免影响调整间隙的准确性。当火花塞的电极间隙不符合要求时，可轻轻扳动火花塞的侧电极进行调整。若是电极间隙过大，可用旋具的木把或木锤将侧电极压下一些；若间隙过小，可用旋具尖把侧电极撬起一些，加以调整，但不能撬中间电极，以免损坏绝缘体。

火花塞电极的放电电压与火花塞的电极间隙有关，当火花塞的电极间隙从 0.6mm 增加到 1.2mm 时，其放电电压将从 6000V 增加至 12000V，而点火能量基本不变。火花塞的这种工作特性适应于不同的混合气密度及混合气成分。当由于某种原因引起发动机气缸的压缩比下降时，即混合气的密度降低时，将火花塞的电极间隙调大一点，其点火效果会更好一些。当由于某种原因，使发动机长期工作在怠速条件下或在严寒地区，即混合气过浓或过稀时，将火花塞的电极间隙调大一点，效果也会更好。

③ 火花塞的养护　火花塞对发动机工作性能影响很大，必须十分重视火花塞的使用、养护与检修。如果发动机的机械部分及点火系统工作正常，正确使用火花塞，其寿命可以达到较长时间。但由于发动机的机械故障或点火系统的故障，以及火花塞的不正确使用等复杂因素，使得火花塞的寿命大大缩短。为避免因为火花塞的故障影响发动机工作性能，一般规定叉车行驶 1000h 左右必须更换火花塞。

养护火花塞时，可采用半截的钢锯条，磨成一个小刮刀，刮掉其上的污物，再用汽油清洗干净，清洗后是否会被击穿跑电，可进行跳火检查。叉车养护时，都应清除火花塞积炭；拆装时，需用专用套筒，以免损坏火花塞。火花塞瓷芯表面应清洁，颜色为白色或

很淡的棕色，或瓷芯上仅有微薄的一层褐色松末状软积炭，电极应完整无蚀，旋入气缸盖的螺纹端面应为铁色。要经常保持火花塞的清洁、干净和正常工作，必须按规定做好火花塞的维护工作。养护火花塞应注意以下几点。除净螺纹积垢。用汽油或酒精洗净火花塞的瓷芯表面，保证瓷芯与壳体之间的空腔内无异物；可用铜丝刷刷洗，若积炭严重时，可先在煤油中浸泡一定时间，使之软化后再清洗。不允许用刮刀、玻璃砂纸或金刚砂纸来清理积炭，清洗后应用压缩空气吹净；锉光电极表面，以降低跳火电压，延长火花塞的寿命；按说明书规定的数值范围，采用圆形塞规等专用工具测量和调整火花塞间隙。传统点火系统火花塞间隙一般为0.7～0.8mm，冬季可以调整为0.6～0.7mm；电子点火系统火花塞间隙一般为1.0～1.1mm，冬季可为0.9～1.0mm。

火花塞的维护调整见图7-8。

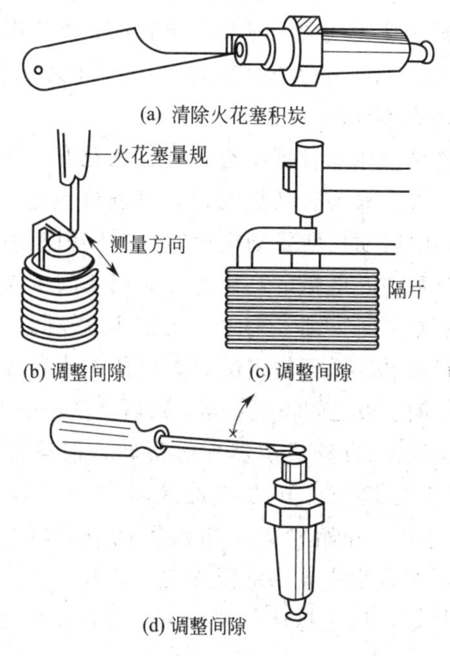

图7-8 火花塞的维护调整

④ 火花塞的测试方法　用万用表测试火花塞接头的电阻值，其值应为4～6MΩ，否则应更换新件。火花塞的测试方法如下。

a. 用厚薄规或圆形量规测量火花塞电极间隙，其正常值应为0.6～0.7mm。

b. 跳火试验。旋下火花塞，把火花塞放在气缸盖上，用中央高压线对准接头螺杆做跳火试验，若火花塞电极间产生“叭叭”作响的蓝色火花，表明该火花塞工况良好；若火花塞电极间无火花，而其他部件性能正常，则表明该火花塞工况不良，应予以更换。

c. 发动机工作数分钟后，将发动机熄火，再用手触摸火花塞的陶瓷绝缘体部位，若手感温度较低，表明该火花塞工况不良。

d. 短路试验。启动发动机，在发动机怠速时，用旋具逐缸对火花塞做短路试验（即将旋具头接触气缸盖，将旋具中部搭在火花塞接线螺栓上），若短路时发动机运转不稳，表明该缸火花塞正常；若短路时发动机转速无变化，则表明该缸火花塞工况不良。

e. 在试验台上将火花塞接入线路，与标准火花塞做对比试验，完好的火花塞跳火不间断。

f. 高压检查法。用示波器检查各气缸火花塞电压。这种方法不管发动机能否着火，只要启动机能转就可进行检查。方法是：当点火系统通电后，用启动机使发动机运转，然后用专用的火花塞高压示波器检查火花塞中心电极的高压。当火花塞的着火电压超过规定的着火电压尚未着火时，则多是由于火花塞电极间隙过大或者是混合气过稀；当着火电压低于规定的着火电压尚未着火时，则多是火花塞中心电极与侧电极之间积炭短路，或者是中心电极绝缘体破裂。

g. 冷车试车法。发动机虽然能够运转，但运转不良时，可采用冷车试车法进行检查。其方法是冷车发动以后，怠速运转约1min，发动机熄火，开始检查。如果发动机各气缸着火不一致，用手摸火花塞时会发现火花塞的温度也不一样，火花塞的温度越高说明着火状态越好，反之越坏。若仍保持冷态，则说明该火花塞根本没参与工作。

⑤ 火花塞拆装的注意事项　火花塞在拆装时，要使用专用的

火花塞扳手进行拆卸，切勿使用其他扳手或锤击，以免损伤火花塞。在火花塞拆卸时，切勿热机拆卸，以免因机件膨胀后的强行扭动损伤火花塞的螺纹。

在安装火花塞时，应先用手将火花塞旋入螺纹孔，然后再用套筒扳手紧固，禁止将火花塞强行旋入。为保证火花塞的密封性，在火花塞与发动机的机体之间必须装设密封垫圈。密封垫圈不能多装，也不能少装，以免影响发动机的热特性。为使火花塞的固定牢靠和不损伤气缸盖上的火花塞螺纹孔，火花塞的紧固力矩要适当。同一台发动机不允许混用不同型号的火花塞，或用其他型号的火花塞代替。安装火花塞时，一定要使火花塞的中心电极接高压负极，侧电极接高压正极。

（4）点火线路的连接方法

如图 7-9 所示，为 CPQ10 型内燃叉车点火线路图。在发动机工作时，由蓄电池供电，则低压电路为：蓄电池“＋”→启动机接柱→电流表→点火开关→点火线圈“＋”开关接柱→附加电阻→“开关”接柱→初级绕组→“－”接柱→分电器低压线接柱→断电器触点→“搭铁”蓄电池“－”。在点火系统高压电路中，高压电流回路是：次级绕组→“开关”接线柱→附加电阻→“＋”开关接线柱→点火开关→电流表→电池“搭铁”火花塞旁电极→中心电极→配电器（旁电极、分火头）→次级绕组。

（5）点火正时及其检验

要使发动机获得最有利的点火提前角，就必须使断电器触点张开的时机，符合活塞运动的规律，如果不合，轻者会使耗油率提高，造成浪费；重者使发动机不能工作。因此，在养护修理叉车时，须对发动机点火时间进行认真的校正。

① 点火正时的检验方法及步骤

a. 检查断电器触点间隙。把触点间隙调至规定范围 0.35～0.45mm 之内。若在校准好点火正时后，再去变动触点间隙，则每变动 0.11mm，点火就要提前或推迟 4°～5°。因此，这项工作必须首先进行。

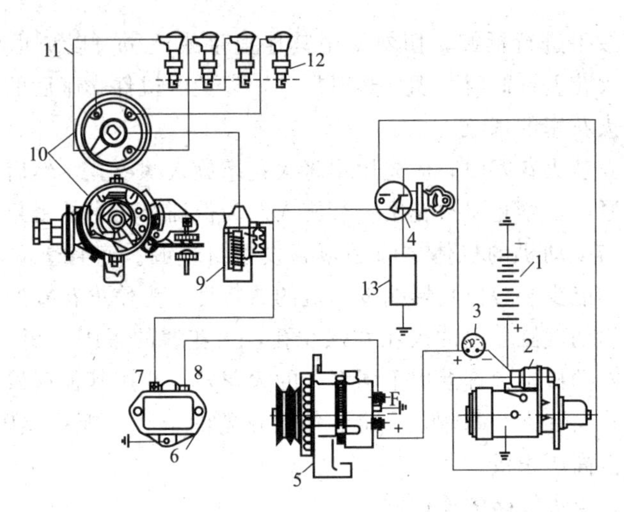

图 7-9　CPQ10 型内燃叉车点火线路

1—蓄电池；2—启动机；3—电流表；4—点火开关；5—发电机；
6—调节器；7—点火接柱；8—磁场接柱；9—点火线圈；
10—分电器；11—高压线；12—火花塞；13—用电设备

b. 找出第一缸压缩行程上止点的位置。其方法是卸下一缸火花塞，用手或棉纱团堵住第一缸火花塞孔，然后转动曲轴，当感到有压力时，要慢慢转动，使正时记号恰好与规定的符号相对准。

c. 确定断电器触点刚张开时的位置。旋松分电器外壳的固定螺钉，反时针转动外壳，直到使触点刚张开时为止，再将外壳固定螺钉拧紧。也可接通点火开关，将点火线圈高压线对着搭铁处跳火(距离 2～3mm)，当出现火花时，则证明触点刚张开。

d. 按点火顺序接好高压线。以顺时针方向按点火顺序插好。在装上分电器前，应将人工调节器调在零位。在更换不同号数的汽油时，辛烷值每增减一个单位，即汽油每增减一个号数，则点火提前角应相应地提前或推迟 0.66°。

② 点火正时的验证　经过点火正时调整的发动机，还必须经过路试的方法进行验证，以进一步确定点火时间。启动发动机，使冷却水温上升到 70～80℃，在发动机由怠速运转突然将加速踏板

踩到底时，应能听到轻微的敲击声并很快消失。若敲击声很大，则说明点火时间过早；若完全听不到敲击声，发动机转速不能随加速踏板的加大而迅速增加，感到发闷或排气管发出“突突”声，则表明点火过迟。点火过早或过迟，均可通过转动分电器的外壳加以调整。点火过早，应顺着分火头的旋转方向转动分电器外壳；点火过迟，应逆着分火头的旋转方向转动分电器外壳。

叉车行驶中检验。先将叉车走热（使冷却水温上升到 70～80℃），在平坦的路面上行驶，然后突然将加速踏板踩到底，若听到轻微的敲缸声，且很快消失，表明点火正时；若敲缸声严重，说明点火过早；若加速发闷且无敲缸声，说明点火过迟。无论点火过早或过迟，都可利用转动分电器外壳的方法进行调整或校正。此项工作可以反复进行，直至点火正时符合要求为止。

7.1.2　叉车发动机点火系统常见故障的检修实例

（1）点火系统故障的常见原因、部位及其分析

发动机点火系统的故障现象和产生的原因是错综复杂的，有时一种现象包括很多原因，有时一种原因产生多种现象，但归纳起来不外乎低压电路断路、短路或搭铁，高压电路机件漏电，火花塞损坏和点火正时不准、错乱等。点火系统常见故障有：断火、缺火、火弱、点火正时不适等。

传统点火系统故障的常见部位见图 7-10；点火系统故障的常见部位及其分析见表 7-1。

（2）发动机断火的电气故障

① 发动机断火的现象及危害　发动机断火是指吸入气缸内的混合气不能连续点火的现象。叉车运行中发动机断火，少数（或个别）气缸不能瞬时点火燃烧做功，将会引起发动机运转不正常，转速不稳，机器震抖，排气管冒黑烟和突爆声等异常现象。如叉车维修中将点火线圈的低压线极性接反，便出现发动机高速时断火，而且油耗上升的现象。点火线圈的低压线极性接反，使低压电流由点火线圈的“－”接柱输入，由“＋”接柱输出。而正确的接法正好与上述相反，才能满足火花塞负极性（指火花塞中心电极为高压负

表 7-1　点火系统故障的常见部位及其分析

部位	原　因	现　象	处　理
蓄电池	● 电压不足 ● 连接线路断路或接触不良 ● 极柱接线不良	● 启动不着车 ● 电路不通，突然熄火 ● 无电或喇叭微弱，灯光暗淡	补充电 逐步查找检修排出
启动开光	接线不良	启动困难	重新安装
电流表	接线不良或绝缘损坏	表指针不动，启动困难	重接获修换
点火开关	接线不良、附加电阻线接错或烧损	启动困难	重接或修换
点火线圈	● 烧蚀损坏 ● 接线不良或接错	● 温度高，触摸烫手 ● 高压无火花或火花弱突然熄火	对比法检验，重接或修换
电容器	接线松动、击穿	白金触点烧蚀、高速断火、运转不良、行驶无力	更换和修复
高压线	插孔脏污或击穿、漏电及脱落、接触不良	火花弱或无火花，转速不均，机器震抖	换件修复
火花塞	● 电极间隙不当 ● 电极积炭、油污、潮湿绝缘体损坏	火花发红或断火，运转不正常、震抖、油耗明显增加	清洗擦干，调校间隙，必要时换件
分电器	● 低压线柱绝缘体损坏 ● 活动触点臂绝缘体损坏 ● 托盘搭铁线折断 ● 凸轮磨损不均 ● 活动触点臂弹簧过软 ● 分电器盖、分火头击穿漏电 ● 白金触点间隙过大、烧蚀	行驶无力、排气“发吐”、化油器回火、发动机过热、启动困难、中途熄火	分解清洗、检查和调整、更换损坏部件并修复

极，侧电极为高压正极）的要求。点火线圈极性接反，虽然仍可工作，但有点火性能下降、油耗增加、高速断火、分火头烧蚀等异常现象，更换线路连接极柱，故障即可消除。

② 发动机低速断火　当发动机不易启动，怠速时发动机有明显的振动，容易熄火等症状时，可判定发动机存在“低速断火”故

障。低速断火的常见原因如下。

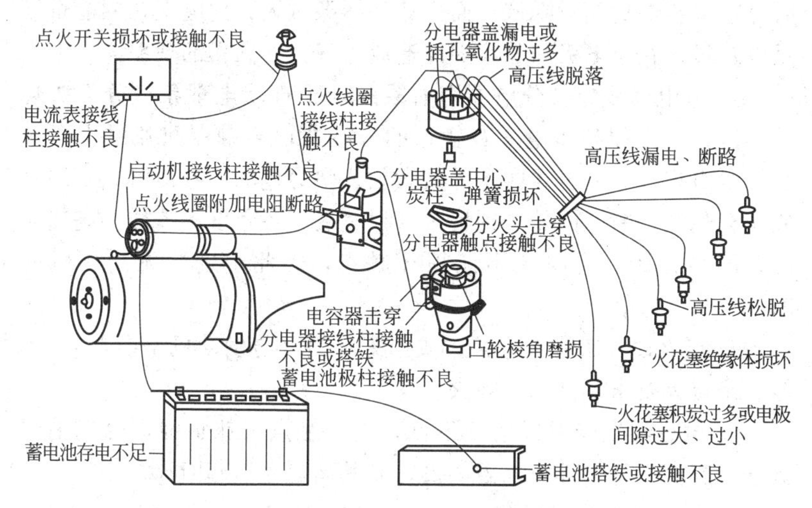

图 7-10 传统点火系统常见故障部位示意

a. 火花塞间隙过小或烧蚀积炭，沾油使火花塞火花变弱，以致跳过的电火花能量减小，有时不足以点燃可燃混合气，造成该缸不工作，火花塞的热值与发动机不适应，也会造成低速断火。

b. 分电器触点间隙过小或产生火花。在开闭触点电路时，所产生的电弧或触点间杂质，会使触点不能彻底断开电路，因此就无法使点火线圈产生高压电，导致混合气无法燃烧。

c. 电容器工作不良。电容器功能是消除分电器触点工作时的电弧，如电容器工作不良，会导致分电器触点烧蚀，高压火减弱等故障而影响气缸内点火燃烧。

d. 混合气过浓，超出燃烧界限时，也会引起发动机低速断火。

③ 发动机高速断火　发动机低速工作状况良好，但高速时运转不稳，排气管发出“突突”响声，出现这种现象时，为高速断火故障。其主要原因如下。

a. 火花塞积炭过多或间隙过大。由于点火线圈产生的电火花

能量是随分电器触点闭合时间的长短而变化的，在发动机高速运转时，电火花能量相对降低，而火花塞间隙过大，使电火花的能量不足以跳过火花塞电极间隙，因此造成了气缸不工作的现象。

b. 分电器故障。分电器盖有裂纹，出现漏电现象；分火头烧蚀不能正常分配高压电。有触点的分电器白金触点间隙过大或过小，触点烧蚀。分电器触点弹簧太软，弹力过弱，致使触点不闭合或闭合迟缓。断电凸轮个别棱角磨损过甚，各角度不一样，高速时凸轮明显摆动，有时还不能顶开触点，因此个别缸无高压电而断火。

c. 点火线圈工作不正常，或选配不当（与发动机不匹配），不能满足点火要求，高速易断火。

d. 电容器性能差或搭铁不良，由于触点火花加强，磁场消失减慢，且消耗了一部分电磁能量，尤其高速时引起断火。

④ 发动机断火的检修

a. 个别缸断火，可用起子逐缸对火花塞搭铁短路判断，若经短路后发动机振动加大，说明此缸工作，反之无任何反应，为此缸断火工作不良。这时可检查火花塞、白金触点及凸轮的磨损情况，必要时更换新件。

b. 发动机无负荷时工作正常，有负荷时断火，应检查点火线路是否正常，白金触点间隙、火花塞间隙是否符合要求，必要时按标准调校。

c. 低速良好，高速时不痛快，装载没劲，个别缸工作时断时续，多属电气设备工作不良，应检查点火线圈高压电火花强度，分电器内有无故障，电容器是否失效，必要时予以修复或换件。

(3) 发动机突然熄火

发动机突然熄火的原因有很多，这其中主要涉及燃料供给系统、点火系统和配气机构等部分工作不正常而导致的故障。发动机工作时需要点火系统按时提供具有一定能量的火花，燃料供给系统及时提供符合燃烧要求的混合气及配气机构的定时开闭气门。这三者相互制约，任何一方失调都会导致发动机自行熄火。当然，三者

反映的故障症状也有所不同，一般来说，如果只有启动机启动时的声音，则点火系统故障的可能性较大。如有着火迹象，但仍然不启动，则燃料供给系统可能有故障。发动机突然熄火时可按系统进行检查。

① 对点火系统进行检查　叉车在行驶中由于颠簸、速度变化或停车原因而导致熄火，无法再次启动，应做如下检查。首先检查蓄电池的火线、搭铁线是否松动、断裂或被腐蚀而导致接触不良。接着检查点火开关、点火线圈、点火控制单元等元件是否良好，各元件的连接线路是否脱落或是否有搭铁之处。然后检查点火线圈至分电器的高压线是否脱落或破裂，分电器固定螺钉是否松动，分电器盖夹子是否松动，最后检查分电器盖及分火头是否损坏。此外，如果在雨天行车或因水箱开锅而导致发动机熄火的，首先要清除掉分电器、点火线圈及连接导线上的积水，方可再次启动。必要时予以排除。

② 对燃料供给系统进行检查　首先考虑燃料是否用完，观察汽油是否显示。如果汽油充足，而点火系统没有故障，则肯定是供油不足，有堵塞处。打开化油器，观察浮子室是否有油，有油则化油器量孔堵塞，无油则可能在浮子针阀、进油滤网、汽油滤清器、汽油泵或者是管路有堵塞处。

③ 检查配气机构　如果在工作中由于某种原因而导致带断裂，同样会发生熄火现象，此时，如果用启动机带动发动机转动，会发现分电器轴不能随之转动。

（4）常见发动机不易启动的电路故障

① 低压电路断路　打开点火开关，摇转曲轴，若电流表指计指示为“0”，不作间歇摆动，则证明蓄电池至分电器触点间有断路故障。先按喇叭，若喇叭不响，开灯不亮，检查蓄电池至电流表是否断路。可用导线在启动机接柱试火：有火为启动机至电流表间有断路；无火为蓄电池及其连线有故障。如果按喇叭，喇叭响，显示电流表至固定托盘间断路。用起子在点火线圈（通分电器）接柱试火：有火为点火线圈至固定托盘间断路。检查触点能否闭合，用起

子在活动触点臂与托盘间试火：有火是触点烧蚀。无火时再用起子与分电器壳试火：有火为绝缘支架至分电器绝缘接柱导线断路，无火为分电器绝缘接柱至点火线圈间断路。用起子在点火线圈接柱试火，无火为点火线圈至电流表间断路。用起子试火时，有火点与无火点之间为断路处。

② 低压电路搭铁　打开点火开关，转动曲轴，若电流表指针指示放电 3～5A，不作间歇摆动，则为点火线圈“BK”接柱至活动触点搭铁。这时应检查触点能否张开，在触点张开的情况下，拆下分电器接柱导线做短路试火，有火时用其导线与电容器导线试火，如有火则为电容器短路。再与分电器接柱试火，有火则为接柱至活动触点间短路。拆下分电器接柱导线做短路试火，无火时，应拆下点火线圈接柱导线（通分电器）与该接柱试火，有火则其导线短路，无火为点火线圈短路。拆下点火线圈开关接柱导线与该接柱试火，有火为该导线或附加电阻短路，开关接柱搭铁。

打开点火开关，若电流表指针指示为大量放电，说明点火开关至点火线圈电源接柱间（包括电源接柱至附加电阻短路开关接柱间）搭铁，或点火开关至仪表板导线搭铁。检查时关闭并拆下点火开关，打开点火开关，不放电则点火开关搭铁；若放电，再关闭点火开关后拆下通向点火线圈的导线，再打开点火开关，如放电为至仪表板导线或启动机按钮导线搭铁，如不放电为通向点火线圈或附加电阻短路开关导线及接柱搭铁。

③ 高压电路故障　打开点火开关，转动曲轴，若电流表指针指示放电，能作间歇摆动，说明低压电路一般良好，故障多在高压电路，这时拔出中央高压线试火，无火为中央高压线、高压线接柱漏电或高压线圈有故障，火花弱时再使触点张开。再活动触点臂与托盘试火，火花变强为触点烧蚀。火花仍弱时，将活动触点臂与分电器外壳试火，若火花仍弱，再拆下电容器试火。可断定点火线圈或电容器是否有故障。如果拔中央高压线试火，火花弱时，检查各分线火花，无火为分火头、分电器盖

及高压分线漏电；火花强时检查点火正时以及各缸火花塞工作情况。

（5）常见发动机工作不正常的电路故障

① 点火时间过迟　发动机不易发动；发动机发“闷”，无力，温度容易升高；加速时，发动机转速不能随之提高；排气管有时放炮，化油器有回火现象。其原因为：分电器断电触点间隙过小；分电器壳固定螺钉松动，壳体转动后引起点火时间过迟；点火提前装置失灵，使点火提前角不能提前。检查分电器壳是否松动，点火时间的调整是否过迟。如现象不严重时，应先检查触点间隙是否过小，按规范予以调整。

② 点火时间过早　转动发动机曲轴发动时，有反转现象；发动机在运转中加大节气门开度时，缸内会发出金属敲击声；怠速运转不均匀；发动机温度容易升高。其原因为：分电器断电触点间隙过大；分电器壳固定螺钉松动而移位，使点火提前角提前；点火提前装置工作失灵，使分电器不能回位。检查触点间隙是否过大，点火时间过早，按规范予以调整。

③ 点火时间错乱　发动机不能发动；或者能发动，但发动或加速时，会出现化油器回火，排气管放炮，发动机震抖等不良现象。其原因为：高压线插错；分电器和分火头破裂或击穿而窜火。检查第一缸高压分线位置是否正确，若正确，再按点火顺序检查各缸分线位置是否正确；用“高压电检验法”检查分电器盖插孔之间是否窜电，检查分火头是否损坏。

④ 断电器触点容易烧损　发动机不易发动；发动机能发动但运转不良、无力；断电器触点烧蚀。其原因为：触点间隙过小或触点接触面过小；电容器工作不良或失效；调节器工作不良使调节电压过高；附加电阻不介入工作，致使电流过大；分电器凸轮棱角顶点偏心或轴套松旷。检查触点间隙是否过小，若过小，加以调校；触点是否歪斜或偏移而使接触面过小，必要时予以调整或磨合；检查电容器是否失效，针对上述触点烧蚀原因进行排除。分电器常见故障及排除见表 7-2。

表 7-2 分电器常见故障及排除

部位	现　　象	原　　因	排除方法
传动机构	发动机运行中，分电器总成摆头摇晃，并且传动轴在配气凸轮轴齿轮推动下上下窜动偏摆，引起工作不正常	传动轴轴向间隙过大	查看触点间隙，凸轮棱角磨损，用手捏住分电盘上下推拉，来回晃动，感觉其旷量，磨损过限，应换新件
	发动机工作"发吐"，行驶无力	分电器传动轴铆钉松脱	重新铆好（铆前做好记号）
点火提前装置	凸轮轴上的传动齿轮同分电器轴的传动齿轮只是啮合空转，分电器和油泵停止工作	真空调节器拉杆脱落（长期使用磨损松旷）	用尖嘴钳或钢丝勾在缸体安装分电器孔中，取出分电器传动齿轮，用车制的横销把齿轮和轴铆合一体
	不能实现点火提前，混合气燃烧不完全，高速"发吐"，排气冒黑烟	分电器离心式点火提前机构及真空调节器弹簧，在长期工作后锈蚀失效（回位弹簧钩销轴与孔锈蚀飞脱不开，凸轮轴中心孔锈蚀转不动）	更换新件
	容易进水和污垢，锈蚀，导电不良，工作失效	真空调节器膜片破损，密封不良漏气	加强维护检查、清洗，必要时更换新件
断电装置	影响高压火花的强弱（时好时差，中断跳火），发动机工作不良	凸轮各凸角磨损不均或过限，致使触点闭合角度有大有小，接触不良（歪斜或偏移）而烧蚀	磨损过限，应更换凸轮
	高压火花弱，跳火距离短，启动困难，容易熄火	触点头松动，触点接触不良	用高压跳火可判断出，若触点铆接松动，更换新件
	发动机启动不良，行驶中加不起油来	断电触点臂衬块铆钉松动，断电臂弹簧减弱，销孔胶木损坏漏电	更换新件
	行驶中突然熄火，启动困难，启动着火后发动机运转不正常	触点臂与活动触点松动	取高压线试火，时强时弱，有断火现象，应重新铆牢触点
其他故障	发动机运转不正常	分火头击穿，分电器盖破损漏电	高压跳火判断，确诊之后更换新件
	白金触点容易烧蚀	电容器本身短路、断路、漏电，击穿失效，搭铁不良	电容器跳火实验进行判断，必要时换新件

⑤ 个别缸不工作 发动机运转不正常，转速不稳，怠速时抖动；发动机在运转中排气管排黑烟，并伴有节奏性的“突突”声。其原因为：个别高压分火线脱落、漏电或插错；个别火花塞电极油污、潮湿或积炭过多，使跳火不良或绝缘体损坏击穿；分电器盖上分火线插孔漏电、窜电或锈蚀沾污而导电不良；分电器轴套松旷等。首先用单缸断火法查出不工作缸，然后用高压试火法（即高压分线试火）检验该缸高压电路工作情况，若有火说明故障在火花塞，应检查火花塞是否积炭、油污、潮湿以及绝缘体损坏击穿等；若无火，说明故障在分电器。装复火花塞端的高压分线，然后将另一端从插孔中拔出少许，察听跳火声：若有跳火声，说明该高压分线有短路漏电之处；若无跳火声，可进一步检查插孔座是否漏电。插孔座漏电多发生在分电器盖弹性固定夹处，诊断时仔细察看有无旁路火花；再察看触点工作情况。必要时检查机械故障（如气门关闭不严等），并予以排除。

⑥ 火花塞常见故障的检修

a. 火花塞工作不良的症状。火花塞是汽油机点火系的点火元件，它的好坏将直接影响发动机的动力性、经济性。火花塞在工作中的故障一般有积炭和绝缘体损坏两种，其结果都使火花塞不能跳火。一个气缸火花塞不工作，燃料消耗要增加25%左右，而且动力显著下降，因此应及时做好火花塞的清洁检验工作，杜绝气缸不工作的现象。工作正常运行的火花塞，其绝缘体裙部为赤褐色或棕红色，两电极表面比较干净；若火花塞呈下列症状，表明发动机或火花塞工作不正常而出现故障。

• 火花塞电极熔化，绝缘体呈白色，说明气缸内温度过高而使火花塞烧蚀。这是由于气缸内积炭过多，气门间隙过小和火花塞密封圈过薄、损坏，以及火花塞未按规定转矩拧紧，致使发动机散热不良等。

• 火花塞电极变圆且绝缘体结疤，说明发动机早燃。这是由于点火时间过早，汽油辛烷值过低及火花塞热值过小等。

• 火花塞绝缘体顶部碎裂，出现灰黑色条纹，说明发动机产生

爆燃，瞬时高压冲击波将绝缘体击裂；这是点火时间过早、燃烧室内严重积炭及温度过高等所致。

- 火花塞绝缘体顶端和电极间有湿黑色（油污），说明已有润滑油进入气缸燃烧。这是因气门油封失效，或空气滤清器、曲轴箱通风装置堵塞等所致。火花塞绝缘体顶端和电极间有淤黑（积炭）色，说明混合气燃烧不良。其原因是混合气过浓，未完全燃烧的油粒受热后，在火花塞上留下一层黑色的碳烟层。
- 火花塞绝缘体顶端和电极间有灰色沉积物，通常是所用燃油不符合要求，燃油中的添加剂燃烧后生成的产物沉积会降低火花塞的点火性能。
- 火花塞绝缘体裙部和电极表面潮湿，且有生油味，说明该缸的高压线无电或电能微弱，造成点火不正常，致使混合气不能正常燃烧；火花塞产生漏电现象严重，导致气缸出现断火，不能正常地点燃混合气所造成。

使用中应经常采用解体检查法鉴别火花塞的好坏，解体检查火花塞不仅可以判别其工作情况，还可以从中判断发动机的工作情况。将火花塞从发动机上拆下来进行检查，卸下火花塞后，首先是宏观观察，主要观察火花塞是否有积炭或积铅现象，电极间隙是否适当，是否有电极烧损现象，绝缘体是否有裂纹或漏气现象。电极间隙间有积炭，表明火花塞工况不良；然后观察清除了积炭、擦洗干净的火花塞的瓷芯是否有裂纹，若有，也表明火花塞工况不良，正常工况的火花塞，绝缘体裙部应呈棕红色。有裂纹者应更换。如果火花塞芯部绝缘损坏，虽然发动机低速良好，但中、高速时有不规则的高速断火。如果火花塞经常发生积炭断火，说明火花塞过冷，更换火花塞后，如还发生这种现象，应检查发动机是否温度过高，燃烧室压缩比过大，点火过早或过迟，气门开闭不正常，以及混合气过浓，油底壳润滑油过多，活塞环窜油等情况。火花塞外壳螺纹部分呈蓝色，并在电极与绝缘体上有烧熔的小珠泡时，也说明火花塞选型不当，或火花塞安装转矩过小及点火时间过早，而导致过度受热。如果火花塞热值过小，气缸中发出冲击声，即表示过

热，应更换冷型火花塞。

b. 火花塞常见故障部位及故障分析（见表7-3）。

表7-3 火花塞常见故障部位及故障分析

部位	原因	现象	处理方法
旁电极	油污积炭、烧损腐蚀，电极间隙调整不当	电极短路、漏电，不跳火，发动机工作不良，表面点火（早燃），异响	维修养护，必要时更换
密封圈	安装不正确，扭拧力不当	漏气，工作失效	重新安装或换件
壳体	安装扭力过大，方法不妥，撞击、敲打	断裂，漏电	更换新件
接头	高压线松脱，接触不良	缸不工作	更换新件
绝缘瓷体	拆装方法不妥，选型不当，开裂、折断、釉裂击穿	发动机高速断火、漏电、不跳火，工作不正常	更换新件
衬垫	裂损、失效、密封不良	漏气，缸工作不良	更换新件
中央电极	油污积炭、烧损松脱、腐蚀，电极间隙不当	电极短路、漏电、不跳火，缸不工作，表面炽热点火，异响	更换新件

7.2 叉车蓄电池

7.2.1 叉车蓄电池的维修与养护

（1）对叉车蓄电池的技术要求

叉车蓄电池将发电机提供的电能变为化学能储存起来。其构造主要由外壳、极板组、隔板、连接板、接柱、加液孔盖等组成（见图7-11）。汽油机用蓄电池一般为12V，柴油机用蓄电池多为24V。铅蓄电池的使用寿命是它的重要性能指标之一。铅蓄电池的主要缺点之一就是它的使用寿命较短，其原因有：板栅变形、板栅腐蚀、活性物质脱落等，这些是正极板常存在的问题。而在负极板方面存在的问题是，活性物质在使用过程中发生钝化以及产生不可逆硫酸盐化等，这些都会使铅蓄电池的寿命缩短。铅蓄电池是一种化学电源，它的工作有一定的规律性。因此，只有掌握蓄电池的工作规

律，正确地使用和维修，才能保证其良好的工作性能，延长蓄电池的使用寿命。

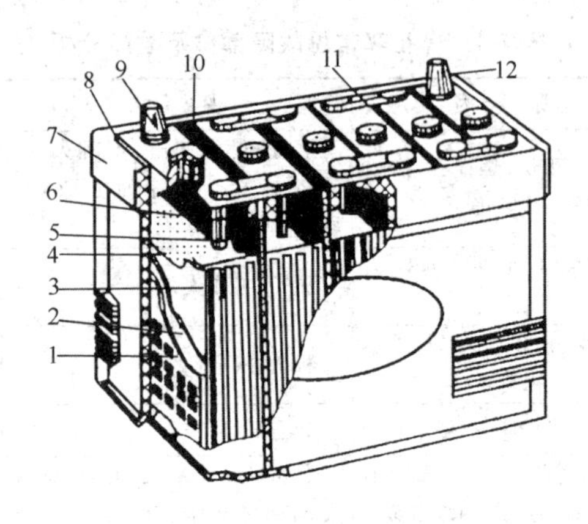

图 7-11 蓄电池的构造

1—负极板；2—隔板；3—正极板；4—防护板；5—单极电池正极板组连接柱；6—单极电池负极板组连接柱；7—蓄电池壳；8—封料；9—负极接线柱；10—加液孔螺塞；11—连接单格电池的横铅条；12—正极接线柱

蓄电池使用中常出现极板弯曲、断裂、自行放电、活性物质脱落、反极、硫化及短路等故障。造成蓄电池故障的原因是多方面的。大体可分为生产制造和使用不当两大方面。生产制造方面的原因，主要是原材料质量不好（含铁、铜量过高），工艺粗糙，极性装反造成极柱标错。使用方面的原因，主要是充电不及时，产生硫化，充电时极性接反，外壳不干净，电解液不纯、杂质多、密度过高或过低等，都可能造成上述故障的发生。

蓄电池最好经常处于充足电状态，凡使用过的每月最好补充一次，存放期不宜过长，避免长期搁置。蓄电池的充电状态可根据电解液密度和端电压（单格）来判断，用高率放电计测量蓄电池在大电流（接近启动机启动电流）放电时的端电压，可准确判断蓄电池放电程度。一般技术良好的蓄电池，用高率放电计测量时，单格电压应在 1.5V 以上，并在 5s 内保持平稳，否则表示该单格电池放电过多或有故障，应进行补充或更换。检查时还可用直流电压表测

量其单格电压，正常值应为2.1V以上。当充电时，每单格冒气泡沸腾状态为正常。

(2) 蓄电池损坏规律和养护要求

常见车用蓄电池早期损坏多发生在冬夏两季。冬季气温低，混合气中汽油不易均匀雾化，而且机油黏度大，曲轴转动慢，蓄电池中电解液扩散或流动迟缓，因而其效率降低，显得电力不足。若启动困难而连续使用，蓄电池快速放电，由此导致电压下降、容量降低、极板损坏。夏天气候干燥，电解液蒸发，而且消耗过快，如果加之发电机端电压调得过高，经常会出现过充电。过充电电流越大，时间越长，电解液消耗量越大，液面高度下降越快，液面过低，使极板上部暴露在空气中产生氧化。因此需要做到勤检查、勤调整、勤养护，才能保持蓄电池的良好技术状况。

在叉车使用中，对蓄电池的要求较高，必须定期强制养护，检修时必须严格遵守工艺规范。使用时应注意放电电流不能过大，以免极板弯曲活性物质脱落，使容量降低，电压下降，早期损坏。发电机的调节器应按规定调整，不能随意将电压调高，以免隔板受到腐蚀，缩短其使用寿命。

新蓄电池加电解液后，温度上升与蓄电池内在因素有关。普通非干荷电蓄电池加酸后温度升高，而干荷电蓄电池温升不十分明显。这是因为干荷电蓄电池极板经过抗氧化处理，出厂时蓄电池已处于充足电状态，加酸后即可带负荷使用；而普通蓄电池的极板未经抗氧化处理，极板处于半充足电状态，相当一部分物质处于原始状态，和稀硫酸反应产生很大的热量，因而温升很高，在夏天有的高达50℃以上，因此充电需要人工降温，给使用带来不便。

准确地掌握电解液密度是判断蓄电池蓄电状态的重要依据。在使用过程中，蓄电池电解液密度的高低是分析蓄电池实际容量的重要依据。电解液密度随蓄电池充电程度升高而上升，随放电程度增加而降低。因为蓄电池充电，极板上的硫酸铅分解，电解液中硫酸含量增加，密度升高；蓄电池放电，两极板生成硫酸铅，电解液中硫酸含量减少，密度降低。测试证明，电解液相对密度每下降

0.01，蓄电池容量约减少5%。

要及时向蓄电池内补充纯水。启动用的蓄电池在运行中，温度升高，充、放电频繁，电解液中水分消耗大，因此要定期补充纯水。驾驶员要通过检查蓄电池液面，确定是否需要补充水。普通蓄电池每月之内应补水一次，其他各型蓄电池要视耗水情况，定期补充纯水。对暂不使用的蓄电池，则可延期补水。凡给蓄电池补水后，需作必要的补充充电。如果蓄电池出现液面下降较快，补水频繁的现象，要检查车上的调节器限额电压调得是否过高。过高会出现过充电，水分解消耗大，蒸发快，通过调整限额电压解决。如有个别电池下降快，要检查是否产生微短路。此外，还要检查蓄电池壳体是否有痕，电解液是否渗漏，并要着情处理。

蓄电池在正常使用中只能补水，切不可加电解液，更不能加硫酸。如果蓄电池倾倒，损失了原有电解液时，可按原电解液密度补充电解液，有时车辆发动不起来，认为存电不足，向蓄电池内加电解液，结果会适得其反，缩短蓄电池使用寿命。在使用中，无论是充电，还是放电，电解液中的硫酸都在内部消耗和再生，硫酸溢出量极少。电解液液面下降是由于水分减少，只需补充纯水。如果存电不足，发动机不能启动，应卸下蓄电池进行检查和修理。

（3）蓄电池的安全检查和养护要点

① 日常检查项目

a. 液面。低于额定的液面，将缩短蓄电池的使用寿命，而且电解液太少将导致蓄电池发热损坏，因此，必须经常注意电解液是否足够。

b. 接线柱、导线、盖子。必须经常检查蓄电池接线柱接合处与导线的连接处因氧化引起的腐蚀情况，同时检查盖子是否变形，是否有发热现象。

c. 外观。蓄电池表面肮脏将引起漏电，应使蓄电池表面随时清洁、干燥。

② 养护项目

a. 加水。定期（一般要求夏季每隔5天，冬季每隔10天）检查电解液液面高度，按规定的液面添加蒸馏水，不要为了延长加水间隔时间而添加过多的蒸馏水，否则电解液会溢出，导致漏电。

b. 充电。充电过程中蓄电池会产生气体，应保持充电场所通风良好，周围没有明火，同时充电过程中产生的氧气、酸性气体将对周围环境产生影响。充电期间拔下充电插头会产生电弧，将充电机关闭后，方可拔下插头。充电后在蓄电池周围滞留许多氢气，不允许有任何明火，应开启蓄电池上的盖板进行充电。定期检查放电程度，每月或两个月（或视具体情况）从车上拆下并进行一次补充充电，严格执行换季节、换地区时电解液密度的调整。

c. 接线柱、导线、盖子的维修，必须由专业技术人员进行。注意蓄电池在叉车上安装牢固，蓄电池与车架间应有防振垫。保证导线连接紧固，接触良好。进行电池连接时，应先接火线，后接搭铁线；拆线时，其顺序则相反。

d. 清洁。若不太脏，可以用湿布擦干净，若非常脏，就要将蓄电池从车上卸下，用水清洗后使之自然干燥。经常清除电池上的灰尘泥土，清除极桩和连接头上的氧化物，擦去电池盖上的电解液，保持加液孔螺塞上通气孔的畅通。

叉车每工作15天左右应进行如下养护。检查每格电池内的液面，电解液应超过极板10～15mm，如不足应添加蒸馏水。用液体比重计测量每单格电池内的电液密度。检查放电程度，如冬季放电超过25%，夏季放电超过50%，应从车上取下进行补充充电。检查蓄电池外壳有无裂纹和电液渗出。

③ 保管

a. 保管场所。不能使之短路；因雨淋导致短路可能产生火灾，并可能产生少量氢气，因此必须将蓄电池存放在通风、阴凉的场所。

b. 废旧的蓄电池。废旧的蓄电池仍然存有电能，应按照使用的蓄电池存放方法进行保管。

④ 电解液的操作

a. 检查相对密度。使用吸入式密度计检查密度，作业时不要

让电解液溅洒出来，并穿戴保护用具。

b. 除检查以外的操作。应向专业人员咨询，特别是补充电解液（稀硫酸）时。

c. 电解液泄漏。由于蓄电池倾翻、破损导致电解液泄漏，应立即进行紧急处理。

⑤ 寿命终期蓄电池的操作

a. 寿命终期蓄电池的操作。蓄电池接近寿命终期时，单格电池内的电解液消减得非常快，应每天补充蒸馏水。

b. 废旧蓄电池的处理。对于废旧蓄电池，抽出电解液，将蓄电池分解。可考虑是否由蓄电池生产厂家回收。

⑥ 蓄电池技术状况的检查

a. 电解液液面高度的检查。电解液液面高度可用玻璃管检查，液面应高出极板顶部（或防护片）10～15mm，若液面属正常减少，应加注蒸馏水，除非确实是由于电解液倾出所致，否则不得加注电解液。

b. 蓄电池放电程度的检验。蓄电池放电程度的检验方法如下。

• 通过测量电解液相对密度估算放电程度。电解液相对密度可用吸入式密度计测量，将实际测量的数值转换成15℃的密度值，与该蓄电池充足电时的密度值比较，按相对密度每下降0.01，相当于蓄电池放电6%，即可估算出放电程度。

• 用高率放电计测量放电电压。用高率放电计测量蓄电池，实际上是使蓄电池在大电流放电情况下，测量它的端电压。它由一个阻值很小的电阻（可以使蓄电池大电流放电）和一块电压表组成。分为单格电池高率放电计和12V整体电池高率放电计两种，分别用于测量传统的连条外露式和整体盖式蓄电池。

• 用单格电池高率放电计测量。测量时，将它的两叉尖紧压在单格电池的两极上放电，观察电压表读数。由于不同厂牌放电计的负载电阻不同，放电电流和电压表读数也不同，应根据电压表的读数对照放电计背面的说明，判断蓄电池的放电程度。

（4）叉车蓄电池的装配和调整

蓄电池连接板是将各单格串联起来成一整体。蓄电池极柱上刻有“+”号或涂红色的是正极；刻有“－”号或涂绿、黄、白等颜色的是负极；靠在有厂牌一边的极柱是正极，反之是负极；正极柱色呈棕红色，负极柱色呈灰色；用高率放电计识别，指针偏转的一边为正极。几个蓄电池可以连起来使用，连接的方式有串联和并联。将一个电池的正极与另一个电池的负极连接，这种异极相连的方式叫串联；将两个以上的电池正极与正极连接、负极与负极连接，此种方式叫并联。

配用硅整流发电机的叉车，蓄电池必须负极搭铁，绝对不能弄错，否则会烧坏硅整流发电机的二极管而损坏发电机。蓄电池隔板有木隔板、塑料隔板和玻璃纤维隔板等；它安装在正负极板之间，防止正负极板相碰而产生短路。电解液密度对蓄电池工作影响很大，当密度增大时，电解液的冰点降低，结冻危险减小，但密度过大，电解液黏度增大，渗透困难，且还会使木隔板加速炭化，极板硫化，缩短其寿命。使用时，可根据不同使用条件来选择不同密度电解液。炎热夏季可调至 1.26～1.28(相对密度)；寒冬时应调至 1.27～1.30(相对密度）为宜。电解液密度可以用吸入式密度计测量，测量时，应同时测量电解液温度，并将测得的密度加入修正值，换算为标准温度（我国定为 15℃）的密度。电解液应高出极板上部端面 10～15mm，不能低于极板。

叉车作业时由于电解液中水分蒸发和充电过程中水的分解，会引起液面降低，密度增高，所以要经常补充蒸馏水。添加蒸馏水一定要在其补充电之前或处于充电状态下进行；也可在发动机运转时，边让发电机向蓄电池充电边加蒸馏水。这样有利于加快电解液均匀混合。在放电过程中，不得向蓄电池内加注蒸馏水。

CPCD50 叉车蓄电池是由两个 12V，容量为 120A·h 的蓄电池串联而成。串联后电压为 24V。蓄电池型号为 6QA-120。蓄电池与发电机并联工作。在正常情况下，当发电机电压高于蓄电池时，则发电机向蓄电池充电；当发动机转速较低和熄火时，发电机输出电压低于蓄电池，此时蓄电池放电供给叉车整个电气系统。在

电气设备无故障情况下，叉车正常使用中可保证蓄电池自动充电。若蓄电池放电量大于充电量，蓄电池就开始失去它的额定容量。若蓄电池电量始终不足，这时应检查发电机与调节器的工作状况，并检查充电线路。

（5）蓄电池的维修

对蓄电池技术状态进行检验，如果发现有严重的内部故障，能恢复正常时，就必须对蓄电池进行拆开修理。蓄电池的修理分大修和小修，大修包括更换极板、隔板和其他损坏不能再用的零件；小修包括更换隔板和部分零部件（除极板外），焊接或更换电极柱、连接条以及浇注封口等。

① 拆开、清洗　修理蓄电池时，在拆开分解之前，要不要进行保护性的放电，应该按照蓄电池的实际技术状态和修理方法决定。如果确定了蓄电池要更换全部极板，就无需进行保护性放电，如果不打算更换极板或不打算全部更换极板，那么在拆开分解蓄电池之前，就要用10h放电率进行放电。因为未经放电的极板，当从蓄电池中取出时，会很快氧化，以后再装入使用时，就容易发生硫化。如果在确定要放电的蓄电池中有一单格，由于内部故障，已经自行放完了电，则须将该单格从放电电路中取出，防止在放电过程中形成极性改变。或者确定蓄电池中仅仅某一单格要拆修，就可以不进行预先放电，只需将取出的极板组迅速浸没在清水或电解液中，不使它长期与空气接触，同样也可以达到保护的目的。

② 蓄电池修前准备　蓄电池修前，首先用自来水清洗电池外表各部分，然后仔细检查外壳、连条、蓄电池盖、封口胶有无损伤，检测电解液相对密度和液面高度。用高率放电计检测各单格电压，若在5s内不断下降，并低于标准值或各单格电池的电压差大于0.1V以上，均应将电池拆开检查。需解体的蓄电池，应先按20h放电率到单格电压为1.75V，以保护有用的极板不致损坏。因为未经放电的负极板从蓄电池槽中取出时，其负极板上的海绵状铅受空气强烈氧化产生大量的热，将会使极板上的活性物质变松而脱落，这种氧化的负极板再装入蓄电池中用就会产生硫化。倒出蓄电

池内的电解液，装入专用的容器，不得直接倒入下水道，以免造成环境污染。修理人员工作时要注意安全，防止电解液溅到身上，要穿戴防酸围裙、胶靴和手套等。

③ 拆开分解 拆开蓄电池前，还须将电解液倒出，然后用钻头钻去极柱上的焊铅，使连接板与极柱分开。再将蓄电池倒放入热水槽中约10min，待封胶软化后，用钳子夹住极柱，将极板组抽出(用加热的铁棒烫开封胶的办法也可以)，并拿下蓄电池盖。极板组取出后，如发现极板上的物质有严重的松软、膨胀、腐蚀、脱落、硬化等现象，无法使用时必须更换；对虽然有毛病但稍经修整仍可继续使用的，就应将隔板抽出，分开正、负极板组，用清水洗净，放在通风处迅速风干，以便进一步检验修理。

④ 蓄电池的修理与零件检验

a. 蓄电池外壳的修复。蓄电池壳体及外部件损坏的原因有：搬运不慎，使蓄电池失落或碰撞而破裂；在叉车上安装不当，过松、过紧，行车时受颠簸、振动而损坏；拆装时猛撬、猛击，使蓄电池受到剧烈的撞击而损坏；电解液泄漏出来，造成蓄电池盖壳破裂；封胶质量不佳、受气温太高的影响或受热过度，使封口胶熔化或干裂；接线电柱及夹头未紧固而松动或聚集氧化物而腐蚀。

一般损坏严重的壳体应按原型更换新壳体，如有少许损坏，可用以下方法进行修复，选取耐酸的黏合剂进行粘接，注意在裂纹处，用砂轮或锉刀打平整，并用小刀修整成60°～90°的V形槽，裂纹两端应钻ϕ4mm止裂孔。粘补前应用丙酮擦洗干净，然后用黏合剂粘补V形槽，填平坡口，在表面贴张纸，待固化一段时间(约30min)后，再用红外线灯泡照射粘接面，以加速固化过程；也可以放入室内自然固化，然后揭去纸张，修平粘接面，即可再使用。蓄电池外壳如有裂纹或穿孔，只要不在要害的受力部位，可以用黏合力相当强、绝缘性能良好的环氧树脂胶修补。

b. 蓄电池零件检验。蓄电池若使用不当时，将出现各种故障。其外部故障有：蓄电池壳体和盖的裂缝或破损，封胶的干裂，接线电柱和夹头的松动和腐蚀等。还有内部由于电（解）液的变化以及

极板、隔板所产生的故障。首先应当检查蓄电池外表有无裂痕和撞伤。然后将外壳放在盛有稀电解液的容器中，使其上缘露出液面15～20mm。同时小心地将电解液灌入壳内的三个单池，并使内外液面高度相等。然后再按照图 7-12 所示，用 220V 交流试灯分别检验外壳和三个单格之间的隔壁有无渗漏。如果试灯不亮，说明外壳和隔壁是完好的，否则说明有裂纹或穿孔。在用试灯检验时，应注意使外壳的上缘部分没有泼溅的电解液，否则便会形成导电通路，影响检验的准确性，同时接电源火线的那根触针，应尽量放在外壳内，而不放在容器内，避免因容器壁漏电（潮湿或有裂纹），与大地构成通路，使检验结果不准，为了进一步查明裂纹或穿孔的具体部位，以便进行修理，可以用点火系统的高压电做击穿试验，如图 7-13 所示。

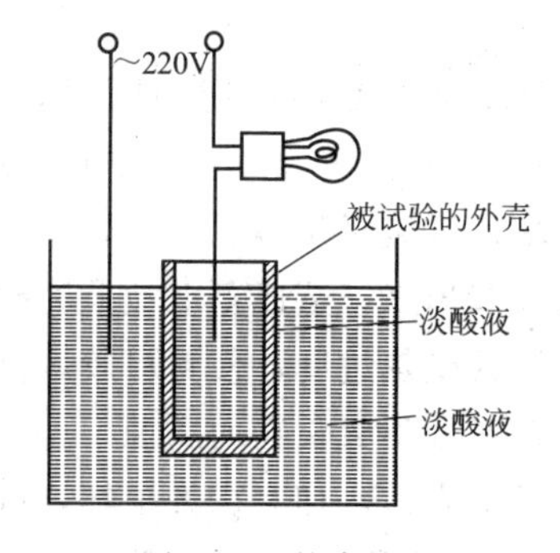

图 7-12　外壳检验

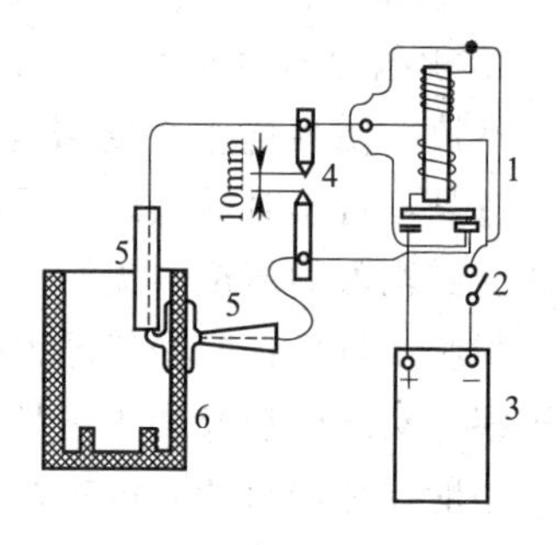

图 7-13　用高压电检验外壳

1—感应线圈；2—开关；
3—蓄电池；4—火花放电间隙；
5—电极；6—蓄电池外壳

⑤ 极板和隔板的修复

a. 极板的修复。极板的主要故障有：粗结晶的硫化，极板格子的腐蚀、翘曲，作用物质的剥落，极板断裂及变极（蓄电池因接线不当或充电不正确而使正负极变反）。极板硫化的特点是极板表面及内部的作用物质形成粗结晶的硫酸铅而使蓄电池的内阻增高。极板硫化，如果硫化仅限于极板表面，未浸入内层的作用物质时，用钢刷清除表面的硫化物后仍可使用。

极板有腐蚀现象时应报废；极板变极时，若作用物质未被破坏，则可用数次充电、数次放电循环来修复；极板的翘曲是在大的放电电流及短路的作用下发生的，翘曲不允许大于3mm，如超过可用手压机压平整；负极板折断应不多于一处，正极板不允许有折断情况；已形成的穿孔的格子应不多于2孔，且应分散，并不在极板挂耳以下。仔细检查极板，将可以再使用的极板组清洗后置于通风处晾干备用。遇有下列情况之一的极板组都应予更换，在正极板组上有活性物质大面积脱落；活性物质多处鼓包，变酥、变软；极板严重弯曲，栅架腐蚀断裂；在负极板上出现表面软化、收缩和裂纹；严重硫化，活性物质软化、脱落。

极板除有活性物质大量脱落、栅架腐烂、严重硫化等必须更换外，应尽量修复使用。轻度硫化的极板，可用细软的钢丝刷将表面的硫化层刷去，继续使用，活性物质脱落不多于三格者，可继续使用。极板拱曲，但并无硫化或活性物质严重脱落的现象，可在极板之间垫以适当厚度的木板，用虎钳慢慢夹紧校正，继续使用。如果极板仅仅是焊耳折断，可用铁片做个焊框，将其焊接好后继续使用。拼焊极板组时，极板的技术状态应大体一致。

根据正极板损坏多、负极板损坏少的实际情况，为了充分利用技术状态较好的负极板可以和新的正极板装配使用。但应该注意在极板不缺乏时，最好不要这样装配，因为这样装配的结果是，旧极板坏得早，新极板就不能充分发挥作用。在正极板缺乏的情况下，可以用负极板代替，只要经过几次充放电循环，就可以改变其极性。木隔板一般均需更换。橡胶和塑料隔板，只要表面没有损坏、变质，经过清洗后可以继续使用。

蓄电池极板拱曲、硫化和活性物质脱落不严重时，可进行修理。其方法是用两块平整的木板将极板夹在台钳上，然后缓慢地夹紧，加压校平；也可放在工作台上逐渐加重物压平。极板硫化不严重时，在校平前，可用软金属丝刷消除硫化物，损坏严重的极板组，一般需用新极板更换。

b. 隔板的修复。隔板不允许有焦灼、穿通、腐烂等现象。木隔板应由带筋木片制造并经化学处理，其尺寸应能保证相邻板的绝

缘，以免短路。表面应平滑，具亮棕色。由微孔性硬橡皮制成的隔板，其表面薄层及脏污应予清洁；新旧隔板，不得杂拼。隔板清洗与检验时，将拆下的隔板放到清水中，用软毛刷刷洗干净后进行检验。由于木质隔板易炭化、腐蚀破裂或其表面有粗糙硫酸铅，一般不用清洗与检验，抽出来即报废，而对于微孔塑料隔板和橡胶隔板，只要未损坏变质，清洗后仍可继续使用。

⑥ 连条和极柱的检修　解体时，连条、极柱都已损坏，故需重新浇铸。先将浇铸模具预热，并用滑石粉扑打模具内壁，然后将熔化的铅、锑合金用勺子浇入模具内成型，冷却后取出修整即可。连条、极柱的形状及尺寸应与原件一致。浇铸时应注意安全，熔化合金的容器、模具、勺子等均应烘干，不得有水分，以免引起熔化铅合金爆溅，烫伤人体。

⑦ 蓄电池的装配　蓄电池的装配质量，对于蓄电池的技术状态及其使用寿命影响很大，有一些故障就是由于装配不当造成的，因此装配中必须仔细、认真，确保质量。

a. 装配极板组装配前，应该仔细地把焊接时熔落在极板缝隙中的碎铅和毛刺清除干净，否则将会造成短路，引起严重的自行放电。然后把正、负极板组合在一起，套上电池盖；再按由中间向两侧的顺序装隔板。隔板如果是有槽的，则有槽的一面应垂直面向正极板，如玻璃纤维隔板与其他隔板并用，则玻璃纤维隔板应靠向正极板。隔板必须经过挑选，稍有裂纹和穿孔的都不能勉强使用，否则也会造成短路和自行放电。极板组装好后，应认真检查一遍，看看隔板的安装方向是否正确，有无漏装的现象。

b. 总装时，应首先把外壳洗净擦干，然后再按电池串联的规律，把极板组分别装入各单格内，同时应该注意使整个蓄电池的正极柱位于面对厂牌标志的右方。如果极板组在壳内松旷，两侧应用隔板塞紧，然后用电压表检查各单格有无短路和各极板组的正负极位置是否装错。如果隔板是潮湿的，极板组若无短路，每个单格应有 1V 左右的电动势；若正、负极位置是正确的，当测量相邻两格时，电压表的两触针应调换位置，然后用棉绳填塞上盖周围所有缝隙，再将三个单格之间的连接板和正负极柱焊牢，最后用加热到

180℃左右的沥青浇满上盖周围的沟槽，并用喷灯小心地吹平

若是用新极板装配的，装配后暂时又不准备使用，应当把上盖中央的通气孔用胶布或沥青加以密封。这样就可以减缓蓄电池极板在储存期间的硫化。

7.2.2　叉车蓄电池常见故障的检修实例

(1) 蓄电池可能出现的缺陷

蓄电池在使用中经常出现的缺陷见图 7-14。

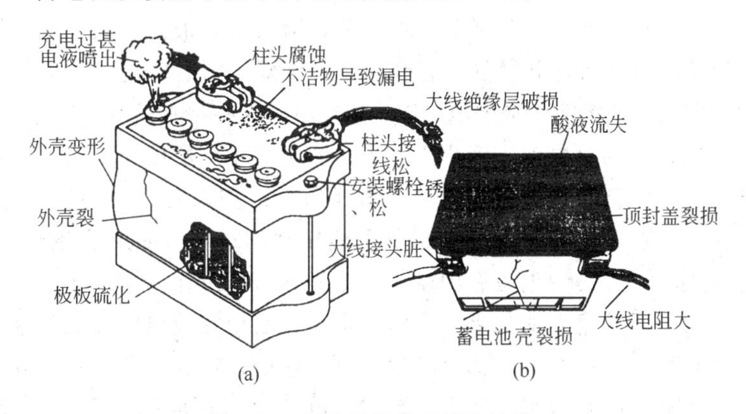

图 7-14　蓄电池经常出现的缺陷

(2) 蓄电池极板硫化

① 蓄电池极板硫化现象　所谓极板硫化（或称极板的硫酸化及不可逆硫酸盐化），就是指当蓄电池长期处于放电状态时，在其极板表面再结晶上一层具有较大颗粒的白色硫酸铅，其颗粒坚硬，难以溶解，充电时很难参加氧化反应。使蓄电池充放电的电化学反应不能正常进行，导致容量降低，内阻增大，大电流放电时端电压下降较多，致使启动叉车电能不足等。半放电的蓄电池，极板表面上有一层硫酸铅，称作一次结晶体。这种半放电的蓄电池在存放过程中，随着环境温度的上升，极板上的硫酸铅就会逐渐溶解到电解液中来，温度越高，溶解度越大。当温度下降时，硫酸铅的溶解度会逐渐达到过饱合状态，并再次结晶为较大的白色颗粒，从电解液中析出再次附着到极板上去。这就是极板硫化的过程。它是蓄电池

早期损坏的主要原因之一，也是使用中的常见故障，将直接影响到蓄电池的正常使用，严重时将导致蓄电池早期报废。

硫化就是蓄电池在放完电或充电不足的情况下长期放置，极板表面逐渐生成了一层很硬的白色物质——粗结晶的硫酸铅，这种粗结晶的硫酸铅不同于放电中生成的细结晶的硫酸铅。细结晶的硫酸铅体积小，与电解液接触面大，导电性好，易于溶解，充电时容易转化、还原；而粗结晶的硫酸铅，由于它颗粒粗大，与电解液的接触面相对减小，导电性差，还会堵塞极板孔隙，增大电解液的渗透阻力，因而使蓄电池内阻显著增加，容量大幅度下降；同时由于这种粗结晶的硫酸铅不易溶解于电解液，以致充电时，这些物质仍不消失。

硫化了的蓄电池，因内阻增大、容量减小，所以当使用这种蓄电池时，电就会很快放完，并且电压很低。如果用它启动发动机，就会发生启动机转动无力或根本不能转动的现象。如果硫化严重，就连供给点火等用电也有困难，甚至根本不能工作。

放电后的蓄电池如果不及时充电，极板上在放电中生成的细结晶的硫酸铅，就会有一部分溶解到电解液中，直到饱和为止，并且温度越高，电解液密度越大，溶解度就越大。当温度降低时，硫酸铅又从电解液中析出，沉附于极板上，变成粗结晶的硫酸铅。由于这种粗结晶硫酸铅很难溶于电解液，所以当温度再次变化时，则极板上的细结晶硫酸铅也会继续生成这种粗结晶硫酸铅，所以放置时间越长，温度反复变化越多，粗结晶硫酸铅层也就越厚，硫化也就越严重。从上述硫化形成的过程可以看出，硫化的产生，主要是因为蓄电池放电后极板本身具有硫酸铅，这是造成硫化的内因，而温度的变化，则是促成硫化的外因。此外，电解液的液面如果过低，露出液面的部分极板与空气接触会发生氧化。当叉车运行时，电解液上下波动，与极板的氧化部分接触时，也会形成大颗粒的硫酸铅，使极板上部硫化。

② 极板硫化的特征

a. 蓄电池容量明显不足，启动性能下降，启动使用一两次便运转无力。

b. 电解液的密度低于规定的正常数值。

c. 充电性能下降，充电时电解液温度上升过快，过早地产生气泡，电解液密度增加缓慢，充电过程中，初期和终期电压过高。

d. 放电时电压下降速度太快，即过早地降至终止电压。

③ 极板硫化的原因

a. 蓄电池经常过量放电或小电流深度放电，使硫酸铅生成在有效物质的细孔内层，平时充电不易恢复。

b. 初充电不彻底或经常充电不足，以及未进行定期补充充电，使极板早期形成的粗晶粒 $PbSO_4$ 得不到消除。

c. 使用中电解液液面过低，使极板上部经常露出液面，不能与电解液发生电化学反应，有效物质得不到充分恢复。

d. 电解液不纯，密度过大或温度过高。

④ 极板硫化的排除方法　轻度硫化的蓄电池，可以用换加蒸馏水和小电流充电的方法来消除；消除硫化时的充电电流一般不超过3A。为了预防极板硫化，要保证电液的液面高度不能过低；不能将半放电的蓄电池长期搁置，要注意给蓄电池定期补充充电，使蓄电池总是保持完全充电状态；更不能将蓄电池长期在室外搁置。如果蓄电池有轻度硫化，可换加蒸馏水，小电流进行充电，充电时不使温度高于40℃。当电液有较多的气泡时，需把充电电流减小1/3或1/2。当电液剧烈沸腾而电流重新升到3A，并在3～4h内基本稳定，则表示硫化基本消除。此时，可切断充电电流并迅速将原电解液全部倒出，另换正常密度的电解液，仍用小电流进行充电，充足后再放电，这样充放电循环几次就行了，若硫化严重，就不能再用了。

⑤ 极板硫化的预防要点

a. 经常保持叉车充电系统的正常工作，若发现发电机和调节器出现故障时应及时排除。尽可能地使蓄电池经常处于充足电的状态，大量放电之后应迅速充电，不给硫酸铅以溶解和再结晶的机会，从根本上消除产生硫化的漏洞。

b. 根据季节和地区的差别，正确选用电解液密度，并经常保持液面高出极板上缘10～15mm，保证电液的液面高度不能过低，在日

常养护中应及时添加补足。如果发现液面降低，但又不是因渗漏而引起的，只能补充蒸馏水而不可以补加电解液，否则电解液密度越来越大，不但容易硫化，而且极板和隔板都会加速腐蚀而损坏。

c. 常用叉车的蓄电池最好 3 个月左右进行一次预防性过充；经常停驶的叉车，每月应对蓄电池进行一次补充充电，发现蓄电池有轻度硫化时，应及早地对蓄电池进行充放电锻炼。

d. 不能将半放电的蓄电池长期搁置，尤其注意给蓄电池定期补充充电，使之保持完全充电状态。不能让蓄电池过度放电，每次接通启动机时间不应超过 5s，避免低温大电流放电。

(3) 蓄电池自行放电

① 蓄电池自行放电现象　叉车蓄电池充足电后，在停止使用的放置期间或在带电解液储存期间，荷电量的无效消耗称为自行放电；自行放电速度用单位时间内容量降低的百分数来表示。一般情况下，养护良好，充足电的蓄电池，在 20～30℃的环境中，开路搁置 28 天，其容量损失不应超过 20%。超过上述数值，则属于自行放电过大，既影响使用，又缩短其寿命。自行放电过大的蓄电池，在停用期间，其电动势和容量均下降较快；叉车发电机给其充电时，电解液的温度高，但端电压低；叉车数日不运行时，用此蓄电池就启动不了发动机，严重时头天工况正常，次日使用电压下降很多或几乎无电，造成启动机不转，车灯不亮，电喇叭不响的现象。

② 自行放电过大的原因　自行放电分正常性的和故障性的两种。极板材料不纯是形成正常自行放电的一个原因。如正极板的活性物质是二氧化铅，但极板栅架的材料又是铅质，这样在正极板本身就形成了一个电池，对于负极板来说，虽然它是由纯铅做的，但也只是相对而言，其实在它里面也避免不了含有少量的其他金属杂质，也会形成小电池。而这些小电池本身的电路又是闭合的，所以就产生自行放电。另外，蓄电池在放置期间，电解液中的硫酸逐渐下沉，造成上下密度不均，致使本身产生了电势差，也会引起自行放电。不过，上述这些自行放电非常缓慢，一般情况下，每昼夜也不会超过额定容量的百分之一，对实际使用不会产生很大的危害。

当了解了蓄电池在正常情况下会自行放电这个道理，就应该注意对停用的蓄电池进行定期充电，以免硫化。

故障性的自行放电一般都是比较严重的，如有些蓄电池，充足电后不过几天电量就自行放光了，有的叉车行驶时还可以使用启动机，停驶一昼夜连喇叭也不响了。经验还证明，有些蓄电池之所以硫化(特别是仅在某一单格产生的硫化)，也往往是这种自行放电造成的。

造成故障性自行放电的主要原因，是蓄电池内部混入了有害的杂质。特别是混入了那些比铅电位高的金属杂质（如铜、铁等）危害更大。例如将铜屑混入了蓄电池，它附着在负极板上与铅组成了一个小电池。其中铜（Cu）为正极、铅（Pb）为负极，电流由铜到铅，再经过电解液回到铜，构成闭合回路而自行放电，如图 7-15 所示。其次，蓄电池上盖破裂或封胶不严，表面被溅出的电解液浸湿，也会在正负极之间造成导电的通路而自行放电。至于隔板或蓄电池外壳的隔壁破裂，以及由于沉积的活性物质过多（如图 7-16 所示）而造成的短路，即使是轻微的，也会引起严重的自行放电。如果内部短路很严重，则充电也不会发生化学反应，蓄电池的电动势将等于零，这就必须及时进行修理。总之，叉车蓄电池自行放电过大，多因其内部或外部形成了自行放电的“原电池”和导电层而引起的。其主要原因如下。

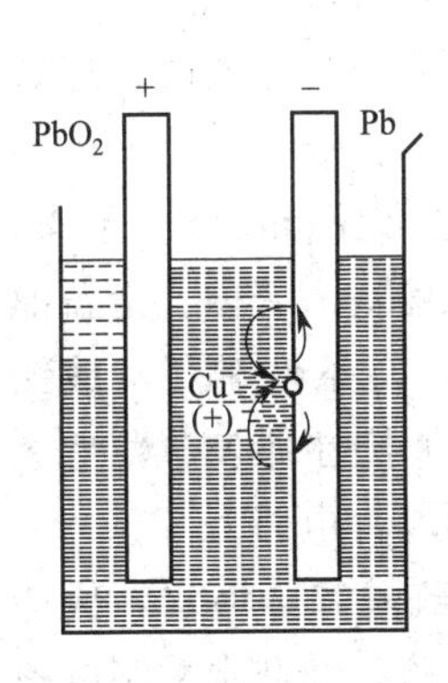

图 7-15 自行放电示意

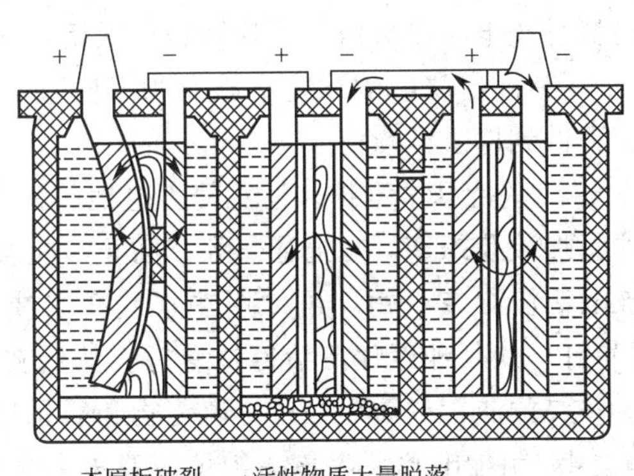

图 7-16 蓄电池异性极板间短路示意

a. 蓄电池上盖不清洁，其过充电后电解液溅出，盖壳上存有电解液，并将正、负极柱连通，形成回路；或蓄电池在叉车上有漏电及不正常搭铁处，均会引起过多自行放电。

b. 电解液不纯。蓄电池缺水后，添加的不纯净水使电解液中的杂质过多，形成“局部电池”而自行放电。

c. 叉车运行颠簸剧烈，使极板活性物质脱落过多，沉积在槽底，形成极板内部短路自行放电。

d. 蓄电池离热源过近，处于高温环境下工作，负极海绵状铅溶解加快，析氢量增加，负极板自行放电加剧。

③ 自行放电故障的判断和排除　遇到自行放电的现象时，应首先检查蓄电池上盖是否清洁、有无积垢或电解液，必要时用清水冲洗干净，并用棉纱擦干。接着断开所有用电设备，拆下蓄电池上的粗导线，并在其端部连接一根细导线，然后用细导线在拆下粗导线的极柱上碰火，如有火花，则线路中存在搭铁、短路故障，应进一步检查和排除；若无火花，表明故障在蓄电池内部，必要时修复或更换。若是因其电解液混有金属杂质，则应将原电解液倒掉，注入新电解液后立即充电，充足后倒掉，再注入新电解液；在充电的同时，用蒸馏水调电解液相对密度至1.26，充足后将密度调至规定值，然后把蓄电池存放在30℃以下的环境中。如果只有少数单格自行放电，可分解后更换隔板以及清除槽底沉淀物。

④ 自行放电的预防措施　为了防止故障性的自行放电，应该认真做到以下几点。

a. 坚持日常维护，注意使蓄电池的外表经常保持清洁、干燥。拧紧加液孔螺塞，疏通通气孔，防止灰尘及脏物进入壳内。上盖如被电液浸湿或脏污，可以用热水或净水冲洗。有条件时用碳酸钠（苏打）或其他碱性溶液擦拭更好。然后在电极接柱外表薄薄地涂上一层黄油，以防极柱产生硫化物和氧化物而增大电阻。

b. 制配电解液应该用纯度较高的蓄电池硫酸和蒸馏水，保持电解液的纯度。按国家标准的规定使用合格的硫酸及纯水配制电解液，切不可随意添加矿泉水和自来水。普通的工业硫酸，虽然价格

便宜，但含杂质较多，除非不得已不要用来制配电解液。当缺乏蒸馏水时，可以用干净的雨水、雪水代替。一般的井水因为含有矿物质较多，最好不要用来制配电解液。盛装电解液的容器，必须是陶瓷、玻璃、塑料或纯铅制成的，切不可用铜或铁的容器盛装电解液。

c. 发现蓄电池有自行放电的故障时，应及时排除。方法是：倒出电解液，烫开封胶，取出极板，用净水冲洗极板和隔板，破裂的隔板应予更换。然后装复，注入干净的电解液进行充电。充电电流大小适宜，防止充电电流过大，导致极板活性物质脱落。

d. 经常检查。蓄电池离热源过近应有隔热措施。经常检查电气系统绝缘，排除漏电和短接。

e. 暂不用的新蓄电池不要灌注电解液。对已灌电解液的闲置待用蓄电池，应定期补充充电，以免降低容量，缩短寿命，甚至提前报废。

(4) 活性物质脱落

蓄电池在正常的使用过程中，由于极板要随着蓄电池反复充放电而反复膨胀和收缩，活性物质便会自行脱落，特别是正极板。不过，在正常情况下，这种活性物质的脱落是缓慢的，危害不大。但是如果使用不当则会加速活性物质的脱落。如充电进入第二阶段后仍以大电流充电，充电终了时过分地进行“过充”；蓄电池在车上固定不牢，行车时剧烈振动；拆装蓄电池接线时，随便敲打，不适当地连续使用启动机，造成极板由于化学反应急剧且不均匀而发生拱曲变形；冬季大量放电后不及时充电，电解液结冰等，都会造成活性物质严重脱落，使蓄电池早期损坏。

① 蓄电池极板活性物质脱落判断　蓄电池极板活性物质分别是二氧化铅、多孔金属铅。在长期作用中，蓄电池不断充电和放电，极板活性物质进行氧化还原反应，体积发生变化，膨胀、收缩反复进行，活性物质逐渐变得松软脱落，特别是正极板更为明显，应视为正常。有的蓄电池出现早期大量活性物质脱落，则是一种不正常现象。其特性是：容量下降，温度升高，电解液浑浊，析气量

大。造成活性物质脱落的原因如下。

a. 充电电流过大，时间过长，温度过高，产生大量的氢、氧气体，过分地冲刷活性物质。

b. 经常过放电，生成大量硫酸铅，体积过分膨胀，结合力下降。

c. 电解液密度低，严寒季节电解液结冰，活性物质被冰晶胀裂，失去结合力。

d. 电解液密度大，腐蚀性大，活性物质机械强度下降以及内部短路等。

e. 经常过充电，活性物质过度氧化、疏松，板栅受到腐蚀，失去承载活性物质的能力。

f. 经常处于高温下充电，正极板活性物质形成泥浆，软化易脱落。

g. 长期大电流充电、放电，极板产生弯曲，活性物质附着能力差，易脱落。

h. 蓄电池在车上过度振动，导致脱落。

i. 杂质进入蓄电池，碱性物质会引起负极多孔金属铅膨胀、脱落。

j. 因制造质量差，板栅与活性物质结合不牢，出现大量活性物质块状脱落。

判断蓄电池是否出现活性物质脱落，可通过容量检测，用 10h 率放电，容量低于 80%，说明活性物质量已不足。解剖后检查极板上活性物质脱落的情况是：蓄电池底部淤积了大量沉淀物，极板表面露出板栅筋条，极板组两侧有大量的铅絮物，电解液浑浊，呈铁青色。沉淀颜色呈灰褐色，说明铁、铜杂物较多；沉淀物呈浅蓝或灰白色，说明蓄电池中电解液密度高。沉淀是糊状物，说明蓄电池出现温升过高；沉淀是块状物，则说明制造时有先天不足因素。

② 蓄电池预防极板活性物质非正常性脱落　蓄电池极板的活性物质脱落，完全是由于一些不正确的使用方法所造成的，只要克服错误的使用方法，活性物质脱落所造成的蓄电池早期损坏是完全

可以避免的。减少蓄电池在使用中极板活性物质非正常性脱落的主要措施如下。

a. 必须按技术标准调整发电机调节器的限额电压。充电电流不宜过大，恒流充电时间不宜过长，只要端电压升起稳定即可。温度不宜过高，减少气体析出量，预防活性物质被冲击。若限额电压调得过高，在蓄电池亏电情况下，将会使充电电流过大，以及过度充电而加速活性物质脱落。

b. 不要过放电，以防硫酸铅大量生成、过分膨胀，失去活性物质结合力。蓄电池在使用中，要考虑到留有一定电量，不要放电过量。冬季不要使蓄电池放电过多，亏电情况下，将会使充电电流过大以及过度充电而加速活性物质脱落。电池放电过多，放电程度超过25%时，就应及时充电以防结冰。

c. 电解液密度不宜过低。严寒季节，密度低于$1.05g/cm^3$易结冰，导致活性物质被冰晶胀裂。

d. 电解液密度不宜超过$1.3g/cm^3$。密度高，加重活性物质腐蚀，出现泥浆脱落。

e. 不要过充电，以防活性物质过度氧化、疏松，失去结合力。在用充电机对蓄电池进行定电流充电时，第二阶段的充电电流应控制在蓄电池额定容量的1/20以内。如果蓄电池没有硫化现象，充电终了以后不要继续过分地“过充”，否则也会加速活性物质脱落。

f. 充电中温度不宜过高，超过50℃，正极板栅腐蚀，二氧化铅易软化脱落。新蓄电池初充电要有降温措施。

g. 蓄电池在车上必须可靠地固定，拆装蓄电池接线不要乱用工具敲打。蓄电池安装在叉车上，要有防振垫，以防过分振动，加重活性物质脱落。

h. 防止蓄电池内部进入碱类或醇类物质，否则会促使两极活性物质脱落。

i. 严禁大电流放电，使用启动机一次不得超过5s，待第二次启动应间歇15s以上，不要连续启动；不要连续使用启动机，特别是冬季发动冷车，事先必须做好一切准备，保证不让蓄电池连续强

烈地放电，以免极板拱曲。

③ 极板活性物质脱落的排除方法　极板活性物质脱落的排除方法见表 7-4。

表 7-4　极板活性物质脱落的排除方法

故障原因	排除方法
蓄电池充电电流过大,电解液温度过高,使活性物质膨胀松软而脱落	使蓄电池过量放电后倒出电解液,注入蒸馏水清洗几次,重新加注电解液、充电,当电解液呈深褐色时,应更换极板
经常过充电,使极板孔隙中产生大量气体,冲落活性物质	
放电电流过大,极板拱曲,而使活性物质脱落	
冬季蓄电池放电后未及时充足电,使电解液密度过低而冻结,活性物质因之脱落	
汽车行驶中,振动使极板活性物质脱落	

(5) 蓄电池充不进电

在叉车运行中，电流表指针很快回到零，指示不充电，或蓄电池温度过高，且长时间行车时，电流表仍指在+5A 以上。故障原因：蓄电池疲劳损伤，使用时间过长；蓄电池内部短路；蓄电池极板上活性物质脱落，而使其容量减小；蓄电池极板硫化或负极板硬化。

对上述故障，要根据其故障现象和蓄电池使用的情况综合分析做出判断。若蓄电池使用 1 年以上而充不进电，一般为蓄电池劳损、衰竭，应更换新蓄电池；若温度偏高，且行车很长时间电流表仍指在+5A 以上，可用高率放电计检测，如果测得某单格电池电压低于 1.5V，说明此格内有短路故障，应拆开检修；若电解液非常浑浊，一般是极板上的活性物质已大部脱落，基本失去了工作能力，应换用新蓄电池；若使用 1～2 次启动机，再启动时启动机运转无力，说明该蓄电池大多由于极板硫化或负极板硬化所致，应对其进行恢复性充电。

7.3 叉车发电机与调节器

交流发电机是一种新型车用电源，实际上是一个三相同步交流发电机，通过硅二极管整流后向外输出直流电，因此又称硅整流发电机（见图 7-17）。一般柴油机叉车上装有 JFZI212 型整体式全封闭硅整流发电机。由交流发电机、硅整流元件组及内装式电子调节器组成。工作电压为 14V，输出电流和额定功率分别为 14.3A 和 200W。为了使发电机经常处于良好的技术状态，应经常加强养护和维修，如有磨蚀损坏，应予更换新品。

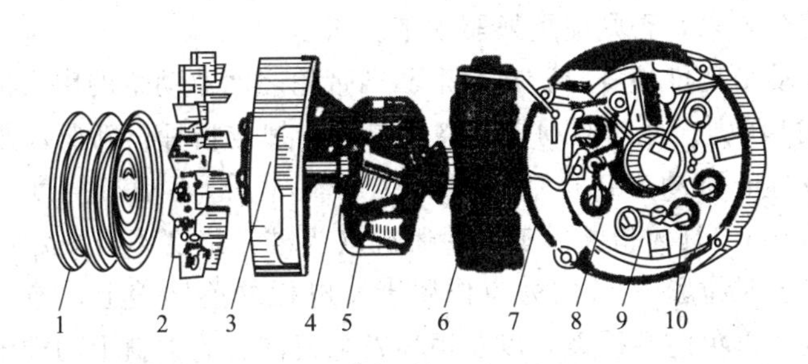

图 7-17　硅整流发电机

1—带盘；2—风扇；3—前端盖；4—定位圈；5—转子；6—定子；7—后端盖；8—碳刷架；9—元件板；10—硅二极管

7.3.1　叉车发电机与调节器的维修与养护

（1）硅整流发电机与调节器的养护

发电机应拆开检修并养护。用汽油擦净各部油污，用细砂纸打光转子上的滑环，清洁其轴承，检查其松旷量。检查线圈，查看转子中磁场线圈与滑环焊接是否可靠，定子引线及二极管引线焊接是否可靠。用万用表逐个测量二极管，查看有无损坏件，必要时更换新件。

检查碳刷弹簧的压力是否正常，若其磨损过甚则予以更换；检查碳刷架和引出线螺钉对外壳绝缘是否良好。发电机检修后按规范装复，并进行空载及发电试验，其性能应符合有关规定的要求。检查调节器触点是否烧蚀，必要时用细砂条或细砂纸磨光；装复时调整好铁芯与衔铁间隙（为 1mm）；常开的一对触点间隙为 0.3mm，按技术要求调整弹簧张力。在每次养护中，硅整流发电机轴承应加 1 号钙基润滑脂润滑，填充油脂量约为轴承空间的 2/3（不得过

多）。一般每当叉车运行1年左右应将交流发电机从车上拆下检修一次，主要检查电刷和轴承磨损情况。新电刷高度为14mm，磨损至7～8mm时，应当更换新电刷；轴承如有显著松动，应予更换新品。常见硅整流发电机与调节器的重点养护项目如下。

① 检查驱动带外观及挠度　驱动带外观检查，用肉眼观察驱动带有无裂纹和破损现象，如有则应更换驱动带。驱动带安装情况应当符合要求，否则应更换驱动带。

驱动带挠度检查时，在两个驱动带轮之间驱动带的中央部位施加100N压力，此时驱动带的挠度应符合规定指标：新驱动带（即从未用过的驱动带）挠度一般为5～7mm，旧驱动带挠度一般为10～14mm。具体指标以车型手册规定为准，挠度不符规定应予调整。安装时拉紧V带的力应作用于发电机的前端盖上，绝不可撬后端盖，以免前端撬裂，以及损坏发电机前、后端盖上的球轴承。

② 检查有无噪声　在交流发电机出现故障特别是机械故障（如轴承破碎、转子轴弯曲等）后，当发电机运转时都会发出异常响声。检查时，逐渐加大发动机油门，同时监听发电机有无异常响声。如有异常响声，则需拆下发电机分解检修。

③ 检查导线连接及发电机能否发电　检查各导线的连接部位是否正确；发电机“B”端子必须加弹簧垫圈；采用线束连接器连接的发电机，其插头与插座必须用锁紧卡簧锁紧，不得有松动现象。交流发电机能否发电，直接影响蓄电池的启动性能和使用寿命。检查方法是：将万用表置于直流电压“DCV”挡，表的正极接发电机“B”端子；表的负极接发电机“E”端子或外壳，记下此时测得的电压（即蓄电池电压）。启动发动机并将转速升高到比怠速转速稍高，此时万用表指示的电压若高于蓄电池电压，说明发电机能够发电；若电压低于发动机未启动时的蓄电池电压，说明发电机不能发电。此时需对充电系统进行全面检查。

（2）调节器的安装与养护

电压调节器的安装使用注意事项如下：

① 调节器与发电机的电压等级必须一致（不能代用），否则充

电系统不能正常工作。

② 安装时线路连接必须正确，尤其注意极性不得搞错，以免烧蚀电器元件；必须注意垂直安装，使接线柱向下，以防脏污引起接触不良。

③ 发电机运转时，切不可切断车上的电源总开关，以免感应电压引起调节器损坏。

④ 调节器必须受点火（或电源）开关控制，以免降低寿命，甚至使蓄电池亏电。

⑤ 检查调节器故障可用万用表检测，不允许使用兆欧表。更换晶体管时，焊接用的电烙铁不得大于75W。焊接应迅速，最好用金属镊子镊住管脚，以助散热，避免损坏元件。

⑥ 发动机停熄时，必须切断点火开关，否则蓄电池对发电机绕组长时间放电，致使磁场绕组和大功率管损坏。

⑦ 养护时用毛刷或高压空气清除表面脏物，检查调节器各连接线是否连接牢固可靠。

⑧ 调节器要安装在远离高温热源，既不能进水，又安装、维修方便的位置。若调节器外壳要求搭铁及散热，则必须安装到导热及散热条件良好的金属材料上，以保证调节器稳定地工作。

⑨ 在安装调节器时，不但要保证接线正确，还要考虑到导线的导电截面积、导线的机械强度，尤其是必须保证接线质量，避免相互短路及接线不牢而损坏调节器或其他电气设备。

⑩ 在使用时，避免导线脱落及接触不良、短路试验、用水冲洗、敲击及强烈振动，同时也应避免其他导体与调节器电极短路。

(3) 硅整流发电机的维修

① 硅整流发电机的检修

a. 检修分解时，应首先拧下两端盖之间的螺钉，取下后端盖上的轴承防护罩，然后轻击转轴，则转子、驱动端盖成一起与定子、后端盖分离，最后再逐步分解其他零件。拆下电刷及电刷架（外装式），在前后端盖上做记号，拆下带轮，拧松前后端盖穿心螺

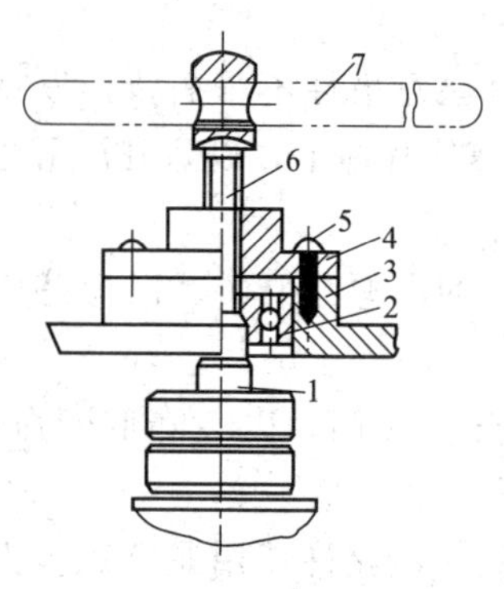

图 7-18 推出转子轴的工具
1—转子轴；2—轴承；3—后端盖凸缘；4—车制的凸缘盘；5—螺钉；6—丝杠；7—手柄

栓，拆下前后端盖及轴承。抽出转子，取下定子总成和整流器，拆下整流器总成。对于内装电刷组件式发电机，此时拆下电刷组件。用布或棉纱蘸适量清洗剂擦洗转子绕组、定子绕组、电刷及其他机件。对于整体式发电机，先拧下“B”端子上的固定螺母并取下绝缘套管，再拧下后防尘盖上的3个带垫片的固定螺母，取下后防尘盖，然后拆下电刷组件的两个固定螺钉和调节器的3个固定螺钉，取下电刷组件和IC调节器总成，最后拧下整流器二极管与定子绕组的引线端子的连接螺钉，取下整体式整流器总成。如果长时间没有拆卸，转子轴可能在轴承处锈蚀；这时不能用手锤硬打，可用专用工具拉器拆卸，以免打坏后端盖和震坏二极管；有的不宜使用拉器时，可根据后端盖凸缘外圆车制一个凸缘盘，中间攻出螺纹，并根据后端盖凸缘上的三个螺钉孔位置，在凸缘盘上钻6mm的小孔。用三个螺钉将凸缘盘固定在后端盖凸缘上，然后旋拧丝杠，用三个螺钉将凸缘盘固定在后端盖凸缘上，再旋拧丝杠（如图7-18所示），就可以将转子轴推压出来。硅整流发电机的维修方法如下。

● 磁场绕组。它被爪形磁极所包围，一般不易受到外界的机械损伤。但在实际使用中，由于受到振动等影响，磁场线圈也可能发生短路或断路。检查时，可用万用表的两根表棒搭接两滑环处，测量线圈的电阻值来确定。如万用表指示读数超出规定的磁场线圈电阻值很多，说明磁场绕组与滑环连接处焊接不牢，或绕组引出线的转折处断裂；若小于规定的电阻值，则说明绕组内有短路。绕组是否搭铁，可用交流试灯或万用表查出。若为一般脱焊，应重新焊牢；当出现严重搭铁、短路时，如有条件，可拆下磁场绕组重新绕制。

• 定子绕组。主要是外部检视，仔细察看导线是否折断，各线头连接处是否脱焊等。外部检视没有问题时，还可用下述方法进一步检查。

• 断路。可用万用表检查。检查时，如各相绕组的起末端不通即为断路。

• 搭铁。用 220V 交流试灯进行检查。为进一步确定是哪一相搭铁，可将星形连接点分开检查。

• 短路。短路故障可能出现在各相间或每一线圈匝与匝之间。确定线圈是否短路，主要是外部察看有否烧焦。各相间是否短路，还可用万用表或交流试灯来检查。方法是：拆开末端星形连接点，将触针分别接在两相的引出线上，如两相间仍成通路或试灯亮，即为相间短路。

当线圈出现断路、短路、搭铁故障时，可视具体情况排除。若为一般断路可焊接；轻微搭铁和短路，尽可能更换或加垫绝缘物排除；若因线圈严重烧坏而造成短路、搭铁时，可重新绕制。

绕制定子绕组时线模尺寸要合适。修理量大时，可参考图 7-19 所示的形式制作，它由六块模芯、七块夹板组成，可以连绕六个线圈。一般起头挂在右手边，从右向左连绕。修理量小时，也可做成单个模芯，绕完第一个线圈（一般为 13 匝）后用布条扎紧，将线

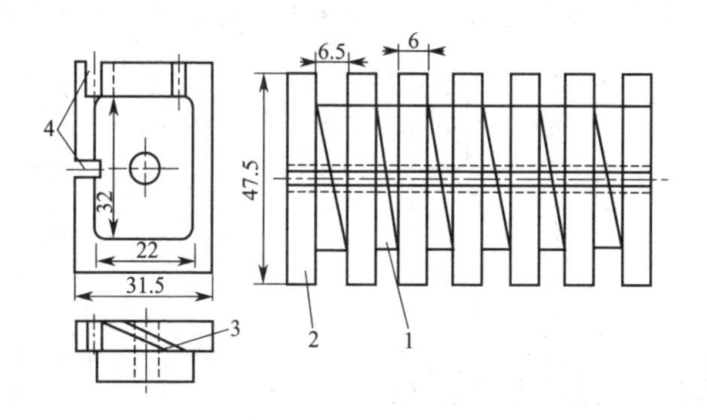

图 7-19　JF13 型发电机定于绕线模板尺寸

1—模芯；2—夹板；3—过桥线线槽；4—布条槽

圈取下，留出线圈之间的连接线（过桥线），再接绕第二个线圈，依次将六个线圈绕完为止。

三相绕组在模板上绕好后，按原来的嵌线规律嵌入铁芯槽内，为防止线圈从槽中脱出，应加上竹楔，最后浸漆烘干。

b. 硅二极管的检查。主要检查是否出现短路及断路故障。如果出现这些故障，硅二极管则失去应有的性能，即不能保证单向导电或电路不通。短路及断路故障，可用万用表测量其电阻值确定。测量前，应拆开二极管与定子绕组的连接线，以便逐个对二极管进行检查。

测量时，万用表的旋钮应放在电阻一挡（R×1），如果把旋钮放在其他挡位时，由于二极管的电阻值随外加电压不同会发生变化，因而所测出的二极管的电阻值相差很大。具体方法可按图 7-20 所示进行。因为万用表电阻挡的“－”测试棒是表内干电池的正极，“＋”测试棒是表内干电池的负极，所以当万用表“－”测试棒搭后端盖，“＋”测试棒搭二极管的引出线时，二极管的正向电阻值应较小，为 8～10Ω，然后将“－”测试棒搭二极管引出线，“＋”测试棒搭后端盖，反向电阻值应很大，在 10000Ω 以上。压在元件板上的三只二极管，因导电方向相反，测试结果也应相反。检查时，若出现正反值极小，则说明二极管已短路；正反值极大，则说明二极管内断路。如果没有万用表，也可用车上的蓄电池作电

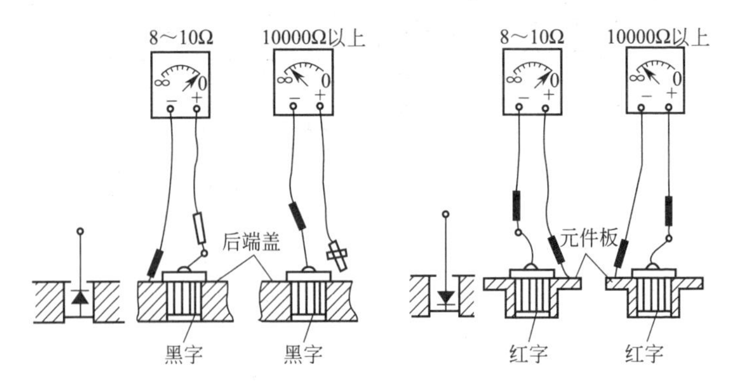

图 7-20　用万用表电阻一挡（R×1）检查硅二极管

源，车上的小灯泡作试灯来检查二极管。方法是：在蓄电池的正、负极上各接一根导线，使其通过试灯交替地接在二极管的引线和外壳上，如两次检查，试灯一次亮一次不亮，一般为良好，如两次都亮为短路，两次都不亮为断路。

当二极管出现短路和断路时，都应更换。更换时，必须使新换的二极管与原来的二极管的极性一致起来。二极管装入座孔时，必须是紧配合，不应松动，以免与座孔接触不良，烧坏二极管。在管子压入前，应在管子周围涂以少量凡士林，如太松，可用 0.05～0.1mm 厚的紫铜皮垫在二极管与底座周围，如太紧可将座孔适当铰大。

② 硅整流发电机的装复与试验

a. 装复。装复前应将合格轴承填充润滑脂，其充油量不宜过多，为轴承空间的 2/3 较合适，如果轴承润滑脂填充过量时，则容易溢出，溅在滑环上，造成碳刷接触不良。装复时的主要步骤是：先将转子与前端盖、定子与后端盖分别装合；连接二极管与定子绕组；将碳刷和弹簧装入电刷架内，用直径 1mm 左右的钢丝插入后端盖和碳刷架的小孔中挡住碳刷，如图 7-21 所示；将两端盖装合在一起，并拧上对销螺钉，抽出钢丝，使碳刷压在滑环上。装复时注意不要使轴上的定位圈装反，否则，会改变转子和定子的相对位置而影响发电。

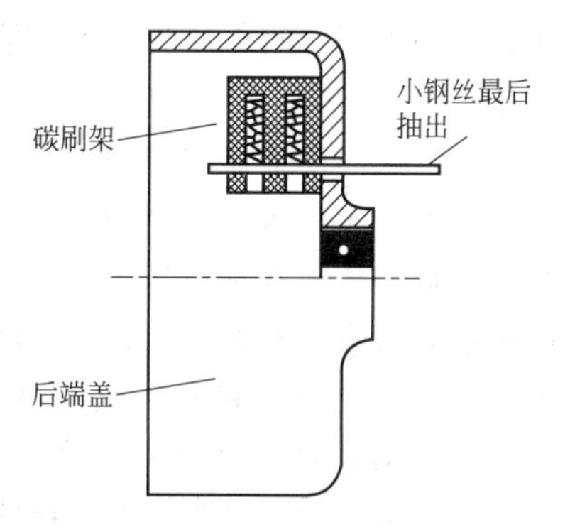

图 7-21　碳刷装法

b. 试验。装复后的发电机，同样为了鉴定检修质量，需进行空载和功率试验，即检查发电机的空载发电转速及达到额定负载时的转速。试验方法是：将发电机装到试验台上，试验台拖动发电机的转动部分，转速最好是可以调节的。试验时所用仪表及接线方法，如图 7-22 所示，试验时，应先用蓄电池对发电机进行励磁，

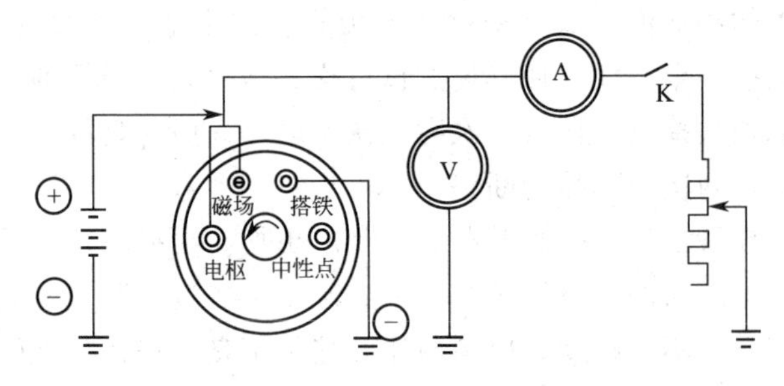

图 7-22　空载和功率试验

其方法是：当发电机转速提高时，用蓄电池的正极线，碰接一下发电机的磁场接柱即可。

发电机的性能试验结果应符合规定。如 JF13 型发电机，空载试验是：逐渐提高发电机的转速，当电压达到 14V 时，发电机的转速不应大于 1000r/min。满载试验是：合上开关 K，逐渐提高转速和减小电阻，当电压为 14V、输出电流为 25A，发电机转速不应大于 2500r/min。

（4）电压调节器的养护与维修

CPC3、CPCD3、CPQ3 叉车常用的 FT61 型电压调节器为单级电磁振动式。其构造如图 7-23 和图 7-24 所示。电压调节器与发电机联合使用，在发动机的不同转速下自动将发电机的输出电压调节在 27.6～29.6V 的稳压范围内。

当发动机运转 300h 时，可根据情况打开调节器盖进行检查与调整。一般来说，应先对调节器线路进行检查，将万用表拨至 R×1 挡，把指针调整到零位。将表棒分别接在“电枢”与“磁场”两接线柱上，其电阻值应小于 1Ω，如超过这个数值，一般为触点有烧蚀。随后再将表棒接在“电枢”与“接铁”两接线柱上，其电阻值应为 23.5Ω 左右。表棒不动，当打开第一对触点，使第二对触点接通时，其电枢与接地间的电阻应为 6.2Ω 左右。如阻值不符，则应对各部件分别检查。一般情况是：小于上述数值，可能是电阻或线圈有短路；大于上述数值，可能是触点烧蚀、电阻或线圈断路等。

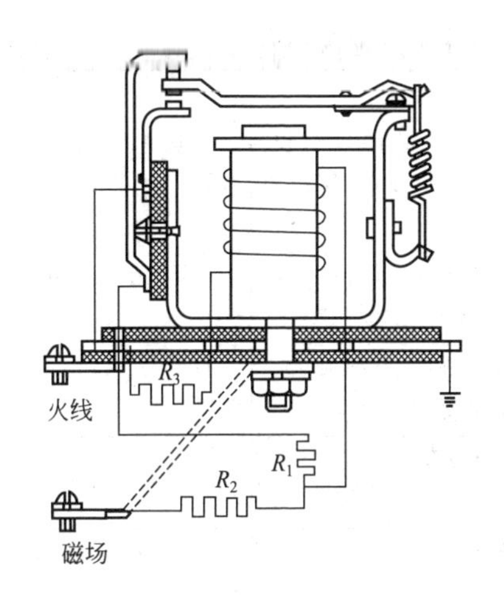

图 7-23 FT61 型调节器

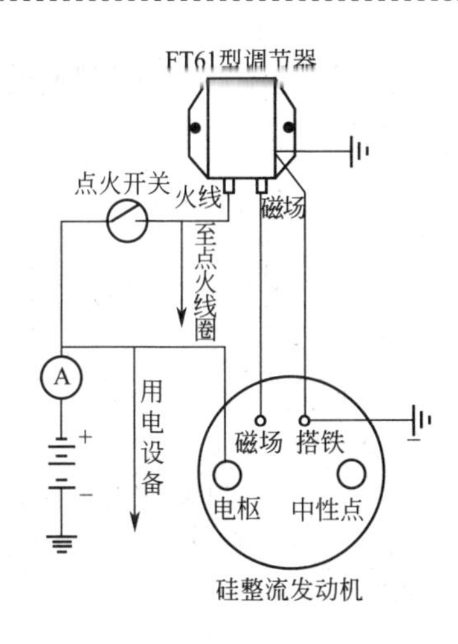

图 7-24 FT61 型调节器与硅整流发电机接线方法

当触点烧蚀严重，可把活动触点取下，用“00”号砂纸将触点打磨光。装上时，触点应对正，小触点不应超过大触点的边缘，否则可通过活动触点臂弹片上的长槽孔来调整。当电阻或线圈断路时，按上述方法，逐一排除。FT61 型调节器的常见故障排除见表 7-5。空气间隙和触点间隙不符合要求时，可通过升降固定触点支架及扳动固定触点臂进行调整。调节器工作性能调整：当发电机转速为 3000r/min，输出为 4A 时，调整弹簧张力，使发电机端电压为 10.2～14.2V。弹簧拉长电压升高，反之则降低。

7.3.2 叉车发电机与调节器常见故障的检修实例

(1) 交流发电机故障分析

交流发电机正常发电，必须具备两个条件，一是励磁电路、定子绕组电路和整流器必须工作正常；二是交流发电机转子必须旋转。在正常情况下，发电机工作时的输出电压应在 13.7～14.5V 之间，蓄电池在发动机熄火时电压应在 12.5～14V 之间。发电机不发电故障早期表现在充电指示灯（点火开关处于点火挡，发动机不工作时充电指示灯应亮；发动机工作正常时充电指示灯应灭），

表 7-5　FT61 型调节器的常见故障排除

现　象	原　因	检查方法	排　除
无充电电流	调节器触点烧蚀，不导电	将高、低速两触点短接，若有充电电流，证明故障在此	打磨触点，消除磨屑
	调节电压值低	将弹簧拉紧，若有充电电流，则证明故障在此	重新调整电压值
电流表指针摆动，充电不稳	触点轻度烧蚀	观察触点，振动时火花严重，振动忽快忽慢	打磨触点，消除磨屑
	附加电阻断或接触不良	拆下检查	更换
充电电流过大	触点烧蚀不能工作	观察	打磨触点，更换触点
	调节电压值过高	放松弹簧，电流减小，证明故障在此	重新调整电压值
	“火线”接柱与“磁场”接柱接反	观察	两接线柱相互调换一下即可

电流表等应有所反应；后期表现为蓄电池严重亏电，发动时启动机无法工作。

表 7-6 为硅整流发电机常见故障部位及分析

(2) 发电机不发电的故障检修

行车时充电指示灯忽亮忽暗，此现象一般是发电机工作不正常，应停机检查发电机带是否过松，发电机连接导线是否可靠等。若充电指示灯常亮，在发电机工作时充电指示灯不亮，为不发电；对磁场外搭铁发电机（调节器外装），可拆下调节器“F 线”，使该线对地搭铁，发电机怠速工作，此时如充电指示灯灭，电流表指针偏向“＋”，为调节器损坏应更换。若用上述方法检查充电指示灯，电流表无反应，则为线路故障，有反应为发电机故障，重点检查发电机电刷是否磨损过限，滑环、转子绕组接线等部位是否接触不良。若充电指示灯无论发动机工作与否均不亮，一般为发电机不发电，应检查保险丝是否烧断，仪表电源线是否开路和搭铁，检查调

表 7-6 硅整流发电机常见故障部位及分析

部　位	现　象	原　因	检修方法
带轮	发摆、碰擦及异响	安装不良，带轮变形发摆	校正、重新安装
风扇	噪声	变形或带轮、前端盖碰擦	校正、重新安装
前端盖	噪声、振抖	端盖变形，轴承缺油润滑，挂脚孔磨大松旷	修复或更换
定位圈	前后窜动	磨损	修换
转子总成	碰擦、烧蚀、不发电	安装不良，转子轴变形与定子相碰擦，线圈烧蚀扫膛或爪极松动	用万用表检测、修复或更换
定子总成	转子轴运转摆振、碰擦磁极线圈、扫膛	轴承磨损松旷，接触不良，转子轴变形，绝缘损坏	用万用表检测、修复或更换
整流端盖	轴承走外圆、噪声、不发电	轴承润滑不良、松旷，轴承孔磨损，导线松脱	修复或更换
碳刷架	噪声、不发电	碳刷在架内卡滞，接触不良，碳刷与滑环接触角不对	检修调整
元件板	不发电或发电量小	二极管击穿，接触不良	用万用表检测、修复或换件
硅二极管	不发电或发电量小	极性装反，检查方法不妥，击穿短路、断路	用万用表检测，必要时更换新件

节器电路是否开路，电刷接触是否可靠等。

发电机不发电应具体检查以下各部件。首先检查风扇带是否过松，如492Q系列发电机施加30～40N·m的力时，风扇带下垂10～15mm为宜；滑环绝缘是否被击穿或磨损松旷，有无电刷磨出的沟痕及脏污；负极电刷架是否搭铁或断路；电刷弹簧弹力和电刷磨损情况；电枢接线柱是否搭铁，其导线有无断路，磁场绕组接线柱是否接触不良；最后二极管是否损坏，以及蓄电池、发电机、调节器、电流表接线柱与导线的连接有无松脱和断路现象；熔断丝是否熔化，若熔丝烧断经检查确无短路现象后，再用熔断器中一样粗细的备用熔断丝重新接上。

不发电时可拆下发电机磁场接线柱上来自于电压调节器的导线，将端头与交流发电机磁场接线柱刮火，无火花为励磁电路断

路，此时应检查电压调节器、电刷、滑环、磁场绕组。可通过一根短导线将其电枢与磁场接柱作瞬间短接，若电流表指示充电为电压调节器损坏，否则为正常。当其发电微弱时，有可能是带过松打滑，可按规范调整。发电机轴承磨损松旷或润滑不良，转子与定子相碰击，运转中会出现异响，这时应分解发电机予以修复，必要时更换磨损部件。

(3) 充电系统的故障检修

① 不充电　叉车发电机中速以上运转时，电流表指示放电(不充电)，充电指示灯亮。故障原因是：蓄电池和发电机之间的连接导线断裂或脱落；发电机不发电，可能是硅二极管短路、断路；定子绕组有短路、断路和搭铁故障，碳刷在碳刷架内卡住，以及调节器有故障。

首先要考虑蓄电池充电情况，若充电不足为发电装置故障；不充电除了传动带过松打滑，一般要检查发电机本身不发电或调节器故障，以及充电电路断路故障。如发电机内部整流脱落或电枢接线柱底部与二极管元件板接触处不通；二极管击穿短路，造成定子绕组烧损；电刷在碳刷架内卡住，接触不良，或磁场绕组断路等。

诊断中提高发电机转速，电流表指示不充电；开大灯，如电流表指针瞬间偏转放电方向，则为发电机与调节器工作正常，而是蓄电池充电已足；若电流表指针较大地偏向放电方向，则故障在发电机或调节器，应检查充电线路各接头是否良好，风扇带是否过松以及发电机、调节器的技术状况。首先验证充电系统是否确实有故障，将发电机置于中速运转，在开前照灯的瞬间，电流表指针偏向“＋”方向或保持原位不动，为蓄电池已充足电，充电系统工作正常；如果电流表指针偏向“－”方向，为充电系统有故障。

② 充电电流过小　蓄电池在存电不足的情况下，提高发电机转速，电流表指针指示较小的充电电流，则为充电电流过小故障。多是发电机本身电压不足，调节器技术状态不良以及充电线路中电阻增大所致。

判断和排除可按以下步骤进行。首先检查蓄电池、发电机、调节器和电流表等各机件的接线柱及其导线连接是否牢靠；然后检查风扇带是否过松而使发电机转速不高；在上述情况正常时，可在发电机中等转速下检查调节器的限额电压，拆检发电机是否有磨损损坏的异常现象；检查调节器活动触点是否烧蚀或有无氧化物，活动触点臂与铁芯间间隙及弹簧拉力是否符合技术要求；调节器接线有无松动现象，发现异常现象应及时修复。发电机在中速以上运转时，接通前照灯，若电流仍显示充电，为充电系统技术状况良好；若电源表显示放电，为充电电流过小故障。

③ 充电电流过大　叉车充电电流一般为 2～4A，若充电电流长时间保持在 20A 左右，则说明充电电流过大。其原因多是由于调节器故障而引起的或是蓄电池内部短路引起的，调节器的故障一般为低速触点烧蚀粘接，高速触点接触不良。检查中叉车电流表指针偏转到最大充电电流位置；若夜间行车，发电机转速高时，就会出现照明和仪表指示灯特别亮；灯泡容易烧毁，分电器触点烧蚀，蓄电池电解液消耗过快。首先检查调节器火线与磁场两接线柱导线是否接错，活动触点是否烧蚀或粘合于常闭状态。检查调节器时，可拆下磁场接线，若充电电流明显减小，为调节器故障，可能是低速触点烧结分不开，线圈有断路等，若充电电流仍然很大，可能是磁场接线和电枢接线有短路。首先检查是否因蓄电池内部短路和严重亏电而引起充电电流过大，必要时应予检修。

④ 充电电流不稳　在发电机怠速以上转速运转时，电流表指针左右摆动，显示间歇充电，一般为发电机的端电压不稳定。首先应检查各连接线头是否松动和接触不良；带是否过松以及蓄电池的极柱有无松动。若无异常再检查调节器触点是否烧蚀、脏污，线圈或电阻有无接触不良、断路等；仍无异常，则应拆检发电机内部的技术状况，并逐项修复。发电机中速以上运转时，电流表指示充电，但指针不断左右摆动，充电电流时大时小，必要时应予修复。

充电系统常见故障的部位和原因见表 7-7。

表 7-7 充电系统常见故障的部位和原因

<table>
<tr><th>现 象</th><th colspan="3">部 位</th><th>原 因</th></tr>
<tr><td rowspan="8">完全不充电(电流表指示放电)</td><td colspan="3">接线</td><td>接线断开或短路</td></tr>
<tr><td colspan="3">电流表</td><td>接线错误</td></tr>
<tr><td>发电机不发电</td><td colspan="3">二极管损坏、抑制干扰用电容损坏、碳刷卡住或与滑环不接触,定子、转子绕组断路、断路、搭铁、接柱绝缘不良</td></tr>
<tr><td rowspan="4">调节器</td><td rowspan="2">调整电压过低</td><td>触点式</td><td>调整不当、触点接触不良</td></tr>
<tr><td>晶体管式</td><td>调整不当</td></tr>
<tr><td rowspan="2">调节器不工作</td><td>触点式</td><td>触点烧结在一起,内部断路或短路</td></tr>
<tr><td>晶体管式</td><td>大功率管断路,其他电阻、电容、二极管、三机管损坏</td></tr>
<tr><td colspan="2">磁场继电器工作不良</td><td></td><td>继电器线圈、电阻断路或短路,触点接触不良</td></tr>
<tr><td rowspan="4">充电不足</td><td colspan="2">接线</td><td colspan="2">接线断路,电阻断路,接头松动</td></tr>
<tr><td colspan="2">调节器</td><td colspan="2">电压调整偏低,触点脏,继电器线圈断开,触点接触不良</td></tr>
<tr><td colspan="2">发电机发电不足</td><td colspan="2">发电机带过松,转子、定子绕组即将短路或断路,电刷弹簧压力不足,电刷接触不良,接线柱接触不良或松动</td></tr>
<tr><td colspan="2">蓄电池</td><td colspan="2">蓄电池内部短路</td></tr>
<tr><td rowspan="2">过充电调节器</td><td colspan="2">调整值过高</td><td colspan="2">调整不当,触点脏、接触不良,搭铁不良</td></tr>
<tr><td colspan="2">调节器不工作</td><td colspan="2">线圈电阻断线短路,低速触点烧结</td></tr>
<tr><td>发电机有不正常响声</td><td colspan="2">发电机</td><td colspan="2">发电机安装不当,轴承损坏,二极管短路、断路,定子绕组烧断</td></tr>
</table>

7.4 叉车启动机

叉车发动机是靠外力启动的，常用的启动方式是电力启动。电力启动机（简称启动机）启动操纵轻便，启动迅速可靠，又具有重复启动的能力，所以为现代叉车广泛采用。目前叉车广泛采用的是由蓄电池供电的电力启动机，它由电动机、传动机构和控制装置三部分组成（见图 7-25）。

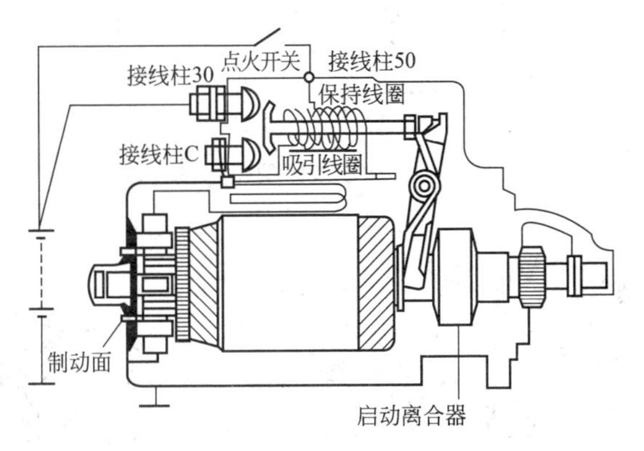

图 7-25　启动机的结构

7.4.1　叉车启动机的维修、调整与养护

（1）启动机磁场绕组和电枢绕组的维修

磁场绕组和电枢绕组的主要故障有短路、断路和搭铁。首先检查线圈外部绝缘是否烧坏，各线头连接是否良好。如有脱焊、松动，应重新焊接。

① 磁场绕组短路检验　磁场绕组短路检验可用蓄电池的 2V 电压进行检查，见图 7-26 所示。检查时，接通电路（通电时间不宜过长，以免烧坏绕组），将旋具放在每个磁极上，检查磁极对旋具的吸力是否相同。如果某一磁极吸力较小，说明该磁场绕组匝间有短路，应予修复或更换。

② 磁场绕组和电枢绕组其余各项的检查　启动机磁场绕组和电枢绕组其余各项的检查见图 7-27。

a. 用万用表 R×1K 挡检查电枢绕组有无内部［见图 7-27(a)］断路。两表笔分别触及不同的换向片，导通为良好。

b. 用万用表 R×1K 挡检查绕组有无搭铁［见图 7-27(b)］。一

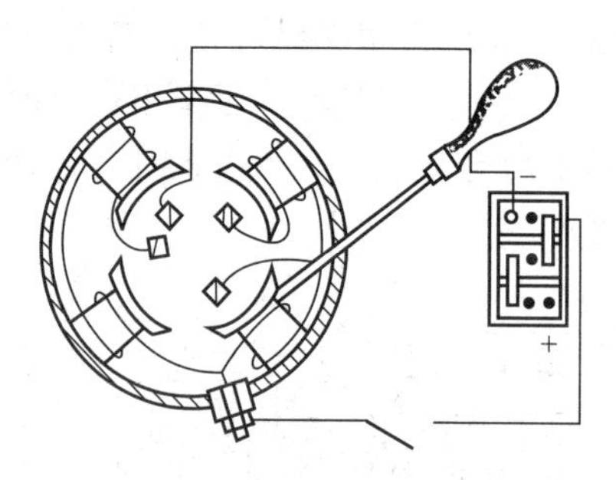

图 7-26　磁场绕组的短路检查

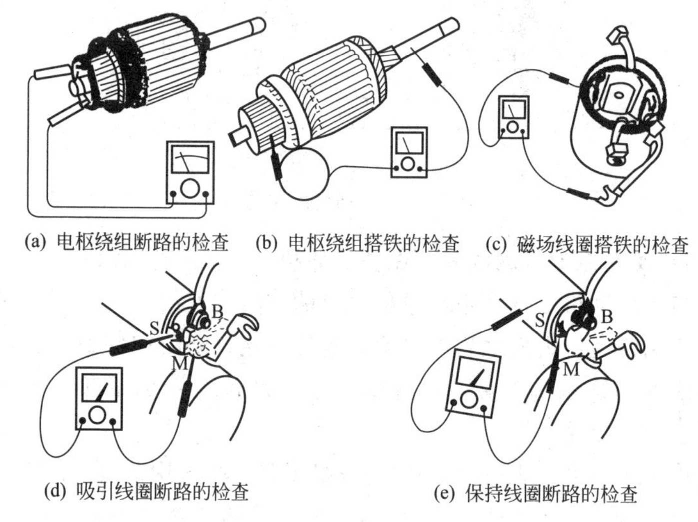

(a) 电枢绕组断路的检查　(b) 电枢绕组搭铁的检查　(c) 磁场线圈搭铁的检查

(d) 吸引线圈断路的检查　(e) 保持线圈断路的检查

图 7-27　启动机磁场绕组和电枢绕组其余各项的检查

端与电枢轴接触，另一端触及换向器，其电阻值应无穷大，若阻值为零则有搭铁故障。

c. 用万用表 R×1K 挡［见图 7-27(c)］或交流试灯进行检查。一端触及外壳，另一端接磁场引线，电阻值应为无穷大，否则为磁场线圈有搭铁。

d. 用万用表 R×1K 挡检查吸引线圈［见图 7-27(d)］。一端接 S 线柱，另一端接 M 线柱，应导通，否则吸引线圈有断路故障。

e. 用万用表R×1K挡检查保持线圈［见图7-27(e)］，一端接S线柱，另一端接开关壳体，应导通，否则有断路故障。

(2) 换向器和电刷的维修

换向器的检修方法和发电机整流器基本一样，但电刷高度应符合技术要求：国产启动机，新电刷高度为14mm，磨损后一般不应小于6mm。如高度不够，电刷与换向器接触不良，不仅会造成启动机启动无力，而且会烧蚀换向器。因此高度不够时，应予更换。

一般的更换方法如下。一是更换负电刷时，应将与负电刷连接的磁场线圈拆下，再将电刷的软线缆与线圈的焊接处加热（用喷灯加温或将焊接处浸入熔化的锡），取下旧电刷。再将新电刷的软线缆夹紧在磁场线圈的线头内并焊牢（施焊时要防止焊锡渗入软线缆，使软线缆变硬），若焊接不牢，将影响电流大量通过，使启动机功率下降。二是更换正电刷时，应将电刷的软导线按原来位置紧固在体壳上，保证搭铁良好。若此处搭铁不良，工作中就会带来不良后果：一方面电流将大量经过正电刷架和电刷弹簧，使电刷弹簧产生高热，失去弹性；另一方面将使启动机启动无力。另外，电刷架不应歪扭；负电刷架绝缘应良好；电刷弹簧的弹力一般应为11.7～14.7N。弹力不够时，可将弹簧按螺旋相反的方同扳转，以增加弹力，或者更换。

(3) 启动机单向啮合器的维修

叉车在使用中，常发生启动机小齿轮与飞轮齿环卡住的故障，这往往发生在蓄电池亏电，发动机有关部件配合过紧，以及启动机本身有故障等情况下，启动机卡死后，回位弹簧不能使传动件恢复原位，电路断不开，时间稍长，极易导致启动机烧损。

遇启动机卡死的故障，应立即拆除蓄电池的搭铁线（或与启动机连接的电源线），然后设法使启动机小齿轮与飞轮环齿脱开。用上述方法仍不能脱开时，可将启动机固定螺栓松开几扣后搭启动机，即可排除启动机卡死故障。

在使用中启动机的单向啮合器常会出现打滑和减震弹簧折断的现象。单向啮合器打滑，往往是先由滚子部分磨损，慢慢造成打

滑，此时启动机旋转时没有碰击、敲击等声音，仅是打滑带不动曲轴。遇此情况应把启动机拆开，单独将单向啮合器装在电枢轴上，一手拿电枢，一手转动齿轮，若顺时针转动自如而反时针转动会卡住，表示单向啮合器良好，清洗养护后仍可继续使用。如果顺时针可转动而反时针用力转动时打滑，则为单向啮合器损坏，需更换新件。

减震弹簧折断后，也会引起启动机空转，不能带动曲轴旋转，必要及时更换修复。

(4) 启动机的拆装与调整

① 启动机的技术要求　启动机的技术要求是：用百分表检查电枢轴弯曲时径向圆跳动应不大于0.10～0.15mm，电枢轴的轴向间隙不大于0.05～1.00mm。空转试验时，启动机转速大于5000r/min，电流小于90A，蓄电池电压为额定电压。

② 启动机的解体与各零部件清洗　启动机解体时，拧松启动机开关与启动机壳体杠杆间连接，取下启动机。取下穿心螺栓，使启动机前后部分分开；取下拨叉、单向啮合器。取下启动电枢，拆下启动机防尘箍、电刷。解体后，清洗擦拭各零件，金属零件用煤油或汽油，绝缘零件用布或浸汽油的布擦拭。

启动机结构不同，拆装顺序也不相同。分解各型启动机，一般情况下只需将其分解成电磁开关、电枢、磁极与壳体、单向离合器、端盖等总成即可。分解之后，必须注意电枢绕组、磁场绕组、离合器及电刷等部件不能用汽油清洗，只能用棉纱蘸少量汽油擦拭，其余部件可用汽油清洗，金属件用煤油或汽油清洗后擦拭干净。带绝缘物的零部件（如电枢绕组、磁场绕组、电刷及啮合器等），应该用干布或浸上汽油的布擦拭干净，严禁将其投入汽（煤）油中清洗，以防绝缘物变形。单向离合器内有润滑油（制造组装时加入的），浸入溶剂会洗掉润滑油，因此也不能用汽（煤）油清洗，只能用干布蘸少量汽（煤）油擦净。

③ 启动机的装复步骤　启动机装复时，其步骤因其种类和形式的不同而不尽相同，但装复的基本原则是按分解时相反顺序进

行。先将离合器和移动叉装入后端盖内，再装中间轴承支承板，将电枢轴插入后端盖内，装上电动机外壳和前端盖，并用长螺栓结合紧，然后装电刷和防尘罩。其控制开关装于外壳上。

④ 启动机的装复要点

a. 注意检查各轴承的同轴度。电枢轴有三个轴承支承，往往不易同心，绝对同心虽不易做到，但同轴度误差不能过大，过大就会增加电枢轴运转的阻力。检查的方法是：各轴颈与每个铜套配合时应转动自如，又感觉不出有间隙（中间轴承间隙可稍大一点）；在中间轴承支承板与后端盖结合好后，应将电枢轴装入中间支承板的铜套和后端盖铜套内试转，此时应转动自如，无卡住现象；装上前端盖后，再次转动电枢，应转动灵活。否则为轴承不同心。发现轴承不同心时，轻者可以修刮轴承，严重时应更换个别铜套。

b. 各铜套、电枢轴颈、键槽、止推垫圈等摩擦部位，都应使用机油予以润滑。

c. 固定中间轴承支承板的螺钉，一定要带有弹簧垫圈。否则，工作中支承板振动，使螺钉松脱，便会造成启动机不能正常工作，甚至损坏启动机。

d. 驱动齿轮后端面的止推垫圈和换向器端面的胶木垫圈及中间轴承支承板靠离合器一面的胶木止推垫圈，装复时不要遗漏。

e. 磁极与电枢铁芯间应有0.82～1.8mm的间隙，最大不应超过2mm。切不可有两者相互碰刮的现象。

f. 电枢轴的轴向间隙不宜过大，一般应为0.125～0.5mm，不合适时，可在轴的前端或肩端改变垫圈的厚度进行调整。

⑤ 启动机的调整　启动机装复后转动灵活，电枢轴的轴向间隙不大于0.05～1.00mm。检查与调整止推间隙时，拆下启动机开关接线柱上的磁场接线头，将蓄电池的正极接吸拉线圈和保持线圈的中性接头，负极接外壳，将启动齿轮从电枢一端移到止推垫圈的一端，利用电磁力得以保持，测量启动齿轮端面与止推垫圈之间的间隙，不合要求应拧松锁紧螺母，转动双头螺栓调整。拧入螺栓，间隙减小，反之，拧出间隙增大，调整至止推间隙为1～4mm。

驱动齿轮与止推垫圈（或限位螺母）间隙的检查调整。启动机工作时，为了不使驱动齿轮与止推垫圈接触过紧因摩擦而损耗功率，又能与飞轮牙齿基本上全面啮合，要求机械操纵式启动机当把移动叉推到极限位置时，驱动齿轮与止推垫圈间应有一定的间隙。间隙不当，应旋松固定螺母，转动限位螺钉进行调整。如321型启动机开关结合时刻的检查和调整时，将拨叉推到底（如图7-28所示），使齿轮处于极限啮合位置，此时驱动齿轮端面至止推垫圈的间隙为0.5～1.5mm。当此间隙为1.5～2.5mm时，驱动齿轮与飞轮齿环基本处于完全啮合，而活塞杆还应有不小于1mm的行程，必要时予以调整。

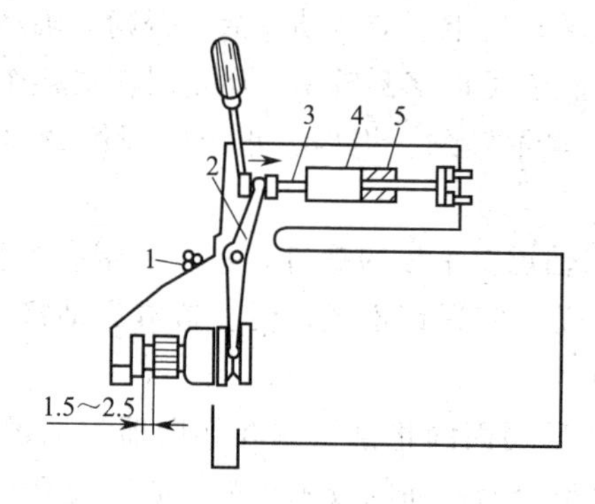

图7-28　直接操纵强制啮合式启动机驱动齿轮与止推垫圈之间间隙的调整

1—齿轮行程限位螺钉；2—拨叉；3—连接螺杆；4—活动铁心；5—挡铁

（5）启动机性能检测

① 启动机空转试验（见图7-29），其目的是测量启动机空转电流和转速，从而判断有无电路故障和机械故障。其方法是将启动机夹在虎钳上，将12V蓄电池通过电流表接在启动机的磁场接柱和搭铁之间，使启动机运转（不超过1min），电流应不大于标准值，转速低于标准值为装配过紧，或启动机有搭铁短路故障；若均小于标准值为线路中有接触不良之处，必要时应予以修复。

② 全制动试验　全制动试验（见图7-30）模拟启动机启动发动机的工作情况，测量在全制动时所消耗的电流和制动力矩。检查

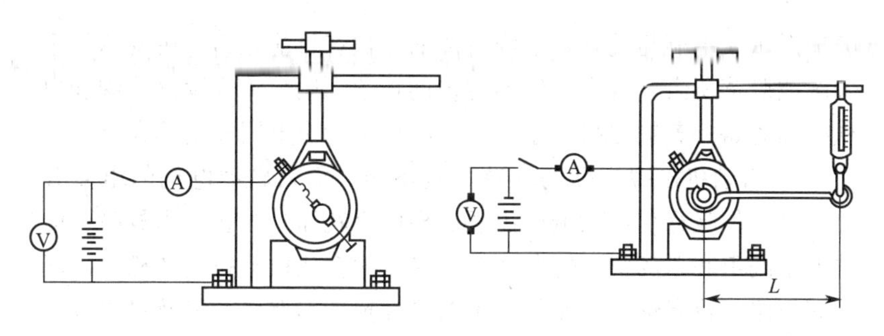

图 7-29　启动机空载试验　　　图 7-30　启动机全制动试验

启动机技术性能，确保其主电路和单向离合器状况正常。试验时将其装在试验台上连接好电路，安装扭力杠杆和弹簧秤，然后接通电源开关，检查单向离合器是否打滑，并观察电流表，待其指针稳定后，读取电流表和弹簧秤的读数，看是否符合要求，必要时予以检修处理。

(6) 启动机的养护要点

启动机电枢轴上的铜衬套，一般可装用青铜衬套或粉末冶金衬套（不得装用铸铜衬套)，否则运转时承受较大的冲击载荷容易磨损。用细砂布擦整流子后，必须用毛刷或高压空气吹净金属屑或污物，避免出现飞口毛刺而冒出火花。接头处清除积污及铁锈，保持线路接头清洁，拧紧后涂上少许凡士林以防锈蚀。装配电刷要运用自如，不能卡滞，当厚度磨损过薄时应换新件，电刷弹簧压力应保持在 12～15N 内。各部接触良好可靠，单向齿轮无打滑失效，电磁开关闭合动作正常，触点无积污、烧蚀现象。定期养护、润滑和调整，严格修理工艺标准。

7.4.2　叉车启动机常见故障的检修实例

(1) 启动机的常见故障检修

启动机一般常见故障有短路、断路、接触不良、启动开关失灵等。

① 启动机运转不良的检修

a. 启动机时转时不转，转动时无力。该现象多属启动机电刷

磨损严重或电刷弹簧弹力下降造成的，也有可能是启动机轴承严重偏磨或脱落所致。若有运转不均匀的现象，则故障为励磁线圈和电枢线圈短路；若输出扭矩小，则故障还可能为电刷接地不良。

b. 启动机出现强烈的火花而且不转。如果启动电机的电磁开关正常，但吸合后启动电机出现强烈的火花而且不转，则故障可能是电枢绕组和磁场绕组短路搭铁。搭铁大多是由于拉紧螺栓与磁场线圈短路，或者绝缘电刷架的绝缘垫片损坏而造成，需及时予以检修，必要时更换新件。

② 启动机的其他常见故障检修

a. 啮合后启动机空转。说明单向啮合器打滑或损坏，减震弹簧折断，转子与定子擦碰，磁场线圈或电枢线圈局部短路等。

b. 运转缓慢无力。除气温低，使润滑油较稠、阻力大、蓄电池电容量不足之外，主要原因在启动机内部，可能由于轴承过松而使电枢和磁极碰擦、励磁或电枢绕组有局部短路，电刷磨损过多，电刷弹簧压力不足，线路接触不良，使电刷接触电阻过大，换向器表面烧蚀或脏污等。

c. 启动齿轮与飞轮齿圈啮合不良。飞轮齿圈变形、断齿，装配不妥使齿轮与齿圈中心线不平行，电磁开关吸铁行程调整不当。

d. 启动齿轮与飞轮齿圈咬死不脱开。齿轮表面粗糙而啮合太紧，驱动装置在启动机电枢轴上卡死以及电磁开关触点烧结等。

e. 启动机运转不良及异响。如果启动机在冷、热车时都不好启动，证明故障在其内部，热车好启动，冷车启动无力，冷、热车空转都好，但啮合后无力，一般是蓄电池存电不足。按下启动钮，若启动机不转，应迅速松开，检查有无冒烟和发热现象。如无异常现象，可用起子将启动开关接线柱和启动机火线间的连接钢片拆开，分别通电触试，若开关接线柱有火表示搭铁。触及启动机磁场接线柱时，虽有火但不转，即故障就在内部，必须拆检修复。用起子使启动开关两大接线柱接通时，启动机空转良好，表示启动正常，应检查开关过电铜片是否搭铁或接触不良。用起子连接启动机开关两大接线柱时无火，即为内部断路。启动机齿轮与齿圈不啮合且有撞击声，这可能是驱动小齿轮或齿圈牙齿损坏或开关闭合过早，在启动机小齿轮与齿圈未啮合前，启动机主回路就接通等原因。常见启动机工作时有异响的故障分析见表 7-8。

表 7-8　常见启动机工作有异响的故障分析

现　　象	可能原因	检修方法
发动机能启动，启动前有频率非常高的噪声	驱动齿轮与飞轮齿圈之间的间隙过大	调整启动机的安装垫
发动机能启动，启动后释放点火钥匙时有频率非常高的噪声	驱动齿轮与飞轮齿圈之间的间隙过小	调整启动机的安装垫，并检查飞轮齿环有无破坏，必要时更换齿环
发动机启动后不关钥匙有频率非常大的噪声	启动机存放时间过长而生锈，单向啮合器工作失效	更换单向啮合器
在发动机启动后，启动机转速降为零时，有轰轰隆隆的敲击声	电枢轴变形或电机电枢轴不平衡	更换启动机电枢总成

（2）启动机不工作故障的检修

在叉车使用中，启动机常会出现不工作现象（通电后不运转）。当接通启动电路后，发现启动机不转，除蓄电池损坏不存电、接法有错误和接触不良外，一般是内部断路和电磁开关故障（空转正常则毛病在电磁开关）。可以通过“看”电流表指针摆动情况；“听”电磁开关和蓄电池的响声；“摸”导线连接点温度等简单方法，迅速地查找出其原因所在。

当接通电路后，若电流表指针向“－”摆到底，同时保险丝熔断，电磁开关无动作声。这种情况多因开关至电磁开关接线柱段导线“搭铁”引起，但不能排除电磁开关内部线圈短路的原因。为此，可将电磁开关接线柱导线取下，并将该接线柱与电池接线柱短接，如电磁开关动作，则说明其线圈完好，如火花强烈，可能是线圈短路。电流表指针仍向“－”摆到底，但电磁开关有动作声时，多为电磁开关内的接触圆盘不良引起，用手摸电磁开关上的两个粗接线柱，如发热即可能为接触不良，反之可能为其接触。若电流表指针指示在 15A 左右，电磁开关有动作声，则是启动电机内部短

路；否则可迅速触摸启动电路的各接头（搭铁点、蓄电池桩头、各接线柱），哪里发热即为哪里接触不好，往往还伴有“冒烟”现象。若发现哪个接头接触不好，也可能是蓄电池亏电或启动机碳刷接触不良。

检修时，首先试车启动发动机的同时，接通前大灯或喇叭，观察灯光亮度和喇叭声响是否正常，如变弱，则应检查蓄电池是否亏电和线路连接是否松动。短接启动机电磁开关与蓄电池正极接柱，观察启动机运转情况，如运转正常，则检查点火开关。

用粗导线使启动开关的两个接线柱短路，观察启动机运转情况，若启动机此时运转正常，则可能是开关（由于开关触点烧蚀）弹簧损坏，推杆调整不当等原因，使主回路不能接通。若此时启动机仍不转，则应拆开启动机检查。若在短路启动开关两接线柱有强烈的火花，但启动机不转，则说明启动机内部线圈有短路或搭铁。

从车上拆下启动机，然后拆下启动机电刷，检查启动机电刷和换向器表面状况，换向器表面应无烧蚀现象，电刷在电刷架内应活动自如，无卡滞现象，电刷与换向器的接触面积不应小于4/5，电刷长度不应小于新电刷的2/3。以上检测都正常，若启动机不转，则故障为励磁线圈断路。

CPCD3、CPQ3叉车在使用中，常见启动继电器JQI烧坏，也会引起启动机不工作现象（通电后不运转）。查明原因后分别予以修复。

（3）启动机电磁开关常见故障

使用中启动机电磁开关常见的故障有：时吸时不吸或者冷车吸、热车不吸。有时用起子直接在开关处将电源与开关接线柱连接时能吸，但用启动按钮、继电器工作时，电磁开关不吸。热车温度增高，电磁吸力更差，此故障多为电磁开关吸力不足。启动时，电磁开关发卡不能复位，放开启动按钮，启动机仍然继续运转，切断电源才停止工作。启动机启动时，电磁开关内发出周期性噪声，但启动机不转。

电磁式启动开关是由固定铁芯、活动铁芯和磁力线圈组成的电机电路控制机件。当接通电源时，磁力线圈产生的磁场使活动铁芯运动，并通过启动机移动叉将单向啮合器齿轮推出与飞轮齿圈啮合并带动旋转。产生故障的原因有：活动铁芯与开关轴及线圈壳体配合过紧，运动不灵活；开关触点表面和接触盘表面不光洁、烧蚀和黏结；接触盘不平整、电源接线柱固定螺母松脱；线圈短路、断路或接触不良等。

7.5 内燃叉车的电气系统

7.5.1 内燃叉车电气系统的组成与技术规范

(1) 内燃叉车电气系统的组成与装用要求

内燃叉车的电气系统（除了点火系统之外）主要由启动机、发电机、电压调节器、喇叭、灯光照明、传感器、仪表、蓄电池等组成。由于内燃叉车有两种动力源，故电气系统稍有差别：汽油叉车电气系统有点火线圈、分电器、火花塞，而柴油叉车电气系统有预热塞、预热按钮（启动与预热开关）。电气系统的控制电压多为12V，电器多为单线制，负极接铁。整个电线束、仪表板，各类灯均采用插接件连接。

图 7-31 所示为起重量 2t 的柴油叉车电气系统原理图。对图中主要元件做以下说明。启动电机型号 2Q2CA，电压为 12V，最大输出功率为 1.86kW，是串激式直流电动机，启动电机与柴油机飞轮齿圈的啮合是用电磁开关控制的。在启动开关接通电路后，电磁开关使齿轮与飞轮齿圈啮合，同时接通启动电机电路，从而驱动飞轮。柴油机启动后，应立即关闭启动开关电路，铁芯在弹簧作用下，启动齿轮退回原处。启动电机一次连续使用时间不得超过 5s，两次启动的间隔时间为 2～3min 以上，连续三次不能启动时，应检查排除故障。

发电机型号为 JF-11A，电压为 14V，输出电流为 25A，额定功率为 350W，是硅整流交流发电机，内装 6 个硅整流元件，经整流后直流输出，并与 FT-111 电压调节器配合使用。养护时应特别

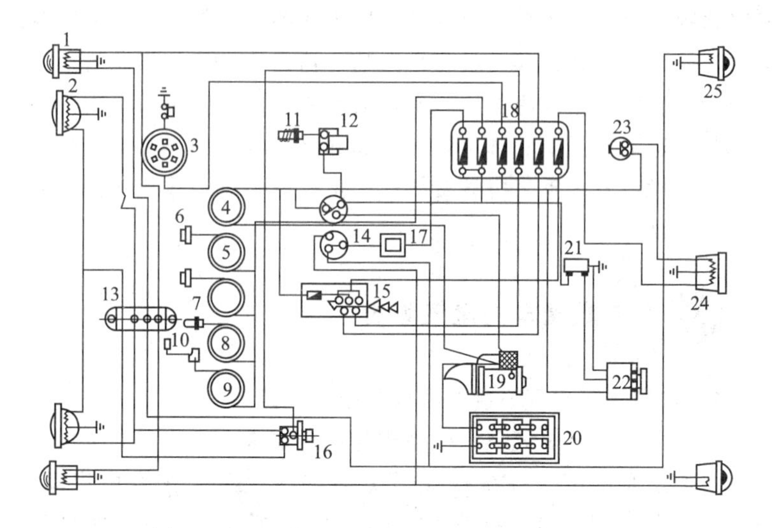

图 7-31　起重量 2t 的柴油叉车电气系统原理图

1—前小灯；2—前大灯；3—喇叭；4—电流表；5—机油表；6,10—传感器；7—水温传感器；8—水温表；9—燃油表；11—预热塞；12—启动与预热开关；13—接线板；14—转向灯开关；15—照明灯开关；16—变光开关；17—断续器；18—保险器；19—启动电机；20—蓄电池；21—电压调节器；22—发电机；23—制动灯开关；24—制动牌照灯；25—转向灯

注意。发电机为负极接铁，绝对禁止将蓄电池正极接铁，以免烧坏发电机。发电机转动时，不允许将发电机正极输出线开路，以免损坏发电机。对发电机平时的养护，需保持风道畅通，电刷与集电环应接触良好。在使用一年后，可卸下发电机，进行清洁，更换润滑油，检查或更换电刷和整流二极管等工作。

电压调节器型号为 FT-111。调节器的技术参数为，半载时调节电压为 13.8～14.5V，衔铁与铁芯间隙为 1.4～1.5mm。在调节器发生故障时，应首先检查触点是否污染不通，不得轻易调节衔铁与铁芯的间隙和触头间隙（调弹簧）。如确需调节，应使用仪表校核。调节铁芯间隙，可以变更低载和重载时的电压调整差值，触头间隙的调整可改变调整电压的上下值。调节器的两接线柱绝不能短接，即使瞬时短接，也会烧毁接地触点。

蓄电池型号为6-Q-120，电压为12V，容量为120A·h。

启动与预热开关及其运用。启动前将电门开关由“0”位置转至“1”位置（顺时针），电路接通，然后转动至启动位置（顺时针），即能接通启动电机电路，启动柴油机。

电热塞和预热启动。电热塞是为了解决柴油机不易启动而设置的，预热启动是利用电热塞体在燃烧室被通电加热后，引爆混合气以促成柴油机点火启动。

启动开关不管在启动或运转位置，均通过电压调节器接通发电机磁场线圈。应当注意：在发动机停止工作时，立即关闭电路（置于“0”位置），以切断蓄电池向发电机磁场线圈放电的回路。

(2) 内燃叉车电气系统的技术规范

叉车使用中，电气设备应完好有效，通电导线应分段固定，包扎良好，无漏电现象，并不得靠近发动机和排气管。通电导线接头应紧固，无松动、脱落和短路现象。电器元件的触点应光洁平整，接触良好，接线应保持清洁。所有电器导线均需捆扎成束，布置整齐，固定卡紧，接头牢固并有绝缘封套，导线穿越洞孔时需装设绝缘封套；照明信号装置任何一个线路如出现故障，不得干扰其他线路正常工作；叉车需装设电源总开关。

交流发电机、调节器、启动机及继电器均应完好，动作灵敏可靠。分电器壳体及盖无裂损。真空调节器应齐全、完整、密封良好。电源总开关、点火开关和车灯开关必须齐全、灵敏可靠，并与所控制的动作相符。电流表、水温表及感应塞、汽油量表及汽油表浮子、机油压力表及感应塞、机油压力过低报警器等，均应齐全完好，安装正确，连接牢靠，动作灵敏，准确可靠。仪表表盘刻度清晰可见。

叉车护顶架两侧应根据需要左、右两边各安装一只（或两只）前大灯（前照灯），前大灯由变光开关控制远光和近光，作叉车前进行驶照明用。前小灯包括转向灯，作运行指示或转向指示用。叉车平衡重尾部两侧各装有白色倒车灯、红色尾灯和黄色转向灯。在车架上还装有倒车蜂鸣器。所有照明设备皆为直流12V或24V，

由发电机或蓄电池供给电能。

前照灯应有足够的发光强度，光色为白色或黄色。叉车前面左、右两边各安装一只示宽灯；示宽灯功率应为 3～5W，显示面积应为 $15mm^2$，光色为白色或黄色；示宽灯与尾灯同时点亮，并且在前照灯点亮、熄灭时均不得熄灭。叉车后面左、右两边应各装一只尾灯。尾灯功率应 3～5W，显示面积应为 $15mm^2$，光色为红色。叉车后面应装设制动灯，功率 15～25W，显示面积≥$20mm^2$，光色为红色；制动灯启、闭受行车制动装置的控制。叉车左、右两边应安装一只转向信号灯；在驾驶室仪表板上应设置相应的转向指示信号；转向灯功率 10～15W，显示面积≥$20mm^2$，光色为黄色，以 60～120 次/分频率亮灭；叉车夜间作业应设置倒车灯，光色为白色或黄色，倒车灯能照清 15m 以内的路面。

叉车安装的灯具，其灯泡应有保护装置，安装要可靠，不得因车辆振动而松脱、损坏、失去作用或改变光照方向。所有灯光开关安装牢固，开关自由，不得因车辆振动而自行开启或关闭。左、右两边装置灯的光色、规格须一致，安装位置对称。照明信号装置（含前大灯、前小灯、侧灯、后灯、室灯、仪表照明灯、信号灯等）均应齐全完好。灯具玻璃颜色符合设计规定，并清晰明亮，有足够的照度。

车辆仪表及指示灯应齐全有效。采用气压制动的叉车，必须装设低压音响警报装置。

叉车应设置喇叭，喇叭应触点光洁、平整，音响清脆、洪亮，音量不超过 105dB（分贝）；发电机应技术性能良好；蓄电池壳体应无裂痕和渗漏，极柱和极板、连接板的连接牢固；蓄电池表面与极柱保持清洁。各部密封良好，蓄电池电液表面应高出极板 15～20mm，充电后的电液相对密度不低于 1.26～1.265，相对密度低于 1.22 时应进行充电。

保险丝分为四挡，即 R_1、R_2、R_3、R_4，每挡容量均为电流 10A。R_1 用于前大灯和示廓灯、工作灯；R_2 用于转向指示灯，刹车灯；R_3 用于喇叭；R_4 用于仪表。如因电气设备和线路故障引起

保险丝烧断，必须排除故障后，重新换上同规格保险丝。双金属片保险器（电流为20A）置于仪表板左下侧，若保险器动作，应立即查明原因，排除故障，再用手按复位。

倒车蜂鸣器和滤油警告灯。在换向操纵杆置于倒车位置时，即接通倒车开关，使倒车蜂鸣器工作，发出蜂鸣声。如在库房内作业不需要倒车蜂鸣声时，可用脚踏控制开关来控制。

滤油器滤油回路堵塞时，红色滤油警告灯亮，此时应立即清洗滤油器，排除故障。

7.5.2 叉车电路故障的检修

(1) 叉车电路故障的检修方法

① 线路故障及检查方法　叉车电器系统与叉车其他总成部件一样，处在复杂多样的气候条件、强烈的振动、灰尘和油垢以及不同的操作养护水平之下运行，加上本身设计制造方面的原因，工作了一定的行驶里程之后，必然会出现这样或那样的故障。所谓电路故障，就是指电路的局部或整体丧失了工作能力，不能完成预定的任务。比如发电机与调节器正常工作时，其输出电压应在14.5V±0.5V（12V制）或28V±0.5V（24V制），且有足够的输出电流，当电压过高、过低或输出电流不足，则说明充电电路有了故障。

② 常见叉车电路故障产生的种类与原因　电路故障按发生时间的长短可以分为渐发性故障和突发性故障。渐发性故障所发生的周期较长，故障程度有从轻到重、从弱到强的过程，它们多是由于零件运行中的摩擦和磨损引起，如点火断电器凸轮磨损引起某缸缺火、启动机扫膛等。突发性故障多由电路的短路或断路所引起，如前照灯突然不亮、发动机突然熄火。

电路故障按其对机器功能影响的程度，可分为破坏性故障与功能性故障。破坏性故障是电器总成或部件因故障而完全丧失工作能力，不更换或大修不能继续工作，如灯泡灯丝烧断、集成电路调节器击穿、发电机定子线圈烧焦等。功能性故障是指电器总成功能降低但未完全丧失工作能力，属于非破坏性故障，经过调整或局部检修可恢复其功能，如点火断电器触点烧蚀、间隙过大或过小等。常

见叉车电路故障产生的原因分析如下。

a. 机械性故障。机械在正常运转中的摩擦、磨损或疲劳。如启动机转子轴与轴套采用润滑脂润滑，常因磨损使驱动小齿轮与飞轮齿圈不能正确啮合而出现顶齿打齿现象。

b. 电气故障。电路上产生短路或断路、接触不良或漏电。如发电机过载引起整流二极管短路；过电压引起调压器开关管击穿断路，触点烧蚀而不导电；电容器击穿而不能储存电荷等。

c. 机电综合故障。电路中的电器元件是依托在机械结构上的，由于机械磨损、松旷或弹簧弹力不足而导致电路接触不良。

d. 环境因素。叉车在不同地区、气候、地形条件下使用，常会发生各种不同故障。如低温下润滑油黏度增加，启动阻力加大，会引起蓄电池早期损坏；叉车电器会因高温而出现塑料件和绝缘材料老化；酸雨会使叉车零部件腐蚀。

e. 人为因素。违章驾驶操作，不按要求养护、清洁和调整而造成机件磨损。正确规范地驾驶运行，及时而合格地养护、清洁和调整，能够显著地延缓机件磨损，减少渐发性故障。渐发性故障的减少，也会大大减少叉车突发性故障的产生。

f. 设计制造。机件设计不合理，制造低劣、装配不良都会导致电路元器件的故障。电路元器件因设计的合理程度，构思的精巧、严谨及制造工艺，材料性能，加工、装配质量的高低，直接影响到叉车电路元器件的故障率。

③ 线路故障实质　叉车线路故障的种类和现象是多种多样的，但其实质可以分为机械性故障、电气性故障、机电综合故障。这三类故障互有区别，又互相联系，不能孤立地去看。常因装配不当和磨损引起松动、冲击或卡住。如轴承磨损引起发电机、启动机扫膛；开关不能定位，弹簧失效，引起触点接触不良；轴类弯曲，引起跳动量过大等。机械性故障持续到一定时间便会引起电器故障，如扫膛引起电动机电枢线圈短路；触点间隙过大而使点火初级电路不能接通等。

叉车电气性故障主要是电路上产生了短路、断路，或接触不良

(轻微断路)、漏电。例如发电机过载引起整流二极管短路，过电压引起调压器末级开关管击穿断路，触点烧蚀而不导电，电容器击穿而不能储存电荷，电感线圈匝间或层间短路或与机体搭铁，高压绝缘元件击穿漏电，蓄电池极柱松动或腐蚀引起不导电，电源电压过高、过低，磁性元件的磁通量削弱或增强，电路参数如频率、相位发生变异。

在叉车电器元件中，电路是依托在机械结构上的，这类故障解决的根本办法是恢复机械结构的完整性。在判断电路故障时，人们有时仅着眼于电路或电路图是不够的，单纯重视电路而忽视机械结构，导致处理不当，都会重新发生机械性和电气性综合故障。

④ 线路故障诊断原则　为了提高判断线路故障的准确性，缩短查找线路的时间，防止增添新的故障，减少不必要的损失，不论是靠人工感觉去判断还是借助仪表测灯、仪器去检测，都应遵循下列原则：根据电路原理图，联系实际；查清症状，仔细分析；从简到繁，由表及里；探明构造，结合原理；按系分段，替代对比；便可逐一排除。

前已述及，电路故障的实质不外乎断路、接触不良（轻微断路)、短路、漏电（轻微短路）等。当叉车电路发生故障时，其实是电路工作的正常运行受到断路或短路的阻碍。判断分析故障的过程，也就是运用电路原理图，结合叉车电路的实际（最好是电路线束布置图)，推断故障部位的思维过程。由于叉车电路越来越复杂，单凭经验或习惯已远不够用。准确、迅速的办法是先把电路搞清楚，最好能有该车的电路原理图（或相近车型的电路原理图)，以电路图为参考依据，以线路实体为根本，同一故障，可以有许多不同的分析判断方案，有不同的方法和手段，但无论如何都是其工作原理在不同角度上的应用。判断故障首先应考虑到的几个大的方面有：电源是否有电；线路是否畅通（即导线、开关、继电器触点、导线插接器接触是否紧密)；用电器是否正常等。围绕这几个方面判断就能较快地缩小范围、节省时间。

(2) 叉车电器及其电路故障诊断

① 检查、判断叉车电路故障的要领　由于现代叉车电器中的附加保护和改善装置较多，结构较复杂，掌握弄清各电路走向及各电器的工作原理，在检查工作中十分重要。特别对于一些新车型线路的布置，最好对照原车电路图进行仔细分析。当出现某一电器失灵时，一般应从外接线路上入手检查，其要领如下。

a. 先观察外部引线、熔丝有无断开，各插接件有无松脱现象，然后打开被查电器的开关，用试灯或电压表逐段检查该正极线路中是否有火，并用仪表的电阻挡检查负极线路是否导通。

b. 由于各不同电器间的引线采用了多种颜色，且电线直径有所不同，这给检查和修理提供了很大方便。如需要找出某一电器的引线在线束内的走向，先观察与该电器相连的引线颜色与直径，然后在线束的另一端找出颜色与直径相同的引线，拆掉两端引线的接点（必须把该引线的电源和电器的搭铁回路断开），用万用表的电阻挡测量两引线端头，若能导通，表明被测两端头引线为同一电路。有些车型的各线路端头注有标号，这对检查更为方便。

c. 当线路接触不良时，会造成用电设备不工作或间断性工作，这时可接通电源，按动各插接件，并注意该部位的温度变化。当按动某插接件时，该用电设备发生工作变化，此即为故障所在。

d. 如果线路短路，线路保险丝肯定会被烧断，更换上新熔断丝时仍然如此。这时，应先观察各引线绝缘皮是否被磨破搭接在导体上，然后在烧断的熔断丝两端搭接一只灯泡，灯泡发光，再把用电器端的正极引线接点拆掉，如果拆下后灯灭，证明该电器内有故障，否则应逐段向熔断丝端检查。若怀疑继电器或自控开关装置有故障，可直接进行短路试验。

e. 打开某电器开关后，注意检查该电器是否发热或有轻微的不正常噪声。必要时对照电器电路图检查是否有错接线路。

② 叉车电器及其电路故障的诊断方法　现代叉车电子设备的增多，使可能出现的故障部位越显复杂，电器、电路发生故障后，选用合适的诊断方法，便成为能否顺利排除故障的关键。叉车电器及其电路常见故障的诊断方法如下。

a. 观察法。从叉车电器及其电路出现故障后的外部现象和形式，通过对导线和电气元件可能产生的高温、冒烟，甚至出现电火花、焦煳气味等，靠观察和嗅觉（闻气味）等进行分析，从而找出故障的部位。

b. 直观感受法。通过用手触摸电气元件表面，根据其温度的高低，通过人体的直观感受查出故障部位。电气元件正常工作时，应有合适的工作温度，若温度过高、过低，则意味着有故障。例如启动机运转无力时，若蓄电池极柱与导线接触不良，触摸时将有烫手感觉；当发动机出现少数气缸不工作或工作不良时，可用手触摸火花塞外表面，温度偏低为气缸故障。

c. 试灯检查法。用试灯将已经出现或怀疑有问题的电路连接起来，通过观察试灯的亮与不亮或亮的程度，来确诊某段电路的故障情况。如用试灯的一端和交流发电机的“电枢”接柱连接，另一端搭铁，若灯不亮，为蓄电池搭铁（车架上）螺钉至交流发电机“电枢”接线柱一段有断路故障；若灯亮，为电路正常。

d. 短路试验法。当低压电路断路时，用导线和旋具等，将某一线路或总成短路，查看仪表指针是否走动，以此判断被短接的电路是否有断路故障，以便确定故障部位。如制动灯等不亮，可在踩下制动踏板后用旋具将制动灯开关两接柱连接，以检验制动灯开关是否良好。但对于叉车的电子设备来说，应慎用短路法来诊断故障，以避免在短路时，因瞬间电流过大而损坏电子设备。

e. 机件更换对比法。对于难以诊断且涉及面大的故障，可利用更换机件对比的方法，通过新旧对比、安装方向对比、磨损的成色对比等，来判定故障的原因及部位，以确定或缩小故障范围。如高压火花弱，若怀疑是电容器故障时，可换用合格的电容器进行试火，若火花变强，说明原电容器损坏；否则应继续查找。

f. 高压试火、高压电检验法。用察看高压电火花的方法，来判断点火系统工作状况。当发动机工作不良或少数气缸不工作时，可将高压分缸线火花塞端取下，距离火花塞 5～7mm 试火。若发动机工况好转，表明该缸工作失常。在试火过程中，还可以通过观

察高压火花的强、弱、无火等现象来判断点火系统的工作是否正常。用点火系统的高压电检验某些电气零件是否损坏，称为高压电检验法。例如检查分火头时，可将其平放在气缸盖上，用高压总火线头对准分火头孔底约5mm，然后接通点火开关，拨动断电触点，察看分火头孔内是否跳火，若不跳火，表明分火头绝缘良好，否则为击穿损坏窜电。

g. 仪器仪表检测法。利用仪器仪表对叉车电器和电路进行检测，尽可能不拆卸其元件，从而进行科学的判断或根据症状来确定毛病。对叉车上越来越多的电子设备来说，仪表检测法有省时、省力和诊断准确的优点，但要求操作者必须具备熟练应用仪器仪表的操作技能，以及对叉车电气元件的原理、标准数据能准确地把握。

③ 叉车线路故障的排除

a. 断路。其现象为熔丝完好，但接通电路开关后用电设备不工作。这往往是导线接头脱落，连接处接触不良，开关失效，导线折断，该搭铁处未搭铁，插头松动或油污等造成电路中无电。应仔细查找外露部位的断路故障，对于故障不在外表的，可用直流试灯或万用表电压挡进行查找。利用直流试灯检查时，将试灯与负载并联，逐点判断是否有电，灯亮表示该点有电，不亮表示无电，断路处在有电和无电点之间。

用试灯检查导线断路。先将试灯导线夹子夹在车架上（如图7-32所示，即搭铁），接通开关后，将测试棒从蓄电池开始按接线顺序，逐段向用电设备方向检查，若试灯亮为导通，否则为短路，毛病在试灯亮与不亮之间的电路中，也可采用万用表，以同样方法

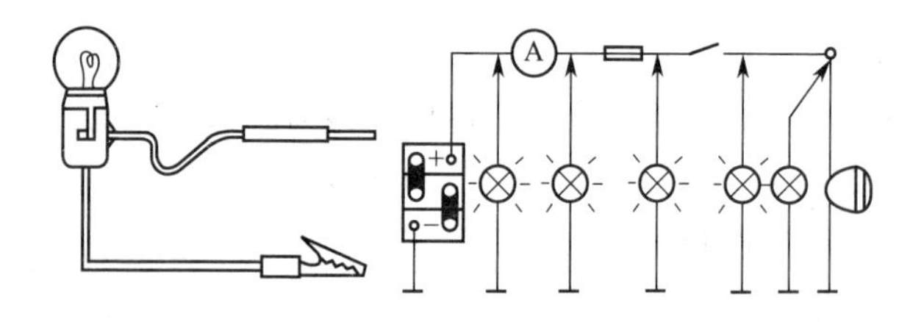

图7-32　用试灯检查

寻找断路故障点。

b. 短路。接通开关后，熔丝即烧断。导线发热有烧焦味，甚至冒烟、烧毁。导线绝缘损坏，电器导电零件或线头裸露部分与车体接触造成短路。根据电路原理来判断短路部位。将试灯串联在故障电路中，接通电路开关后，试灯不亮，说明短路处在电源与试灯之间。如果试灯亮，则说明短路处在试灯至负载之间。为了检查安全，可从电源处开始，沿着供电路线逐点用试灯检查。

寻找短路搭铁处。当接通开关时，熔断丝立即烧断，说明开关所接通的用电设备之间线路中有短路搭铁之处［见图 7-33(a)］。寻找具体发生短路搭铁处时，先从蓄电池引出一根火线，然后从用电设备一端开始，向开关方向按次序逐段拆线头，每拆下一个线头时用火线碰一下，若在 1 处用电设备工作正常［见图 7-33(b)］，而在 2 处却“叭”地一声响，而且还出现强烈火花，但用电设备仍不工作［见图 7-33(c)］，则短路处就在 1 与 2 两点之间的线路中。

确定短路搭铁线路。若开关接通的是好几个用电设备，则为其中某一个用电设备的线路中有短路搭铁处［见图 7-34(a)］。为确定短路搭铁处，可先从该开关上拆下熔断丝与其所接通的全部线头，

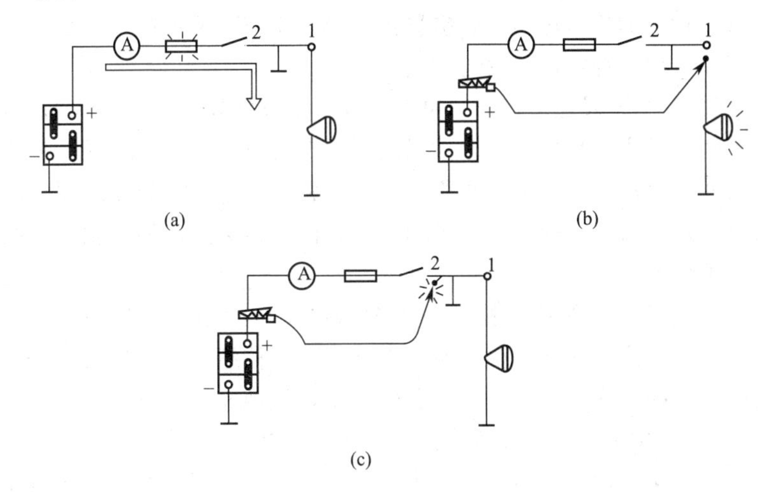

图 7-33　寻找短路搭铁处的方法

然后用蓄电池引来的火线分别地一一同它们相碰。若与1相碰时，用电设备工作正常，则说明该线路完好；若与2相碰时，“叭”地一声响且出现强烈火花，但用电设备仍不工作，则说明该线路中有短路搭铁处［见图7-34(b)］，然后参照图中的方法找出具体短路搭铁处即可。

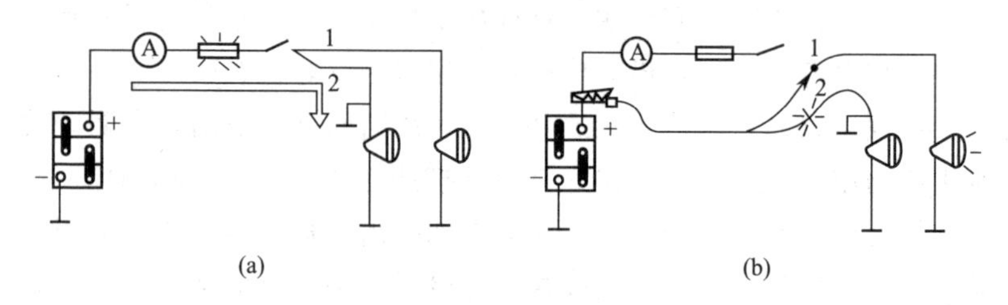

图7-34 确定短路搭铁线路的方法

c. 电路接触不良。用电设备不能正常工作，时好时坏，在电流较大的电路中，接触处有发热或烧蚀现象。线头连接不牢，焊接不良，接触点氧化、脏污，插头松动等。外观检查各接触点的氧化、脏污及烧蚀情况，用导线把待检查的接触处短接，若是用电装置恢复正常，说明该处接触不良。切断电源开关，用万用表欧姆挡测量接触处的接触电阻，根据数据大小，也可以判明故障部位。

(3) 线束烧损的检修与预防

① 常见线束烧损特征和原因　常见线束烧坏特征往往有两种：一种是外部火源烧坏线束，此时线束包布有明显的烧焦炭黑，燃烧是由外及里进行的；另一种则是由于电路负荷过载，导线剧烈发热而烧坏包布。此时燃烧是由里向外开始的。线束烧坏原因主要有以下几种情况。

a. 电流表的两接线柱常采用塑料绝缘套。塑料散热差，既要承受强大电流，又要承受颠簸和振动。若其接线松动或接触不良产生温升，则易导致塑料烧熔而造成搭铁，烧蚀电源线束。

b. 电源线束常采用薄铁皮卡固定，其边缘锋利有如刀口，铁皮卡表面又未加绝缘措施，叉车在长时间运行中振动颠簸，电源线束难免磨穿和割破，从而造成搭铁，烧毁线束。

c. 临时连接电气设备时，未搞清熔断器电流进出口，即随意引出电源线，或熔断器烧损后，未按规范换上相同的熔断器；或用粗铜丝代替熔丝，失去保险作用而烧坏线束。

d. 接线柱连接不牢靠，产生较大的压降而发热，时间过久后，绝缘垫片即会损坏而搭铁短路，尤其电流表及其他仪表后面的接线柱必须连接可靠；另外固定在车架接线板上的导线连接螺钉不易过长，以避免搭铁。

e. 更换导线时未按规定选用，导线过细，大电流通过时产生较大压降而发热，导线表皮逐渐老化损坏。

f. 安装蓄电池时粗心大意，正负极性接反，硅整流发电机内短路，硅整流发电机磁场线和搭铁线相互接反等，均会引起线束烧毁。

② 线束故障的检修与排除　在拆除线束检查隐患时，要注意线路中所暴露出的问题，例如线束转弯处被磨破，导线与导线粘连短路。这种破皮引起的搭铁比较难以察觉，常常成为疑难故障。线束在发动机、排气管、水管等热源附近，往往因缺少线束卡子固定而被烫烙甚至烤焦，致使电气设备不能正常工作。有些导线则被挤压断损，粘连搭铁造成控制失灵。还有些属于人为乱接线，接线不规范而造成熔断器经常烧坏。遇到线路有故障时，均要考虑到以上情况，认真地逐段查找，问题总会迎刃而解。

③ 预防线束烧毁措施

a. 使用中经常发现有的叉车上的线束较乱，多余导线、外露线头较多，随意乱接导线的现象也较普遍，由此导致全车线路混乱，常会引起人为电路故障，很难查找，严重时搭铁短路，烧毁电气设备和线束，引起火灾事故，直接影响到叉车的安全运行。

b. 在维修中，必须遵守修理规范，按照叉车低压线路的线色、代号及编号布置的标准布线，绝不能采取故障排除不了就另行接电源线，或某一线段损坏，不管颜色，不论粗细，随意换线的方法，引起人为造成整车线路混乱、故障增多的后果。在更换保险丝前，应关掉所有电气设备及点火开关，并按规定保险丝进行更换。

c. 若更换后的保险丝又被烧断，为系统有短路现象，应认真检查排除故障后再予更换。有电源总开关的叉车，停车熄火后，应关闭电源总开关。定期对线路总保险器进行检查、养护和调整，必要时更换新件。

叉车电路故障比较隐蔽，多因导线引起。常见线束烧损多属电源线短路搭铁，其电源线路未通过短路过载保护装置所致。只要在使用养护中加以防范，是完全可以杜绝的。

7.5.3 叉车电气故障的维修、调整和养护

(1) 前照灯的故障维修

① 维修方法

a. 当发现灯光暗淡而供给大灯的电源电压又正常时，应检查反光镜。若有损坏，应更换。若有尘污，应清洁：对于尘土，可用压缩空气吹净后即可装回；对于脏污，应对不同材料的反光镜采取不同的清洁方法，若是镀银或镀铝的反光镜，可用清洁棉纱蘸热水（水要无酸、碱、汽油、机油等杂质）进行清洗，清洗干净后，将镜面向下晾干，而后装复。若是镀镍或镀铬的反光镜，可用清洁棉纱蘸酒精，由反光镜的内部向外，成螺旋形轻轻地仔细擦拭，擦净晾干后即可装复。

b. 检查灯玻璃和反光镜之间的衬垫是否完好，若密封不良，会使尘埃和潮气侵入，使反光镜锈蚀，故应更换。若灯玻璃破碎时，应及时更换。

c. 检查灯座和灯泡的接触是否良好。若灯座接触点的弹簧因使用日久而失去弹性，使灯光不亮，此时应更换弹簧甚至灯座总成。

② 注意选用合格产品　叉车的外部照明和信号装置，是叉车无声的语言，无论是叉车的转向、制动、超车还是抛锚停靠，尤其是夜间运行，时刻都离不开它。安全的叉车照明和信号装置，必须选择优良的发光主体——叉车灯泡。查看灯泡的瓦数，包装上的生产厂名、地址、执行标准、商标牌号、包装设计、印刷是否精美漂亮；了解该产品是否为知名厂家配套。目视灯丝、泡壳装配是否正

确对称；焊点光滑牢固、灯头光亮、无划痕；泡壳透明度好，无明显气泡；灯丝（芯）整齐；泡壳与灯头连接的黏合剂不外露、粘接均匀；灯头打字清晰，有牌号、规格，有产品认证的批号等。用手按住灯头表皮和卡脚，应无变形，有一定强度；也可用仪器仪表检测灯泡的电流、光通量和寿命，看是否达到有关标准的规定参数指标。若以上均能达到要求即为合格产品。

（2）喇叭的检验、调整和维修

① 检查触点的情况　如有烧蚀和脏污，应用砂布磨净。在喇叭发音时，要检查触点间的火花情况。如火花微弱不易察觉，就表示电容器或消弧电阻工作良好；如火花甚大，应检查电容器或消弧电阻是否失效，必要时应更换。

② 调整　在调整喇叭的音质和音量之前，应首先检查其触点状况，若有污物或烧蚀，需清洗和修磨之后再予以调整。根据喇叭的规格，按规定调整铁芯间隙。

对喇叭的调整很重要，因为调整的好坏将直接影响发出的音调和音量，不同形式的电喇叭虽然构造有所不同，但其方法却是基本相同的。调整的部位主要有两处：一是衔铁和铁芯间的间隙；二是调整螺母和活动触点臂间的距离（或者说使触点张开时的间隙），从而达到调整音调和音量的目的。例如减小衔铁和铁芯间的间隙，可以提高喇叭的音调；增大其间隙，可以降低喇叭的音调。

喇叭的音调过高或过低时，可以改变铁芯与衔铁的间隙来调整。喇叭音量的大小，随通过线圈的电流强度而定。通过的电流强度大，音量就大；反之，音量就小。音调过高，说明膜片振动的频率高，应将间隙调大些，反之应将间隙调小些。其调整方法是，首先松开调整螺母的锁紧螺母，而后在喇叭发响时调整调整螺母和活动触点臂的距离。音调正常后，再将调整螺母和锁紧螺母全部拧紧即可。若使距离增大，触点张开时的间隙就小，就使触点在闭合时的压力增大，其间的电阻减小，线圈中通过的电流就大，因此，喇叭的音量也就相应地增大。反之，则音量减小。调好后，将螺母拧紧。衔铁与铁芯的间隙一般在0.9～1.05mm之间。在调整时应注

意，衔铁周围的间隙要均匀、平正，不能歪斜。否则在工作中容易发生互相碰撞，使喇叭产生杂音。

③ 修理　喇叭的修理主要是修磨脏污的触点。对烧蚀严重者应铆制新触点，其方法与铆制调节器触点相同。检查它的绝缘时，如有损坏或发现破裂后，应更换新绝缘垫。

关于喇叭线圈的绕制，应根据旧线圈的直径、匝数、绝缘情况等进行仿制。并且在绕制以前，应像绕制发电机磁场线圈那样，根据铁芯的大小尺寸，先做个绕线模。然后将绕制好的喇叭线圈用白纱带采用半叠包扎法包好，浸漆、晾干即可装用。

（3）燃油表的维修、调整

燃油表已经使用较久或配换了新的零件时，都必须进行检验和调整，必要时应及时修理。

燃油表在实际使用中，常会出现以下故障。一是指针不动，不管存油多少，燃油表的读数总是“空”，或接通点火开关后，指针不动。造成这种故障的主要原因是：燃油表电源线断路或燃油表到传感器间的电线搭铁；线圈焊接头断脱或搭铁不良和烧坏，造成断路不工作；燃油表后面接柱上的导线接反。二是燃油表的读数偏高，不管存油多少，燃油表的读数总是“满”或偏高。其原因是：传感器的滑片搭铁线断线，滑片与可变电阻接触不良，可变电阻磨断或损坏；燃油表和传感器间的导线接触不良或中断。上述情况都会造成不论浮子在什么位置，线路里的电阻总是很大的，等于浮子上升，可变电阻加入线路时的情况一样，故读数总是“满”或偏高。三是读数不准确，主要是由于接线不紧，搭铁不良或传感器的可变电阻有故障，故可先从检查接线和搭铁开始，最后可用部件换用对比法来比较，以判别旧件有无故障，从而确定应否修理或更换。

当可变电阻丝烧坏以后，可用直径为 0.2mm 的线包绝缘镍铬合金丝进行仿制。仿制时，其电阻值和连接方法均应与原来的相同。修复后，还要用上述方法进行检验，证明无误后，方为修好。当燃油表线圈损坏后，可用直径为 0.132mm 左右的漆包线进行仿

制，仿制时，应注意线圈的绕线方向、匝数、电阻和连接方法均应与原来的相同。而且左右线圈的匝数不同，绕线方向也不同，故不能互换。修复后，也必须经过上述的检验。

（4）机油表的维修和调整

常见机油表的故障是读数过大、过小或指针不动等。前者可通过调整校准，后者一般是电热线圈损坏或触点烧蚀，应进行修理。机油表到底哪些部分需要调整，可用对比的方法检验出来。良好的机油表电阻数值，应符合有关规定，当测量时，若电阻值较规定的低，则表示有短路故障。若电阻表针不动，则表示已有断路。但在测量传感器时，有时会遇到内部触点未接触好的情况，因此，可用平头金属丝从管口插入，用力压动膜片，使触点闭合，然后再进行测量。

进行机油表针偏斜度的检验与调整时，将机油表与毫安表（0～300mA）、调整电阻（0～100Ω）和 12V 的蓄电池（如降压电阻在表外应用 6V 的蓄电池）组成一个检验电路。当接通电路后，调整可变电阻，在毫安表上分别示出 60mA、170mA 和 240mA 时，机油表针应相应地指在 0、2 和 5 的刻度上。或者在“0”位时，指针应指在 0 线的范围内；在“5”时，其误差不能超过 20%，否则应进行调整或修理。

表针如在“0”时不准，可拨动“0 位校正齿扇”来调整。因复金属片的一端是固装在齿扇上的，拨动齿扇，则复金属片也随之移动。故将齿扇向左拨动（从表背后看），指针便被复金属片推动而向“满”标度方向偏转。反之，向右拨动，则指针即向“0”标度方向偏转。表针偏斜角度与规定电流不符合在“5”的位置时，可拨动“偏斜角度齿扇”来进行。因指针是以弹簧片的支承为轴心偏转的，它的张力大小将直接影响着复金属片的弯曲程度。故将齿扇向左拨动（从背后看），则弹簧片的张力减弱，复金属片便推动指针使其偏斜的角度增加。反之，向右拨动，张力增强，使指针偏斜的角度减小。

传感器输出电流的检验如图 7-35 所示。将被检验的传感器和

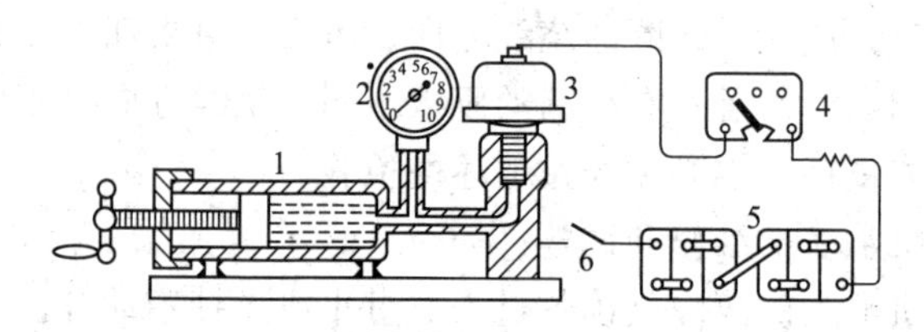

图 7-35　传感器以及机油表的检查

1—油压筒；2—标准油压表；3—被检传感器；
4—标准油压机油表；5—蓄电池；6—开关

标准的机油表与12V蓄电池和油压机上的标准油压表等组成一个检验电路。接通电路，旋转油压机的手柄，当标准油压表指示为0kPa、196kPa、490kPa的压力时，其标准油压指示表也能相应地指示出0kPa、196kPa、490kPa的压力，则证明被检验的传感器工作良好。否则表示工作不正常，应进行调整。

在0kPa压力时，由于传感器输出电流过大或过小而影响指针读数的调整。先烫开传感器壳上的调整孔封锡，尔后用小起子或专用工具拨动调整齿扇，进行调整。顺时针拨动（在主油道管接头向下的位置时看），使齿扇低的一面与复金属片绝缘调整凸块接触，则触点间的压力增强，输出电流增加，读数就提高。反之，读数降低。在高压时，其输出电流较规定的数值低，则为校正电阻失效，使传感器内阻增大、输出电流减小所致，其补救方法是将机油表的弹簧片的张力减弱，或更换并联的校正电阻值。在任何压力下，输出电流都超过规定，使指针的指示数偏高，而调整齿扇又无效时，一般是传感器电热线圈绝缘损坏造成短路所致，因此应重绕电热线圈或更换传感器。上述这一检验传感器的装置，完全可以用来检验机油表，只不过是把被检验的传感器，换成标准的传感器，把标准的机油表换成被检验的机油表而已。在检验时，旋转油压手柄，即可检查机油表在不同油压下所指出的数值是否符合要求。

（5）水温表的检验、调整、修理

水温表的示数不准，可按机油表那样，从表背后的调整孔中调整齿扇，使指针分别指在100℃和40℃。若电流值大于上述规定，

则证明电热线圈已经烧坏，造成了短路。若根本无电流通过时，则证明线圈已经断路。因此，无论是短路或断路，均应进行仿制修复。修复后，还必须进行检验调整，证明无误后，方为修好。

传感器输送电流的检验和调整。首先将传感器的尖端和水银温度表浸在水中，并将传感器与标准水温表、蓄电池及加热槽等组成一个串联的检验电路，如图 7-36 所示。接通电路后，当水温在100℃和 40℃时，观察两个水温表的读数，若读数一致或水温表的读数在允许误差的范围内，则证明传感器工作良好。否则，若读数过低，则证明电热线圈烧坏，造成短路；若过高，则证明断路；都应进行仿制修复。

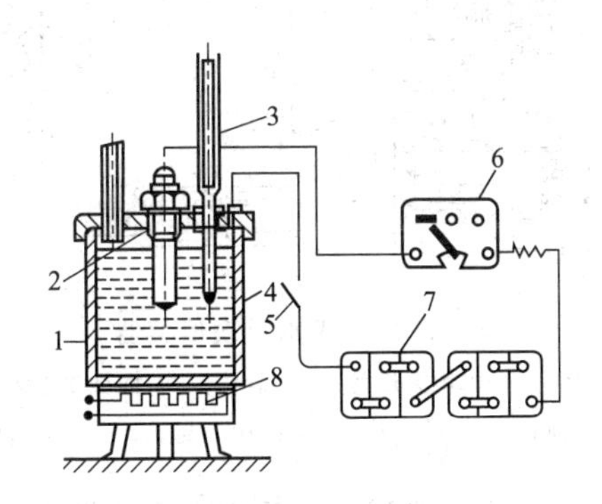

图 7-36　检验水温表传感器的装置

1—加热槽；2—被测传感器；3—水银温度表；4—热水；5—开关；6—标准水温表；7—蓄电池；8—加热电炉

当标准水温表的读数与水的实际温度不相符时，即说明传感器输送的电流不符合要求，应调整校准。其方法是，首先锉去铜壳卷边（见图 7-37），取出绝缘环、胶木盖及芯子，察看触点有无烧蚀，如有，可用白金锉进行修理，或将两触点压紧，使之互相摩擦，除去氧化层。否则应进行调整，将传感器芯子装入水平的调整筒内，如图 7-38 所示连接好线路，接通电路，分别在 100℃和40℃的水温下进行调整——旋转调整螺钉，改变触点间的压力。从而达到调整传感器输送电流的目的。如此调好以后，将芯子装入套

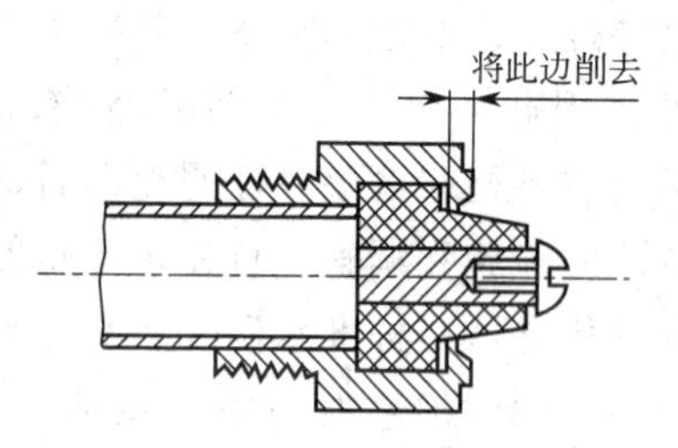

图 7-37　水温表传感器的拆卸

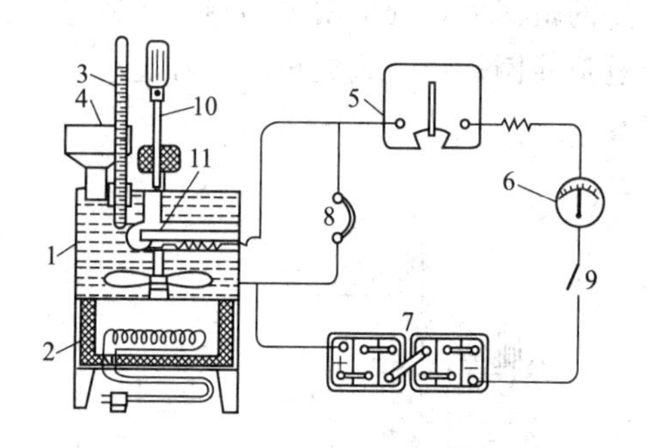

图 7-38　校正水温表传感器

1—电炉；2—水槽；3—水银温度计；4—漏斗；5—标准水温表；6—毫安表；7—蓄电池；8—耳机；9—开关；10—起子；11—调整螺钉

筒内，装好绝缘环及胶木盖等，最后用焊锡将铜壳及垫圈焊牢。检验水温表传感器的装置，也可以用来检验水温表。在检验时，只要把被检验的传感器换成标准的传感器，而把标准的水温表换成被检验的水温表即可。

第8章 叉车常见故障诊断与排除

8.1 发动机

8.1.1 柴油发动机常见故障

(1) 柴油机不能启动(表8-1)

表8-1 柴油机不能启动故障及排除方法

序号	故障特征和产生原因	排除方法
1	燃油系统故障;柴油机被启动电机带动后不发火,回油管无回油: (1)燃油系统中有空气 (2)燃油管路阻塞 (3)燃油滤清器阻塞 (4)燃油泵不供油或断续供油 (5)喷油很少,喷不出油或喷油不雾化 (6)喷油泵调速器操纵手柄位置不对	(1)检查燃油管路接头是否拧紧,排除燃油系统中的空气,首先旋开喷油泵和燃油滤清器上的放气螺钉,再泵油,当回油管中有回油时,再将泵旋紧。松开高压油管在喷油器一端的螺母,撬高喷油泵柱塞弹簧座,当管口流出的燃油中无气泡后旋紧螺母,然后再撬几次,如此逐缸进行,使各缸喷油器中充满燃油 (2)检查管路是否畅通 (3)清洗滤清器或调换滤芯 (4)检查进油管是否漏气,进油管接头上的滤网是否堵塞。如排除后仍不供油,应检查进油管和输油泵 (5)将喷油器拆出,接在高压油泵上,撬喷油泵柱塞弹簧,观察喷雾情况,必要时应拆洗。检查并在喷油泵试验台上调整喷油压力至规定范围或换喷油器偶件 (6)启动时应将油门位置调到怠速
2	电启动系统故障: (1)电路接线错误或接触不良 (2)蓄电池电力不足 (3)启动电机电刷与换向器没有接触或接触不良	(1)检查接线是否正确和牢靠 (2)用电力充足蓄电池或增加蓄电池并联使用 (3)休整或调换碳刷,用木砂纸清理换向器表面,并吹净,或调整刷簧的压力

续表

序号	故障特征和产生原因	排　除　方　法
3	气缸内压缩力不足，喷油正常但不发火，排气管内有燃油： (1)活塞环或缸套过度磨损 (2)气门漏气 (3)存气间隙或燃烧室容积过大	(1)更换活塞环，根据磨损情况更换气缸套 (2)门座的密封性，密封不好应修理和研磨 (3)检查活塞是否属于该机型的，必要时应测量存气间隙或燃烧室容积
4	喷油提前角过早或过迟，甚至相差 180°：柴油机喷油不发火或发火一下又停车	检查喷油泵传动轴结合盘上的刻线是否正确或松弛，不符合要求应重新调整
5	配气相位不对	检查配气相位
6	环境温度过低，启动马达运转时间长且柴油机不能启动	根据实际环境温度，采取相应的低温启动措施

(2) 柴油机功率不足（表 8-2）

表 8-2　柴油机功率不足故障及排除方法

序号	故障特征和产生原因	排　除　方　法
1	燃油系统故障，加大油门后功率或转速仍提不高 (1)燃油管路、燃油滤清器进入空气或阻塞 (2)喷油泵供油不足 (3)喷油器雾化不良或喷油压力低	(1)按前述方法排除空气或更换燃油滤清器芯子 (2)检查修理或更换偶件 (3)进行喷雾观察或调整喷油压力，并检查喷油嘴偶件或更换
2	进、排气系统故障，比正常情况下排气温度高，烟色较差 (1)空气滤清器阻塞 (2)排气管阻塞或接管过长，半径太小，弯头太多	(1)清洗空气滤清器芯子或清除纸质滤芯上的灰尘，必要时应更换；以及检查机油平面是否正常 (2)清除排气管内积炭，重装排气接管，弯头不能多于三个，并有足够的排气截面
3	喷油提前角或进、排气相位变动，各挡转速下性能变差	检查喷油泵传动轴两个螺钉是否松动，并应校正喷油提前角后拧紧，必要时进行配气相位和气门间隙检查

续表

序号	故障特征和产生原因	排　除　方　法
4	柴油机过热，环境温度过高，机油和冷却水温度很高，排气温度也大大增高	检修冷却器和散热器，清除水垢；检查有关管路是否管径过小，如环境温度过高应改善通风，临时加强冷却措施
5	气缸盖组件故障；此时功率不足，性能下降，而且有漏气，进气管冒黑烟，有不正常的敲击声等现象： (1)气缸盖与机体结合面漏气变速时有一股气流从衬垫处冲出，气缸盖大螺柱螺母松动或衬垫损坏 (2)进、排气门漏气 (3)气门弹簧损坏 (4)气门间隙不正确 (5)喷油孔漏气或其铜垫圈损坏活塞环卡住，气门杆咬住引起气缸压力不足	(1)按规定扭矩拧紧大螺柱螺母或更换气缸盖衬垫。必要时修刮结合面 (2)拆检进、排气门，修磨气门与气门座配合面 (3)更换已损坏的弹簧 (4)重校气门间隙至规定值 (5)拆下检查，清理并更换已损坏的零件
6	连杆轴瓦与曲轴连杆轴径表面咬毛；有不正常声音，并有机油压力下降等现象	拆卸柴油机侧盖板，检查连杆大头的侧向间隙，看连杆大头是否能前后移动。如不能移动则表示咬毛，应修磨轴径和更换连杆轴瓦
7	涡轮增压器故障；出现转速下降，进气压力降低；漏气或不正常的声音等； (1)增压器轴磨损、转子有碰擦现象 (2)压气机、涡轮的进气管路玷污、阻塞或漏气	(1)检修和更换轴承 (2)清洗进气道、外壳、揩净叶轮；拧紧结合面螺母、夹箍等

(3) 柴油机运转时有不正常杂声（表8-3）

表8-3　柴油机运转时有不正常杂声故障及排除方法

序号	故障特征和产生原因	排　除　方　法
1	喷油时间过早，气缸内发出有节奏的清脆金属敲击声	调整喷油提前角
2	喷油时间过迟，气缸内发出低沉、清晰的敲击声	调整喷油提前角

续表

序号	故障特征和产生原因	排 除 方 法
3	活塞销与连杆小头衬套孔配合太松；运转时有轻微而尖锐的响声。此响声在怠速运转时尤其清晰	更换连杆小头衬套使之在规定范围内
4	活塞与气缸套间隙过大；运转时在气缸体外部听到撞击声，转速升高时此撞击声加剧	更换活塞或视磨损情况更换气缸套
5	连杆轴瓦磨损使配合间隙过大；运转时在曲轴箱内听到机件撞击声。突然降低转速时可以听到沉重而有力的撞击声	拆检轴瓦，必要时应更换
6	曲轴、止推片磨损，轴向间隙过大，导致曲轴前后游动；柴油机运转时，听到曲轴前后游动的碰撞声	检查轴向间隙和止推片的磨损程度，必要时应更换
7	气门弹簧折断，挺杆弯曲，推杆套筒磨损，在气缸盖处发出有节奏的轻微敲击声	更换已损坏的零件
8	气门碰活塞，运转中气缸盖处发出沉重而均匀、有节奏的敲击声，用手指轻轻捏住气缸盖罩壳的螺母有碰撞感觉	拆下气缸盖罩壳，检查相碰原因，调整气门间隙，必要时检查活塞型号是否调错，如有碰撞可适当挖深气门凹坑或增加一张厚为 0.20mm 或 0.40mm、形状与气缸盖底面相同的紫铜皮垫片
9	传动齿轮磨损，齿轮间隙过大，在前盖板处发出不正常声音，当突然降速时可听到撞击声	调整齿隙，根据磨损情况更换齿轮
10	摇臂调节螺钉与推杆的球面座之间无机油；在气缸盖处听到干摩擦发出的“哎哎”响声	拆下气缸盖罩壳，添注机油
11	进、排气门间隙过大；在气缸盖处听到有节奏的较大响声	重校气门间隙
12	涡轮增压器运转时有不正常的碰擦声	拆检轴承是否有磨损，叶轮叶片是否有弯曲，同时测量主要间隙并作调整和更换已磨损的零件。清洗增压器的机油滤清器和进出油管路，保证润滑油畅通

(4) 排气烟色不正常（表 8-4）

表 8-4　柴油机排气烟色不正常故障及排除方法

序号	故障特征和产生原因	排　除　方　法
1	排气冒黑烟 (1)柴油机负荷超过规定 (2)各缸供油量不均匀 (3)气门间隙不正确，气门密封不良，导致排气门漏气 (4)喷油提前角大小，喷油太迟使部分燃油在排气管中燃烧 (5)进气量不足；空气滤清器或进气管阻塞，涡轮增压器压气机壳过脏等 (6)涡轮增压器弹力气封环烧损或磨损，涡轮各接合面漏气等	(1)降低负荷使之在规定范围内 (2)调整喷油泵 (3)调整气门间隙，检查密封面，并消除缺陷 (4)调整喷油提前角 (5)清洗和清除尘埃物，必要时跟换滤芯 (6)检查或更换气封环；拧紧接合面螺钉
2	排气冒白烟 (1)喷油器喷油雾化不良，有滴油现象，喷油压力过低 (2)柴油机刚启动时，个别气缸内不燃烧(特别是冬天)	(1)检查喷油嘴偶件，进行修磨或更换，重新调整喷油压力至规定范围 (2)适当提高转速及负荷，多运转一段时间
3	排气冒蓝烟 (1)空气滤清器堵塞，进气不畅或其机油盘内机油过多(油浴式空滤器) (2)活塞环卡住或磨损过多，弹性不足，安装时活塞环倒角方向装反，使机油进入燃烧室 (3)长期低负荷(标定功率的 40%以下)运转活塞与缸套之间间隙较大，使机油易窜入燃烧室 (4)油底壳内机油加入过多	(1)拆检和清理空气滤清器，减少机油至规定平面 (2)拆检活塞环必要时应更换 (3)适当提高负荷，配套时选用功率要适当 (4)按机油标尺刻线加注机油
4	排气中有水分凝结现象；气缸盖裂缝，使冷却液进入气缸	更换气缸盖

（5）机油压力不正常（表 8-5）

表 8-5　柴油机机油压力不正常故障及排除方法

序号	故障特征和产生原因	排　除　方　法
1	机油压力下降，调压阀再调整也不正常，同时压力表读数波动 (1)机油管路漏油 (2)机油泵进空气，油底壳中机油不足 (3)曲轴推力轴承、曲轴输出法兰端油封处，凸轮轴轴承和连杆轴瓦处漏油严重 (4)机油冷却器或机油滤清器阻塞，冷却器油管破裂等；机油密封垫处泄漏	(1)检修、拧紧螺母 (2)加注机油至规定平面 (3)检修各处，磨损值超过规定范围时应更换 (4)及时清理，焊补或调换芯子。如离心式机油精滤器中有铝屑即表示连杆轴瓦金属脱落，应及时拆检连杆轴瓦，损坏的应更换；及时检查和更换密封垫片
2	无机油压力，压力表指针不动 (1)机油压力表损坏 (2)油道堵塞 (3)机油泵严重损坏或装配不当卡住 (4)机油压力调压阀失灵，其弹簧损坏	(1)更换压力表 (2)检查清理后吹净 (3)拆检后进行间隙调整，并作机油泵性能试验 (4)更换弹簧，修磨调压阀密封面

（6）机油温度过高、耗量太大（表 8-6）

表 8-6　柴油机机油温度过高、耗量太大故障及排除方法

序号	故障特征和产生原因	排　除　方　法
1	油温表读数超过规定值，加强冷却后仍较高，同时排气冒黑烟 (1)柴油机负荷过重 (2)机油冷却器或散热器阻塞 (3)冷却水量或风扇风量不足 (4)机油容量不足	(1)降低负荷 (2)清洗冷却器或散热器油路 (3)注意使冷却水畅通和调整 V 带张紧力使水泵和风扇达到规定转速 (4)加注机油至规定平面
2	油底壳中机油平面下降较快，油色较黑，通气管加油口冒白烟，排气冒蓝烟： (1)使用的机油牌号不当 (2)活塞环被粘住或磨损过重、气缸套磨损过重使机油串入燃烧室，燃气进入曲轴箱 (3)活塞上油环回油孔被积炭阻塞 (4)增压柴油机涡轮增压器弹力密封装置失效 (5)长期处于低负荷运行	(1)规定牌号选用 (2)更换活塞环，必要时更换气缸套 (3)清理积炭，更换油环 (4)拆下弹力气密环，检查其他是否烧结或弹性失效，损坏应更换。 (5)适当提高负荷

（7）油底壳机油平面升高（表 8-7）

表 8-7　柴油机油底壳机油平面升高故障及排除方法

序号	故障特征和产生原因	排　除　方　法
1	气缸套封水圈损坏而漏水	更换封水圈
2	气缸套机体结合面漏水	检查气缸套肩胛与机体之间的结合面是否平稳，紫铜垫圈已损坏应更换
3	气缸套因穴蚀穿孔而漏水	更换新气缸套
4	气缸盖衬垫损坏而漏水	更换衬垫
5	水冷式机油冷却器芯子损坏，使冷却水和机油相混	拆检机油冷却器芯子或更换
6	水泵中的冷却水漏入油底壳： (1)水泵轴与密封圈处漏水 (2)水泵封水橡皮圈损坏	(1)检查或更换封水圈，研磨密封而更换 (2)更换封水圈
7	机体水腔壁穴蚀而漏水（特别是靠推杆侧气缸壁）	对穴蚀小孔可仔细焊补或冈牢，但不能损伤配合面和变形，如腐蚀严重应更换机体

（8）出水温度过高（表 8-8）

表 8-8　柴油机出水温度过高故障及排除方法

序号	故障特征和产生原因	排　除　方　法
1	水管中有空气，柴油机启动后出水管不出水或水量很少，水温不断升高	松开出水管上的温度表接头，放尽空气到出水畅通为止，拧紧水管路中各接头
2	循环水量不足，在高负荷下水温过高，机油温度也升高 (1)水泵或风扇转速达不到 (2)水泵叶轮损坏 (3)水泵叶轮与壳体的间隙过大 (4)开式循环中，水源水位过低，水泵吸不上水 (5)闭式循环中，散热器水量不足 (6)水管路阻塞	(1)调整 V 带张紧力至规定值 (2)更换 (3)调整间隙至规定值 (4)提高水源水位 (5)添加冷却水 (6)清理管路，清除冷却水道中的积垢
3	闭式循环中，散热器表面积垢太多，影响散热	清除积垢，清洗表面

续表

序号	故障特征和产生原因	排　除　方　法
4	节温器失灵	更换
5	水温表不正确	修理或更换
6	气缸套肩胛处有裂纹，此时散热器内冷却水有翻泡现象	更换气缸套

(9) 冷却水中有机油（表 8-9）

表 8-9　柴油机冷却水中有机油故障及排除方法

故障特征和产生原因	排　除　方　法
水冷机油冷却器芯损坏	检修或更换

(10) 电启动分流组件常见故障（表 8-10）

表 8-10　柴油机电启动分流组件故障及排除方法

序号	故障特征和产生原因	排　除　方　法
1	启动电机不转动 (1)连接线接触不良 (2)电刷接触不良 (3)启动电机本身短路 (4)蓄电池充电不足或容量太小 (5)电磁开关接触不良	(1)清洁和旋紧接线头 (2)清洁换向器表面或更换电刷 (3)找出短路部位后修理 (4)进行充电或增加蓄电池并联使用，不然应调换新的蓄电池 (5)检查开关触点并用砂纸磨光
2	启动电机空转无启动力 (1)电刷，接线头接触不良或脱焊 (2)轴承套磨损 (3)磁场绕组或电枢绕组局部短路 (4)电磁开关触点接触不良 (5)蓄电池充电不足或容量太小以及启动电机的线路压降太大	(1)清洁表面、焊牢或更换 (2)换新 (3)找出短路部位修理 (4)检查开关触点，并用砂纸磨光 (5)充电或更换，增大导线截面或缩短长度
3	启动电机齿轮与飞轮齿圈顶齿或启动电机齿轮退不出 (1)启动机与飞轮齿圈中心不平行 (2)电磁开关触点烧在一起	(1)重新安装启动机，消除不平行现象 (2)检查开关触点并挫平不平处
4	启动按钮脱开，启动电机继续运转 (1)电磁开关动触头与连接螺钉烧牢 (2)启动电机调节螺钉未调整好	(1)检修 (2)重新调整

续表

序号	故障特征和产生原因	排　除　方　法
5	充电发电机不发电或电流很小 (1)硅二极管、磁场线圈、转子线圈断路或短路 (2)调节器调节电压低于蓄电池电压 (3)励磁回路短路或断路 (4)V 带磨损或张力不足 (5)充电电流表损坏 (6)线路接错	(1)更换及修理 (2)调节电压至规定范围 (3)连接好已断导线 (4)更换或调整张紧力 (5)更换 (6)检查并改正接错的线路
6	充电电流不稳定 (1)碳刷沾污，磨损或接触不良，碳刷弹簧压力不足 (2)硅二极管压装处松动 (3)调节器内部元件脱焊或触头接触不良 (4)V 带松动 (5)线路接线头松动	(1)清洁表面，焊牢或更换 (2)与散热器组件一起更换 (3)重焊或磨光 (4)重新调整张紧力 (5)检查拧紧
7	充电电流过大，电压过高发电机发热： (1)磁场接线短路或磁场线圈间短路 (2)转子线圈短路与定子碰擦 (3)调节电压过高 (4)晶体管调节器末级功率管发射极和集电极短路 (5)振动式电压调节器中的磁化线圈断路或短路及附加电阻烧坏等	(1)检修 (2)检修，用锉刀锉去相碰表面 (3)重新调整至规定值 (4)更换功率管 (5)检修或更换
8	发电机有杂音 (1)轴承松动或破裂 (2)转子和定子相碰	(1)更换 (2)用锉刀锉去相碰表面
9	蓄电池充电充不进去，不能输出大电流且压降很大，极板上有白色结晶物(硫酸铅)	按电气系统介绍的方法处理
10	蓄电池充电时温度高，电压低，电解液密度低，充电末期气泡较小或发生气泡太晚，说明蓄电池内部短路	如因蓄电池底部沉淀物过多造成短路时，可以将蓄电池放电。倒出电解液，用蒸馏水反复清洗后再充电。如其他原因则应拆开更换隔板或极板，或送有关厂修理

(11) 燃油供给和调速系统的常见故障

① 喷油泵常见故障（表 8-11）

表 8-11 柴油机喷油泵常见故障及排除方法

序号	故障特征和产生原因	排除方法
1	喷油泵不喷油 (1)燃油箱中无柴油 (2)燃油系统中进入空气 (3)燃油滤清器或油管阻塞 (4)输油泵出故障,不供油 (5)柱塞偶件咬死 (6)出油阀座与柱塞结合面密封不良	(1)及时添加柴油 (2)松开喷油泵等放油螺钉,用手泵泵油,排除空气 (3)清洗纸质滤芯或更换,对管路清洗后要吹净 (4)按输油泵故障排除方法检修 (5)拆出柱塞偶件进行修磨或更换 (6)拆出修磨,否则应更换
2	供油不均匀 (1)燃油管路中有空气,断续供油 (2)出油阀弹簧断裂 (3)出油阀座面磨损 (4)柱塞弹簧断裂 (5)杂质使柱塞阻滞 (6)进油压力太小	(1)用手泵排除空气 (2)更换 (3)研磨修复或更换 (4)更换 (5)清洗 (6)检查输油泵进油接头滤网和燃油滤清器是否堵塞。按期进行清洗保养,对准出厂记号拧紧螺钉
3	出油量不足 (1)出油阀偶件漏油 (2)输油泵进油接头滤网或燃油滤清器阻塞 (3)柱塞偶件磨损 (4)油管接头漏油	(1)研磨修复或更换 (2)清洗滤网或芯子 (3)更换新的柱塞偶件 (4)重新拧紧或检修

② 调速器常见故障（表 8-12）

表 8-12 柴油机调速器常见故障及排除方法

序号	故障特征和产生原因	排除方法
1	转速不稳定(游车) (1)各分泵供油不均匀 (2)喷油嘴喷孔积炭和滴油 (3)齿杆连接销松动 (4)凸轮轴轴向间隙太大 (5)柱塞弹簧或出油阀弹簧断裂	(1)重新调整各缸供油量 (2)进行清洗,研磨或更换 (3)修理或更换 (4)调整到规定的间隙 (5)更换 (6)更换衬套和飞铁销

续表

序号	故障特征和产生原因	排除方法
1	(6)飞铁销孔磨损松动 (7)调节齿杆与调节齿轮配合间隙太大或之间有毛刺 (8)调节器齿杆或油门拉杆移动不灵活 (9)燃油系统中进入空气 (10)飞铁张开或飞铁座张开不灵活 (11)低转速调整不当	(7)重新调整装配 (8)修理或重新装配 (9)用手泵排除空气 (10)检查后进行校正 (11)重新调整低速稳定器或低速限制螺钉
2	标定转速达不到: (1)调速弹簧永久变形 (2)喷油泵供油量不足 (3)操纵手柄未拉到底	(1)调整或更换 (2)按喷油泵故障排除方法处理 (3)检查并调整操纵手柄机构
3	最低怠速达不到: (1)操纵手柄未放到底 (2)调节齿杆与调节齿圈有轻微卡住 (3)低速稳定器或低速限制螺钉旋入过多	(1)检查并调整操纵手柄机构 (2)检修至灵活为止 (3)重新调整
4	飞车:高速器突然失灵,使转速超过标定转速 110%以上 (1)转速过高 (2)调节齿杆或油门拉杆卡死 (3)调节齿杆和拉杆连接销脱落 (4)调节螺钉脱落 (5)调速弹簧断裂	应立即紧急停车:用断开燃油停止供油或切断进气等措施使柴油机停车 (1)检查各部分,拆开高速限制螺钉铅封重新调整后铅封 (2)检查 (3)重新装好或更换 (4)重新装好或更换 (5)更换

③ 输油泵常见故障(表 8-13)

表 8-13 柴油机输油泵常见故障及排除方法

序号	故障特征和产生原因	排除方法
1	输油量不足 (1)止回阀磨损或断裂 (2)活塞磨损 (3)油管接头漏油 (4)进油接头处滤网阻塞	(1)修磨或更换 (2)更换 (3)重新拧紧或修理 (4)清洗滤网
2	顶杆漏油	检修
3	活塞卡死断油	拆检修磨
4	手泵漏油、漏气	拆检修理

④ 喷油器常见故障（表 8-14）

表 8-14 柴油机喷油器常见故障排除方法

序号	故障特征和产生原因	排除方法
1	喷油很少或喷不出油 (1)燃油系统油路有空气 (2)喷油嘴偶件咬死 (3)喷油泵供油不正常 (4)高压油管漏油 (5)喷油嘴偶件磨损	(1)排除低压或高压油管中空气 (2)修磨或更换 (3)按喷油泵故障排除方法找出原因处理 (4)拧紧螺母，油管已有裂缝的应更换 (5)更换
2	喷油压力低 (1)调压螺钉松动 (2)调压弹簧变形 (3)针阀粘住 (4)弹簧座、顶杆等零件磨损	(1)按规定重新调整至规定压力，并拧紧销紧螺母 (2)调整或更换 (3)清洗或研磨 (4)修理或更换
3	喷油压力太高 (1)调压弹簧弹力过高 (2)针阀粘住 (3)喷孔堵塞	(1)按规定重新调整至规定压力 (2)清洗或研磨 (3)清理喷孔或更换
4	喷油器漏油 (1)调压弹簧断裂 (2)针阀体研磨面损坏 (3)针阀咬死 (4)紧帽变形喷油器体平面磨损	(1)更换新弹簧 (2)更换 (3)清理修磨或更换 (4)更换 (5)修理或更换
5	喷油雾化不良 (1)喷油压力低 (2)喷油嘴座面磨损或损坏 (3)喷油嘴偶件配合面有垃圾	(1)调整至规定压力 (2)修磨或更换 (3)及时清洗
6	喷油成线 (1)喷孔堵塞 (2)针阀体座面过度磨损 (3)针阀咬死	(1)用直径为 0.2～0.3mm 的铜丝疏通喷孔 (2)更换新的针阀体 (3)清洗、修磨或更换
7	针阀表面烧坏或呈蓝黑色(柴油机过热)	检查冷却系统，并注意更换偶件，柴油机不要长时期超负荷运行

(12) 涡轮增压器常见故障(表 8-15)

表 8-15　柴油机涡轮增压器常见故障及排除方法

序号	故障特征和产生原因	排除方法
1	柴油机发不出规定功率 (1)轴承磨损 (2)压气机叶轮及其涡壳流道沾污 (3)涡轮进气壳漏气 (4)涡轮、压气机叶轮背部及密封环处积炭过多	(1)更换 (2)清洗 (3)检查密封情况,清除漏气现象 (4)检查密封情况,清除漏气现象,拆卸、清洗
2	柴油机排气烟色不正常,排气冒黑烟(空气进气量不足): (1)压气机部分油道沾污 (2)压气机漏气	(1)清洗 (2)检查密封情况,消除漏气
3	排气冒蓝烟 (1)弹力气封环失去弹性或过度磨损 (2)中间壳回油道阻塞或管道变形	(1)更换 (2)清洗并修复变形处
4	异常声响及振动 (1)压气机喘振,增压器振动时有较大振幅(压气机通道,进气管及涡轮出口通道有严重的沾污是产生喘振的原因之一) (2)装配不当(涡轮、压气机转子失去动平衡或旋转件与固定件碰擦) (3)涡轮叶轮或压气机叶轮的叶片被进入的异物损坏 (4)涡轮壳变形产生碰擦 (5)叶轮涡壳通道中存在异物,在柴油机运转时就能听到异常声音	(1)清洗 (2)拆卸检查 (3)更换并检查柴油机的进、排气系统 (4)查明产生变形的原因,并予以排除 (5)拆卸检查通道截面,并检查柴油机进、排气系统
5	涡轮压气机转子转不动或不灵活 涡轮、压气机背部及弹力密封环座处严重积炭	清洗并检查柴油机燃烧不良及漏油现象
6	轴承烧损及转子碰擦 (1)涡轮油过脏及油压太低或油路堵塞 (2)进油温度过高 (3)涡轮、压气机转子动平衡破坏或组装不当 (4)排气温度过高及增压器超转速 (5)涡轮壳变形	(1)检查润滑系统并清洗滤清器 (2)查明原因使之油温降低 (3)拆卸检查动平衡,必要时更换转子结合组 (4)检查柴油机及排气管是否严重漏气、变形、阻塞等,修复并清洗 (5)查明产生变形原因,并予以排除

8.1.2 汽油发动机常见故障

(1) 汽油机油路常见故障及排除方法（表 8-16）

表 8-16 汽油机油路故障排除方法

现 象	原 因	排 除 方 法
1. 混和气浓 行驶有力，消声器有轻度黑烟冒出，耗油量增加，火花塞电极发黑	(1)空气滤清器滤网脏或油平面过高 (2)阻风门未能完全打开 (3)主量孔调整针旋出过多 (4)量孔、喷管组衬垫破损或主量孔螺钉未拧紧 (5)化油器油平面高 (6)节油装置失灵	(1)清洗滤网，调整油面 (2)完全打开 (3)检查调整 (4)更换，拧紧 (5)调整 (6)调整更换
2. 混和气过浓 (1)发动机不易发动，化油器节气门轴有油渗出 (2)发动机发动后转速不均，排气管“突突”冒黑烟，猛开大节气门瞬时好转，化油器浮子室衬垫处有油溢出	(1)阻风门处于关闭状态 (2)化油器浮子室针阀关闭不严 (3)浮子破漏	(1)完全打开 (2)检修或更换 (3)检修或更换
3. 混和气过稀 发动机不易发动，行驶无力，不易提高转速，化油器有时回火或熄火	(1)主量孔调整针旋入过多 (2)浮子室油面调整过低 (3)主、辅量孔部分阻塞 (4)油管破裂、凹瘪、漏气或部分堵塞 (5)汽油泵摇臂间隙过大或汽油泵与缸体间衬垫过厚 (6)汽油泵油阀关闭不严 (7)汽油泵膜片渗漏 (8)汽油泵滤网阻塞	(1)检查、调整 (2)检查、调整 (3)清洗 (4)检修、更换或洗吹 (5)检修、更换或调整 (6)更换 (7)更换 (8)清洗
4. 不来油 发动机不能发动或发动后逐渐熄火	(1)油箱无油或油管堵塞、漏气、油管接头漏气 (2)油箱开关关闭 (3)化油器总出油孔或主、辅孔堵塞 (4)汽油泵膜片破裂或连接杆脱落等 (5)汽油中有水结冰	(1)加油、洗吹、检修 (2)打开阀门 (3)洗吹 (4)更换或修理 (5)清洗

续表

现 象	原 因	排除方法
5. 怠速不良 发动机怠速运转不良，经调整怠速两螺钉仍无效	(1)进气歧管垫、化油器衬垫处漏气 (2)怠速量孔及其油道堵塞 (3)发动机工作温度不正常	(1)更换 (2)清洗 (3)温度正常后调整
6. 怠速较高 发动机无怠速	(1)节气门关闭不严 (2)节气门轴松旷 (3)加速拉杆回位弹簧拉力过弱	(1)关闭 (2)检修更换 (3)更换
7. 减速不良 猛加速时消声器有短过程的“突突”声，有时化油器回火慢慢加速良好	(1)加速联动装置松旷或脱落 (2)加速喷管或油道堵塞 (3)加速泵柱塞磨损过甚 (4)加速泵弹簧弹力过弱 (5)加速泵进出实效	(1)检修更换 (2)洗吹 (3)更换 (4)检修更换 (5)更换

(2) 汽油机其他故障排除

① 发动机不能启动

a. 低压电路断路。打开点火开关，摇转曲轴，若电流表指针指示为“0”，不做间歇摆动，则证明蓄电池至分电器触点间有断路故障。检查与排除方法见图 8-1。

表针指示放电 3～5A 不动，显示低压电路搭铁。

b. 低压电路搭铁。

• 打开点火开关，摇转曲轴，若电流表指针指示 3～5A 放电，不做间歇摆动，则为点火线圈“点火开关”接柱至活动触点搭铁。检查与排除方法见图 8-2。

• 打开点火开关，若电流表指针指示大量放电，则说明点火开关线圈电源接柱间（包括电源接柱至附加电阻短路开关接柱间）搭铁，或点火开关至仪表盘板导线搭铁。检查与排除方法见图 8-3。

c. 高压电路故障。打开点火开关，摇转曲轴，若电流表指针指示 3～5A 放电，能作间歇摆动，说明低压电路一般良好，故障多在高压电路。检查与排除方法见图 8-4。

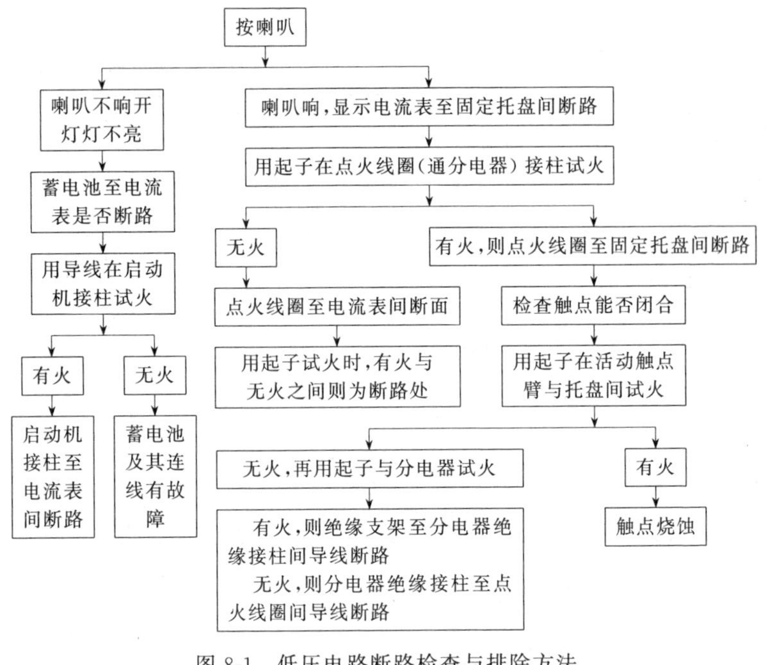

图 8-1　低压电路断路检查与排除方法

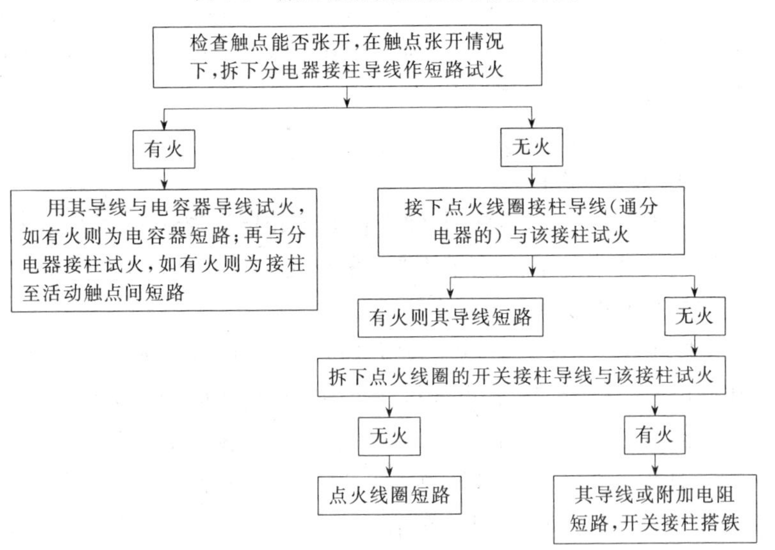

图 8-2　低压电路搭铁检查与排除方法一

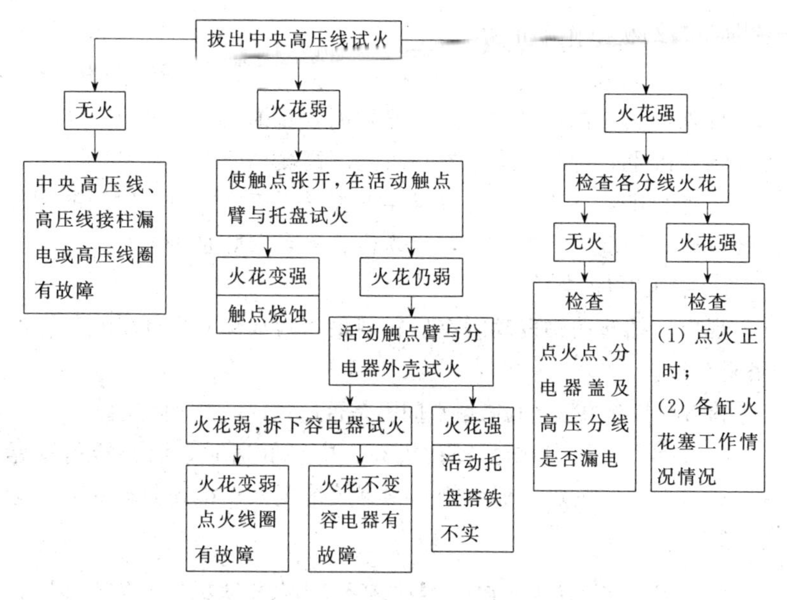

图 8-3 低压电路搭铁检查与排除方法二

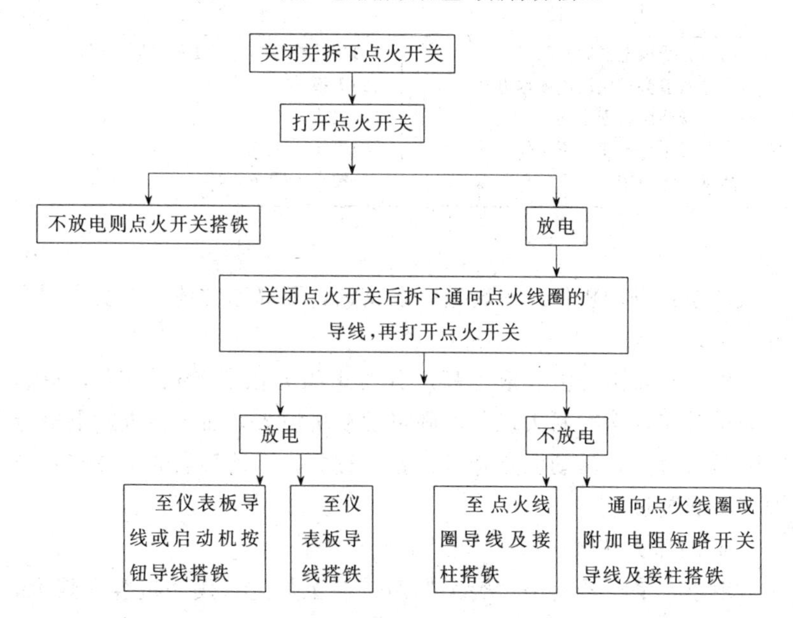

图 8-4 高压电路故障检查与排除方法

② 发动机工作不正常

a. 点火时间迟。

现象：发动机不易启动，加速发闷，化油器有时回火，消声器排气响声沉重，行驶无力，发动机温度高。

检查与排除方法：检查分电器外壳是否固定，点火时间的调整是否过迟。如现象不严重时，应先检查触点间隙是否过小。

b. 点火时间早。

现象：摇转曲轴发动时有反转现象，猛加速时发动机有清脆的“嗒嗒”声。

检查与排除方法：检查触点间隙是否过大，点火时间是否过早。

c. 少数气缸不工作。发动机高、中、低速时，消声器稍冒黑烟并有节奏的突突声。偶尔排气管有放炮现象。检查与排除方法见表 8-17。

表 8-17　汽油机少数气缸不工作的排除方法

原　　因	排　除　方　法
(1)高压分线漏电或脱落	(1)用绝缘胶布包或更换,插好分线
(2)分电器盖旁插座漏电或串电	(2)更换
(3)分电器凸轮磨损不均	(3)更换
(4)火花塞工作不良或不工作	(4)更换
(5)高压分线插错	(5)按点火顺序插好

d. 高速不良。

现象：发动机低、中转速一般良好，而高速时消声器发出“突突”声。

检查与排除方法：取下高压分线距离火花塞 5mm 左右，提高发动机转速，若有断火现象，则将发动机熄火，而后检查断电触点间隙是否过大，活动触点弹簧力是否过弱，活动触点的绝缘胶木与轴是否套装过紧。

e. 高压火花弱。

现象：消声器发出“突突”声，甚至放炮；发动机容易熄火，不易发动。排除方法见表 8-18。

表 8-18　高压火花弱的排除方法

原　　因	排　除　方　法
(1)分电器断电触点烧蚀 (2)活动托盘搭铁不良 (3)容电器工作不良 (4)点火线圈工作不良	(1)修换 (2)搭实 (3)更换 (4)更换

③ 气缸垫损坏（表 8-19）

表 8-19　气缸垫损坏的排除方法

原　　因	排　除　方　法
(1)没有按规定顺序和扭矩拧紧缸盖螺栓和螺母 (2)气缸体或气缸盖表面不平或局部有凹陷 (3)气缸垫质量不高 (4)安装时将气缸垫的卷边面装反 (5)发动机温度过高，产生突爆	(1)按规定顺序和扭矩分次进行拧紧 (2)修磨或更换 (3)更换 (4)气缸垫光滑的一面朝向气缸体 (5)检查、调整

(3) 直流电动机的维修

电动机发生故障后能否及时排除，对电动叉车、电动牵引车的安全作业和提高工效都是十分重要的。为了能够达到迅速排除故障的目的，应对电动机下列情况有所掌握：运行状态；使用情况，如工作环境、运行方式、载荷性质、电源电压等；轴承的润滑和运行情况；机件磨损情况；通风情况；定子与转子间的气隙大小；相互间的接触、清洁卫生及损伤情况；转子、定子铁芯有否变形、松动和损伤等。下面分别以三相交流电动机和直流电动机为例，说明电动机常见故障表现形式及检修方法。

直流电动机的故障可分为电气部分故障和机械部分故障两个方面。电气部分的故障大多发生在绕组部分、换向器和电刷部分；机械部分主要是轴承部分。直流电动机常见故障及诊断方法如表8-20所示。

表 8-20 直流电动机常见故障及排除方法

故障现象	故障诊断
电动机不能转动	a. 电源没有电压或电源没有接通；b. 电刷与换向器间接触不良；c. 电刷和换向器不接触(电刷尺寸太大)；d. 电枢绕组、励磁绕组有短路或接地处；e. 励磁绕组接线错误，以致磁极极性不正确；f. 轴承太紧以致使电枢被卡住或负载过重
电刷产生火花、换向器与电刷摩擦剧烈且严重发热	a. 电刷位置不正；b. 电刷与换向器间接触不良；c. 电刷的牌号和尺寸不合适；d. 电刷弹簧的压力过小或过大；e. 换向器表面粗糙不平，换向器片间的云母突出；f. 电枢绕组、有局部短路或有接地故障；g. 换向器片间短路或换向器接地
电刷发出异响	a. 电刷弹簧压力过大；b. 电刷质地过硬；c. 换向器片间云母突出；d. 电刷尺寸不符
电动机绕组和铁芯温度过高	a. 电动机过载；b. 外加电压过高或过低；c. 电动机绕组有短路或接地处；d. 通风散热条件不好；e. 电动机直接启动或反转过于频繁；f. 定子、转子、铁芯相擦，轴承损坏
电动机内部有火花或冒烟	a. 电刷下火花过大；b. 电枢绕组、励磁绕组短路或接地；c. 换向器凸耳之间及电枢线圈各元件之间充满电刷粉末和油污垢引起燃烧；d. 电动机长期过载
铜片全部发黑	电刷压力不对
换向片按一定顺序成组地发黑	a. 换向片片间短路；b. 电枢线圈短路；c. 换向片与电枢线圈焊接不良或断路
换向片发黑，但无一定规则	换向器中心线位移或换向器表面不平、不圆

8.2 底盘

8.2.1 叉车驱动系统常见故障的检修

叉车驱动系统常见故障的检修见表 8-21。

表 8-21 叉车驱动系统常见故障的检修

	现象	可能原因	排除方法
变速箱	变速箱挂不上挡或挂挡后叉车无力	1. 挂挡压力不够 (1)调压阀压力过低 (2)油泵工作不良,密封不好 (3)油管路阻塞 (4)离合器密封圈损坏泄漏 (5)离合器活塞环磨损 2. 离合器打滑 (1)摩擦片烧毁或变形 (2)挂挡压力不够	1. 挂挡压力不够 (1)调整至 8～15kgf/cm² (2)修理油泵,更换密封件 (3)清洗滤网和油管路 (4)更换密封圈 (5)更换活塞环 2. 离合器打滑 (1)更换摩擦片 (2)按上述方法排除
	变速箱挡位脱不开(带车)	(1)离合器摩擦片烧毁 (2)回位弹簧损坏 (3)回油路堵塞	(1)更换离合器摩擦片 (2)更换回位弹簧 (3)清除油路及滤油器污物
	变速箱过热	(1)油量不足 (2)离合器摩擦片打滑或烧毁 (3)轴承、齿轮损坏	(1)加足变矩器油 (2)更换摩擦片 (3)清除油路及滤油器污物
	变速箱噪声过大	(1)齿轮轴成磨损严重 (2)轴承松动	(1)更换齿轮或轴承 (2)调整
变矩器	传递功率下降	(1)油液变质或含杂质过多,黏度不合格 (2)油的进出口压力建立不起来	(1)更换油液 (2)检查进出口调压阀是否损坏,如损坏应及时修理或更换
	变矩器油温过高	(1)导轮卡死或转动不灵活 (2)工作油液不符合要求 (3)油液不足 (4)冷却油路堵塞 (5)内漏严重	(1)检查、修理或更换导轮 (2)更换工作油 (3)添加油液 (4)排除油路堵塞物 (5)检修、更换
驱动桥	驱动桥噪声过大	(1)润滑油不足 (2)齿轮、轴承等零件过度磨损或损坏 (3)齿轮啮合间隙过大或轴承预紧不当 (4)差速器十字轴过度磨损	(1)添加润滑油 (2)更换齿轮或轴承等 (3)重新调整齿隙及轴承预紧力 (4)更换十字轴
	驱动桥漏油	(1)通气塞堵塞 (2)各部油封损坏 (3)螺栓松动	(1)清洗或更换通气塞 (2)更换油封 (3)拧紧螺栓

8.2.2 叉车制动系统故障与排除

（1）制动管路故障排除（表 8-22）

表 8-22 制动管路故障的排除

现象	故障产生原因	排除方法
当拆下制动踏板，且踏板与底板接触时，制动效果仍很差（制动无力）	（1）制动总泵内制动液不足 （2）制动系统的制动液内混入空气 （3）制动系统内的制动液泄漏 （4）从动缸活塞皮碗，制动阀皮碗或油封磨损 （5）制动鼓与摩擦片之间的间隙太大	（1）添加制动液 （2）排出系统内的空气，从靠近总泵一段开始排气 （3）检查管接头和橡胶管 （4）更换 （5）更换
当松开制动踏板时，仍进行制动	（1）由于接缝不良，真空阀与大气阀分离 （2）当活塞回复到“松开”位置时，由于从动缸内套圈的调节不良，单向阀不受力 （3）动力缸活塞与动力缸体之间摩擦力太大 （4）制动总泵的回油口堵塞 （5）制动踏板或制动蹄的回位弹簧变形，或者制动蹄与底板之间摩擦力太大	（1）将两阀间距调整到 17mm ±5mm （2）使之恢复正常，使套圈与活塞止动垫接触并打开单向阀 （3）拆下并清洗活塞和缸体，并在缸体内表面上涂上真空缸油 （4）检查总泵活塞和活塞皮碗是否正确地返回原始位置 （5）更换弹簧，在蹄片与底板之间的接触面上涂一层薄薄的润滑脂
踏板行程正常，但制动效果仍差（制动无力）	（1）动力缸内润滑不良，或者由于密封损坏，致使空气从动力缸活塞或动力缸体漏出 （2）空气从动力缸活塞和活塞杆之间泄漏出 （3）真空阀接触不良 （4）油、气过滤器堵塞	（1）更换密封或润滑动力缸体 （2）重新密封 （3）整套地更换真空阀和大气阀，并调整两阀间距为 17mm ±5mm （4）拆下并清洗

（2）液压脚制动系统一般故障及排除方法

液压脚制动系统中调整制动踏板自由行程，应先调整制动踏板的高度。叉车底板到制动踏板的距离为制动踏板高度，其值应符合规定值。先将踏板推杆长度调整妥当，即制动踏板高度符合要求。

检查制动踏板自由行程时，应使发动机熄火，反复踏制动踏板数次，直到真空增压器内不存在真空为止，再踏下制动踏板，到感觉有阻力时的这段行程，即为制动踏板自由行程，调整妥当后应启动发动机再进行检查，直到合乎其标准为止。

真空增压器的故障原因及排除方法见表8-23，液压脚制动系统的故障原因及排除方法见表8-24。

表8-23 真空增压器的故障原因及排除方法

现　象	出现故障的原因	排除方法
松开制动踏板时，发动机怠速运转反常	(1)真空管道的接头或部件的结合处进气 (2)排气螺钉松动，螺钉座合面脏污、破损；弹簧断裂	(1)检查并拧紧管道接头及部件的结合处 (2)更换排气螺钉
发动机怠速运转异常，而且在踩制动踏板时发动机甚至熄火	(1)真空阀在阀座上坐合位置不正确或坐合面不紧密 (2)增压器或分配阀膜片断裂	(1)拆卸增压器，予以检修 (2)检查并清洗或更换破损的部件
踩制动踏板异常费力	(1)分配缸或主缸的活塞被卡住 (2)增压器液压系脏污，制动液管道的孔被堵塞	(1)更换活塞 (2)用酒精清洗全部管道，然后加注清洁的制动液
松开制动踏板后，制动作用不能立即消除	(1)膜片的推杆被卡住或过长 (2)制动液脏污或有杂质 (3)双向阀门被卡住，分配阀的活塞被卡住或分配阀的阀杆过长	(1)更换或修理推杆 (2)洗净后更换新的油液 (3)更换或修理阀门
制动力不足	(1)总泵皮碗破裂 (2)膜片推杆内的球阀不能准确地封住活塞的出液孔 (3)分配阀活塞被卡住，空气滤清器脏污	(1)更换皮碗 (2)修理活塞的出油孔及更换油阀 (3)修理分配阀活塞，清洗空气滤清器
制动系统漏油液	(1)推杆的皮碗损坏或破裂 (2)分配缸的密封圈破裂 (3)主缸的密封圈破裂	(1)更换皮碗 (2)更换密封圈 (3)更换密封圈

表 8-24　液压脚制动系统的故障原因及排除方法

现　象	出现故障的原因	排　除　方　法
制动时不能立即减速或停车	(1)液压系统中有空气 (2)总泵进油孔或通气孔堵塞 (3)油管接头处松动或油管破裂漏油 (4)总泵、分泵皮碗老化、损坏，活塞与缸筒间隙过大 (5)制动鼓壁厚过薄，制动鼓内圆柱对轴承孔中心线的全跳动过大 (6)摩擦片与制动鼓接触不良，摩擦片表面硬化，有油污 (7)制动蹄摩擦片磨损，制动间隙过大	(1)排放空气 (2)检查修理 (3)修焊油管，拧紧管接头 (4)修磨缸筒，更换皮碗、活塞 (5)镗磨或更换制动鼓 (6)检修制动器，重新靠合摩擦片，摩擦片与制动鼓接触表面必须达到50%以上，清除油污或更换摩擦片 (7)更换摩擦片，重新调制动间隙
行车制动不灵，二三脚才起作用	(1)制动踏板自由行程大 (2)制动间隙大 (3)总泵回油阀关闭不严	(1)调整踏板自由行程 (2)调整制动鼓与摩擦片之间的间隙 (3)检查总泵回位弹簧及油阀胶垫，必要时更换
制动跑偏	(1)左右轮制动鼓与摩擦片的间隙大小不一致 (2)左右轮摩擦片材质不一致或个别车轮摩擦片有油污 (3)个别分泵内有空气，油管接头漏油或油管堵塞 (4)个别车轮制动摩擦片与制动鼓接触不良 (5)个别车轮轮胎气压不足 (6)个别车轮制动鼓磨损，内圆柱面相对轴承孔中心线的全跳动过大	(1)调整制动间隙 (2)更换摩擦片或清除油污 (3)排放空气、检修管路 (4)重新车削摩擦片，保持接触面积在50%以上，且两端线接触 (5)测试气压，各轮充气一致 (6)镗削制动鼓或更换
制动拖滞，踩下制动踏板感不到发硬	(1)制动踏板自由行程过小 (2)总泵旁通孔堵塞 (3)总泵活塞皮碗、皮圈变形 (4)摩擦片与制动鼓之间的间隙过小或摩擦片损坏、卡住 (5)制动蹄支撑销锈死 (6)分泵皮碗发胀或活塞锈死 (7)制动蹄回位弹簧折断	(1)调整制动踏板自由行程 (2)检查总泵，疏通旁通孔 (3)更换皮碗、皮圈 (4)调整制动间隙，更换摩擦片 (5)拆检润滑，调整间隙 (6)修磨缸筒，更换活塞皮碗 (7)更换

续表

现　象	出现故障的原因	排 除 方 法
制动突然失灵	(1)总泵皮碗损坏或踩翻 (2)油管破裂,制动液漏尽	(1)更换皮碗 (2)焊修油管,添加制动液
制动踏板回弹,踩下时有顶脚现象	(1)增压缸活塞皮碗损坏 (2)增压缸活塞顶端止回球阀密封不严	(1)更换皮碗 (2)修磨球阀,必要时更换
制动器不能有效地起作用	(1)真空度不足,增压器不能发挥足够的效能 (2)真空泵失效 (3)真空系统各接头漏气 (4)发动机进气歧管漏气 (5)加力推杆双口密封圈损坏,低压制动液被吸到进气歧管	(1)用真空表检查真空度,发动机中速运转时真空度应达到53.33～66.66kPa,必要时拆检增压器 (2)检修或更换真空泵 (3)检查紧固管道接头 (4)焊修 (5)更换密封圈
真空度能达到标准,但制动不灵	(1)控制阀不起作用 (2)增压缸活塞顶端止回球阀密封不严	(1)检修控制阀油道小量孔是否堵塞,应进行吹通或更换制动液 (2)修磨球形阀,必要时更换
发动机启动真空度上升,制动器自行制动	(1)空气阀密封不严,塔形弹簧折断 (2)控制阀液压缸活塞皮碗卡住	(1)检修空气阀,更换塔形弹簧 (2)更换活塞皮碗
制动时踏板费力,不能立即回位,制动鼓发热	(1)控制阀液压缸活塞皮碗损坏 (2)空气阀与真空阀之间距离不对 (3)加力气室活塞滑动不灵 (4)推杆弯曲或装配过紧	(1)更换活塞皮碗 (2)重新调整空气阀与真空阀的间距 (3)检查加力气室是否变形,必要时应更换,进行润滑 (4)检查校正
制动压力不足,作用迟缓	(1)真空阀与阀座密封不良 (2)加力气室密封圈磨损 (3)空气量不足,空气阀工作不良	(1)检查真空阀接触面,必要时换衬垫或修平 (2)更换活塞密封圈,加润滑油 (3)检修空气阀,清洗空气滤清器
制动踏板有效行程小,一脚就踩到底	(1)制动系统漏油,推杆皮碗及油封损坏 (2)控制阀液压缸活塞皮碗损坏 (3)增压缸头衬垫损坏	(1)更换推杆皮碗及油封,检修漏油部位 (2)更换皮碗、皮圈 (3)更换衬垫

8.2.3 叉车转向系统常见故障与排除

叉车转向系统常见故障检修如表 8-25 所示；由分流阀导致转向系统的故障及排除方法如表 8-26 所示。

表 8-25 叉车转向系统常见故障检修

故障	发生故障的原因	故障现象	排除方法
漏油	结合面有脏物	阀体、隔盘、定子及后盖结合面漏油	重新清洗
	轴径处胶圈损坏引起漏油		更换胶圈
	限位螺栓处因垫圈不平引起漏油		磨平或更换垫圈
转向沉重	油泵供油量不足	慢转转向盘轻，快转转向盘沉	选择合适油泵或检查油泵分流阀是否正常
	转向系统中有空气	油中有泡沫；发出不规则的响声；转向盘转动，而油缸有时动有时不动	排除系统中空气，并检查吸油管路
	油箱不满		加油至规定油面高度
	油液黏度太大		使用推荐黏度油液
	阀体内钢球单向阀失效	快转与慢转转向盘均沉重，并且转向无压力	如钢球丢失，则装入直径为 8mm 的钢球，如有脏物卡住钢球应进行清洗
	分流阀压力低于工作压力或分流阀被脏物卡住	空负荷（或轻负荷）转向轻，增加负荷转向沉	调整分流阀压力或清洗分流阀
转向失灵	弹簧片折断	转向盘不能自动回位，中位位置压力将增加	更换已损弹簧片
	拨销折断或变形	压力振摆明显增加，甚至不能转动	更换拨销
	联动轴开口折断或变形	压力振摆明显增加，甚至不能转动	更换联动轴
	转子与联动轴相互位置装错	配油关系错乱，转向盘自转或左右摆动	重新装配
	双向过载阀失灵	车辆跑偏或转动转向盘时，油缸不动	清洗双向过载阀

续表

故障	发生故障的原因	故　障　现　象	排　除　方　法
转向盘不自动回中	(1)转向管柱与阀芯不同心 (2)转向管柱轴向顶死阀芯 (3)转向管柱转动阻力太大 (4)弹簧片折断	中位位置压力将增加或转向盘停止转动时转向器不卸荷	针对故障产生原因排除
无人力转向	转子与定子的径向间隙与轴向间隙过大	动力转向时，油缸活塞到极端位置，驾驶员终点感不明显。人力转向时转向盘转动，油缸不动	更换转子和定子

表 8-26　由分流阀导致转向系统的故障及排除方法

故　障	产生故障的原因	排　除　方　法
快速转弯时，转向盘卡滞	流量控制阀杆阻塞	拆下修理或更换
	流量控制阀杆磨损	整个更换
油压升不高	安全阀常开	整个更换
油压高于安全阀调定压力	安全阀常闭	整个更换
安全阀有噪声	安全阀振动	整个更换
油温太高	安全阀常闭	整个更换
发动机怠速时，转向操作困难	安全阀常开	整个更换
	流量控制阀杆阻塞	拆下修理或更换
	流量控制阀杆磨损	整个更换
转向力有变化	安全阀振动	整个更换
	流量控制阀杆阻塞	拆下修理或更换
	流量控制阀杆磨损	整个更换
转向操作困难	安全阀常开	整个更换
	流量控制阀杆阻塞	拆下修理或更换
	流量控制阀杆磨损	整个更换

8.3 工作装置

8.3.1 液压系统故障诊断与排除

(1) 叉车液压系统故障的诊断方法

叉车液压系统是叉车的重要组成部分，其工作装置和转向系统等都是由液压系统驱动完成。因此，叉车液压系统质量优劣直接影响叉车的性能。由处理若干液压系统故障的经验可知，其故障一般并不复杂，多数故障是表现在执行机构，但要具体找出故障部位和故障原因，并不是件容易的事，因为在液压系统中，同一故障现象产生的原因可能是一个因素，也可能是多种因素的综合影响。另外，液压传动故障的隐蔽性较大，不能给检查人员提供可靠的信息，然而在行业中，可以采用多种方法尽快地诊断系统故障，力求提高其诊断的可靠性。

① 液压系统故障率阶段分类　根据液压系统故障率，一般可以把叉车液压系统的工作过程分为三个阶段。

a. 初期阶段。一台新出厂的叉车或是经过大修调试后，系统刚开始正常工作，在这一阶段系统工作的故障率相对较高，其主要原因是设计可能不够完善，元件选用不合适或质量不过关，元件及管路清洗不彻底以及装配不当等。其故障现象为振动、泄漏、系统压力不稳、执行元件运动不稳及温升过高等。如果采取相应措施，故障率会逐渐下降。

b. 运行中期阶段。叉车在这一阶段故障率最低，而且引发故障主要原因的70%～80%是由于液压油被污染或变质造成的。液压油中的污染物部分如果全部堵塞了元件的节流孔或节流缝隙，改变了系统的工作性能，将引起元件动作失调或完全失灵。如多路阀的安全阀及转向系统的溢流阀不稳定，压力随机漂移，也会造成滑阀阻力增大以及机构动作反应迟钝等。

c. 运行后期。在叉车接近大修的运行后期，由于液压元件相对运动部分的磨损量增大，密封件的磨损或老化等原因，使故障率

逐渐增大。其故障现象多数表现为外泄漏量加大，整个系统效率下降及动作迟钝等。

② 现场诊断方法

a. 原诊断方法。在此之前，多数叉车液压系统的故障诊断主要采用以下四种方法：经验法，凭工作人员多年的实践经验对故障系统进行诊断；试验法，用故障检测器对故障系统进行测试，确定故障原因；计算机法，利用液压系统故障诊断专家系统软件对故障进行分析；置换法，用更换元件或类比的方法来确定故障位置。

b. 新诊断方法。上述四种方法各有优缺点：如果仅靠经验法则工作人员需要有丰富的经验，否则会导致盲目操作；用故障检测器或计算机软件则需要昂贵的测试设备，费用高而且实际操作比较复杂；而置换法也存在一定的盲目性。对叉车液压系统的故障诊断最好采用经验法与置换法相结合的办法，统称为逻辑推理法。具体步骤如下。

• 了解故障现象。首先需要调查清楚叉车是在什么情况下出现故障的，是否调整或修理过有关元件，如果系统还能动作，则一定要亲自观察一下故障现象。

• 分析结构、工作原理。对叉车液压系统原理图进行详细分析，熟悉各元件结构、工作原理及特性，根据故障现象逐项分析判断故障原因。

• 诊断的措施。一般情况是通过视觉判断和分析系统的故障原因。即视觉观察各元件动作情况，油面高度是否正常，看油质和系统振动幅度有无异常现象等；听觉，听系统噪声是否过大，溢流阀是否有啸叫声，机构动作时其冲击声是否过大；触觉，用手触摸泵、阀及管路等液压元件，观察设备是否温度过高，异常振动或有无断流现象等；嗅觉，闻液压油是否有变质的气味，是否有因液压油过热引起橡胶零件发出异常气味及液压泵是否有烧结气味等。

• 用排除法进行判断。通过上述了解故障现象、分析原因和具体检查故障现象等步骤，就可以列出可能产生故障的逐项原因及故障元件，然后用排除法，先把较易检查的元件进行故障排除或确

定。这样就会集中在几个较复杂的元件上，然后用置换法用同样规格的合格元件置换有疑问的元件，进行试验。一般情况，通过以上过程对叉车液压系统的一般故障均能有效地判断和排除。

③ 逻辑推理故障诊断法及其应用实例　逻辑推理故障诊断法有下列优点：在分析液压系统故障原因时，对故障范围进行“分区”和“划线”，可减少诊断盲目性，提高操作的针对性。对故障可能发生的原因进行逐项检查验证，从可能产生故障的种种原因中排除不可能的部分，可提高诊断故障原因的准确性。诊断过程中，有不少原因可以直接判断，方法简单易学，易于推广，可缩短诊断时间。

a. 叉车发动机转速提高以后，升降液压缸和倾斜液压缸动作

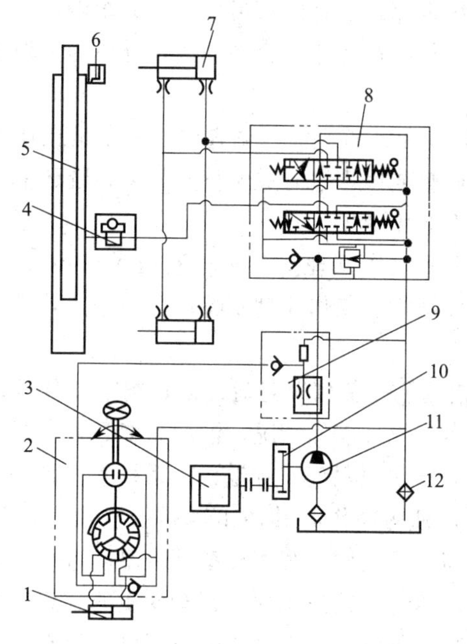

图 8-5　CPC2 叉车液压系统原理图

1—转向液压缸；2—全液压转向器；3—发动机；4—限速阀；5—起升液压缸；6—放气塞；7—倾斜液压缸；8—多路换向阀；9—分流阀；10—减速器；11—齿轮泵；12—滤油器

缓慢。CPC2 叉车发动机在怠速状态下（约 600r/min），叉车空载，起升液压缸、倾斜液压缸及转向系统均能正常工作。当加大油门，发动机转速提高以后，出现升降液压缸和倾斜液压缸动作缓慢，有爬行现象。这种现象随着发动机转速的提高而加剧，但转向系统仍能正常工作，能听到系统发出的有规律的噪声。

图 8-5 所示为 CPC2 叉车液压系统原理图。此系统主要包括工作装置液压系统和转向液压系统两部分。在使用现场了解到，此叉车已属运行中期阶段，首先应排除设计不合理的因素，经过对系统原理的分析列出了故障现象的逻辑分析图（ 见图 8-6 所示）。从图中和上述故障现象分析，首先可以排除多路换向阀无油液流过的故障。在图中右侧换向阀有油流过的四个可能故障为：油压不够、下降限速阀故障、管路堵塞和流量不足。根据实践经验可以排除下降限速阀及管路堵塞存在故障的因素，检查便集中在油压不够和流量不足两个故障原因上。

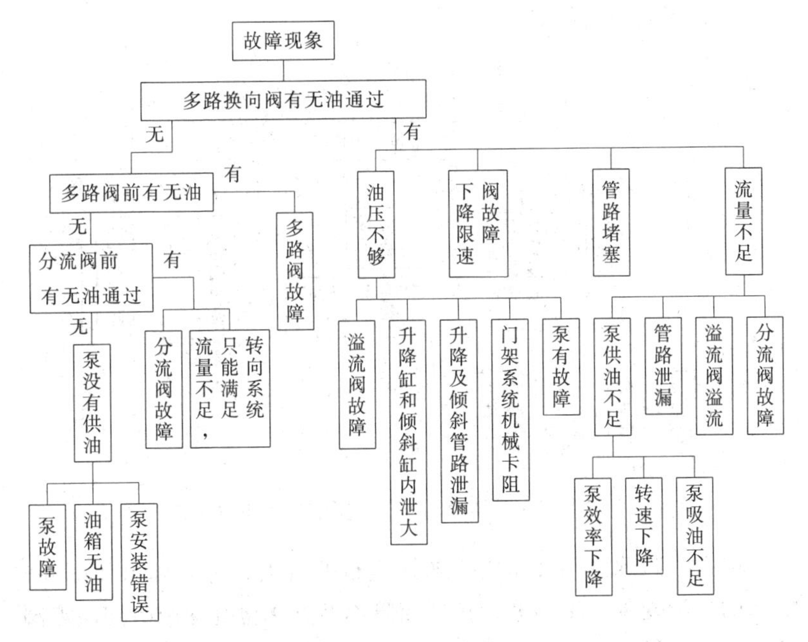

图 8-6　CPC2 叉车液压系统故障现象逻辑分析图 I

按逐项检查措施可以看到升降液压缸无泄漏（判断的理由是，如有内漏，升降液压缸放气塞处会有液压油流出），各管路也无泄漏；将一金属棒紧贴在多路阀上的安全阀处，用耳细听，未听到有溢流声，这表明油压不够不会是故障的主要原因。用手摸泵，感觉在振动。与发动机转速相对应变化，能听到泵发出的低沉噪声，这样可初步判断泵存在故障。从流量不足故障分析，泵供油不足是主要原因。根据情况观察和使用时间，可以认为泵转速低的因素不是故障原因。因此，唯一的故障因素就集中在泵吸油不足。依此判断，当把泵的吸油管拆掉进行检查，发现在泵吸油口附近堆积了许多滤网片，清除滤网片等杂物后，重新装上了新滤油器，经运行，试车系统工作正常。

b. 叉车修后调试发现液压油箱温度过高。CPC3A 型叉车正在进行修后调试，其空载或满载状态起升速度均可达到设计要求，转向系统工作也正常，但叉车发动 10min 左右，液压油箱温度便达 80℃并有不断升高趋势。

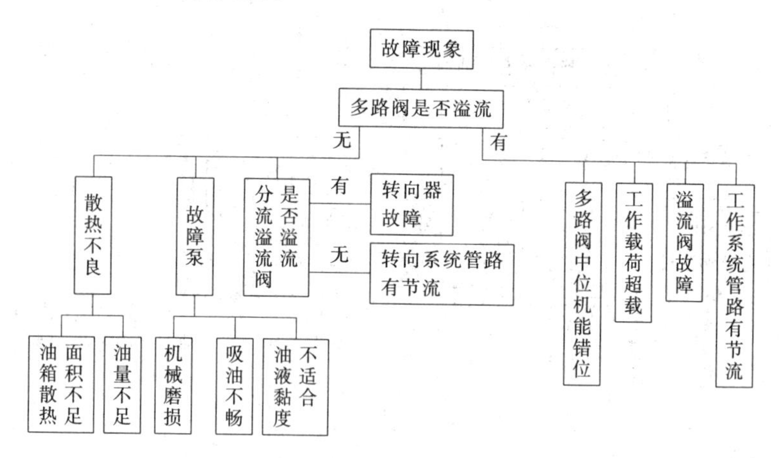

图 8-7　CPC3A 叉车液压系统故障现象逻辑分析图Ⅱ

根据故障现象和叉车属于初期运行的特点，可以列出如图 8-7 所示的故障现象逻辑图Ⅱ。按照故障诊断方法检查并未听到溢流阀有溢流声；用手触摸多路阀也未感到有振动现象。根据空载或满载

时起升速度均能达到设计要求的现象，可以排除多路阀出现故障的因素。这样问题就集中在分流阀是否溢流和泵是否存在故障这两点上。在排除了吸油不畅、油黏度不合适之后，认真地听、摸和观察泵工作情况，发现泵的机械故障可能性很小，问题便集中在分流阀上。拆开分流阀，未发现异常现象，但发现分流阀的回油口在转向器不工作时没有液压油流出。在转向器工作时，却有液压油流出。根据此现象可判定故障发生在转向器上。更换新转向器后，故障即排除。经与原设计查对转向器应为开心无反应式，安装采用转向器为开心有反应式，所以造成了转向器在中位时分流溢流阀经常溢流，引起系统发热。

④ 叉车液压系统常见故障分析与排除（表8-27）。

表8-27　叉车液压系统常见故障分析与排除

故障部位	故障现象	产生故障原因	排除方法
油泵	液压系统压力不足	零件磨损太大	拆开油泵进行检查，修理或更换磨损的零件
	泵中有敲击声或噪声	轴承损坏，齿轮刮泵体	拆泵检查，如轴承损坏须更换
	供油不足或断油	油泵吸油管路变形通道变小，或吸油管堵塞轴承损坏，齿轮刮泵体，造成间隙过大，内漏严重，轴承、齿轮损坏，齿轮与泵体卡死	清除堵塞污垢或更换新的管路，轻者更换轴承，严重者需要更换齿轮泵
多路换向阀	液压系统的压力不足，即当操纵多路换向阀手柄时起升或倾斜无力或动作迟缓	多路换向阀、安全阀的压力调整很低	用压力表检查液压系统的压力。若压力不足应调整安全阀，使其压力在液压系统内达$120kgf/cm^2$
		安全阀、弹簧损坏或产生永久变形	检查弹簧，必要时换新的
		阀的锥形面损坏	重新研磨阀或阀体锥面
		控制阀杆与孔的磨损严重	检查阀的内漏情况。内漏严重，则换新阀杆或将阀杆镀铬重新配置

续表

故障部位	故障现象	产生故障原因	排除方法
转向助力器	转向盘转动费力或转不动	助力器与车架碰撞	检查是否有碰撞现象。若已碰撞则应把其位置调准，并紧固各点，若活塞杆已弯曲则换新的
		助力器失灵 (1)安全阀的调整压力太低 (2)安全阀、弹簧损坏或产生永久变形 (3)安全阀锈蚀、卡住或阀座损坏 (4)助力器油泵发生故障 (5)活塞杆或活塞与油缸卡住 (6)滑阀与多槽套卡住 (7)耐油橡胶密封损坏 (8)滑阀弹簧损坏	排除助力器故障 (1)重新调整安全阀的调整压力 (2)更换新弹簧 (3)拆开检查，必要时更换新的 (4)见油泵故障 (5)将车顶起使转向轮离地，先检查转向拉杆有无毛病，然后转动转向盘看其能否工作，如不能则应拆下助力器进行检查，并消除故障 (6)拆下修理或更换 (7)更换 (8)更换
工作油缸	油缸漏油	密封圈损坏或磨损	更换
	升降倾斜困难	柱塞与导环卡住或活塞弯曲	若卡住，可修理或更换；若弯曲，则可校直或更换
	柱塞下降太快	节流阀不起作用	拆检节流阀，若损坏应更换
	起升和倾斜均不工作	差压阀小孔被污物堵塞	拆开安全阀，清除污物；并保持油液清洁
		油泵供油断绝	按油泵故障检查并排除
液压系统	转向轮不能转向或转向费力	助力器失灵	见转向助力器故障
		助力器油泵发生故障	见油泵故障
	多路换向阀操纵阀推不动或费力	滑阀被卡住见多路换向阀故障	
		阀端的弹簧损坏或脱落	更换
	门架自发倾斜	倾斜油缸的密封被损坏	更换
		多路换向阀内漏严重	修理或更换
	起重货物无力	油泵失效	见油泵故障
		升降缸密封损坏	更换密封件
		多路换向阀安全阀失灵	见多路换向阀故障
		管路漏损	检查管路，必要时更换，若接头松动，则应拧紧

(2) 叉车多路换向阀漏油故障的检修实例

CPCD60 型叉车使用 ZS 系列、分片式多路换向阀，它由进油阀体、升降换向阀体、倾斜换向阀体和回油阀体共 4 个单片阀体用螺栓连接而成。其内部形成进油道、工作油道、回油道、溢油道及总回油道，使液压油在叉车不同的工作状况下能在各自的油道内流动，达到不同的工作目的。系统工作压力为 16MPa，流量为 160L/min。

多路换向阀发生内漏时，工作油道与回油道或溢油道相通，液压油直接流回油箱，无法完成所要求的动作，造成起升无力或不能起升、货叉自行下滑及门架自行前倾。造成内漏的原因有以下几方面，需逐一排除。

① 阀杆与阀体之间的磨损间隙过大而造成内漏。多路换向阀起升和倾斜的阀杆上各有 3 道沟槽，沟槽和油道的配合即可开通或切断油路，改变叉车的工作方式。良好的分配阀其阀杆与阀体之间的间隙很小，漏油极少，从而引起的液压缸下降或倾斜量很小，故不会影响工作；如果磨损间隙过大，就会造成工作油道中的油与回油道或溢油道的油相通，并自动地回到油箱。产生的原因主要是分配阀使用时间过久或油液不清洁，加快了阀杆与阀体的磨损，破坏了配合密封面而导致漏油。修复时，若阀杆磨损较轻，可对阀杆镀铬磨光；若阀杆磨损严重，则需更换。

② 阀体之间漏油。由于工作油道、回油道、溢油道贯穿于 4 个单片阀体之间，因此对阀体之间的密封性能要求很高，各阀体需用螺栓连接牢固，同时阀体与阀体的油道之间需安装 O 形密封圈。如果各螺栓的拧紧力矩不同，则可能导致阀体翘曲，密封圈失效而产生内漏；如果安装时损伤了阀体表面的精度或者 O 形密封圈老化或损坏，阀体之间也容易产生内漏。修理时，若阀体损伤则需进行研磨、更换 O 形密封圈，并按顺序和力矩的要求拧紧各螺栓。

③ 安全阀弹簧失效而造成内漏。安全阀用于调节系统的工作压力，使压力保持在一定范围内，防止因超载、液压缸活塞到极限

位置或其他原因而造成液压系统的各零部件损坏。安全阀的开关主要是由弹簧弹力的大小来决定的。如果安全阀弹簧失效，液压油在低于系统规定的压力下就可迫使钢球离开阀座而流入溢油道，造成内漏，使系统失效。修理时必须更换弹簧，然后利用调整螺钉调整弹簧压力至规定值（14MPa）。调整时，按载荷中心距 600mm 处的需求加载 7.5t（按叉车超载 25％要求调整）货物，在货物似起非起时用锁止螺母锁紧调整螺钉，此时的压力即为所需要调整的 14MPa 压力。

④ 多路换向阀阀杆不能复位而造成内漏。阀杆复位弹簧安装在阀杆的下端，无论阀杆在上位或下位工作，阀杆都能使弹簧受到压缩。在无外力作用下，弹簧弹力能使阀杆迅速地恢复到原来的位置。如果阀杆不能复位，阀杆沟槽与油道相通，将产生内漏。其原因多是由于阀杆复位弹簧变形或损坏，因弹力降低不能使阀杆回到原位，修理时更换弹簧即可；除此之外，阀体与阀杆间不清洁，产生较大的阻力，使阀杆复位困难。修理时，清洗多路换向阀即可。

⑤ 锥形阀磨损而造成内漏。锥形阀用于防止油液倒流。若锥形阀磨损，油道就关闭不严，使液压油回流，系统功能失效。修理时，应对其进行研磨或更换，消除回流现象。

该阀体渗漏会影响系统作业，可使叉车起升、倾斜困难。若阀杆与阀体间的 O 形密封圈老化或损坏，在系统油压的作用下油液会顺着阀杆流出，导致阀体渗漏油液。遇此故障，只需更换 O 形密封圈即可。

(3) 叉车液压系统油缸常见故障

以 CPQ-3 型叉车为例，介绍货叉叉架的升降油缸、门架倾斜的倾斜油缸以及控制叉车方向的方向油缸的常见故障分析、诊断及排除方法。

① 故障现象　叉车作业时，升降油缸的活塞杆起升停止后自动下降；升降油缸的活塞杆在起升中，液压油由防尘圈处外漏；升降油缸的活塞杆起升时抖动；左、右两升降油缸的活塞杆起升不同

步；倾斜油缸的活塞杆自动伸出；倾斜油缸的活塞杆作用门架后倾时抖动；倾斜油缸的活塞杆伸出时，液压油由防尘圈处外漏。

② 故障分析　升降油缸的活塞杆自动下降，两升降油缸活塞杆起升不同步。原因是活塞密封圈不密封，油缸两腔窜油，导致压力下降。

升降油缸的活塞杆自动下降，两升降油缸活塞杆起升不同步。原因是活塞密封圈不密封，油缸两腔窜油，导致压力下降。

升降油缸的活塞杆起升时抖动，一是管路至油缸活塞段有空气；二是系统内液压油少，造成油泵压力不足。

倾斜油缸的活塞杆自动伸出（即门架自动前倾），倾斜油缸在活塞杆作用门架后倾时抖动。原因是活塞密封圈不密封或系统内液压油少。

倾斜油缸的活塞杆伸出时，液压油外漏，原因是导向套内的密封圈和防尘圈不密封。

③ 故障排除　更换升降油缸活塞和油缸盖内的密封圈及防尘圈后，活塞杆自动下降及液压油由防尘圈处外漏的现象即可消除。在排除此故障后，往油缸内安装活塞时，方法要得当，削一薄竹片，将密封圈的唇部轻轻压入缸内。要防止损伤活塞杆及密封圈的唇部，否则会影响油缸活塞的工作性能。

排出活塞前端的空气，方法是将升降油缸活塞升起，旋松放气螺钉，缸内的空气即由升降缸缸盖处排出。更换两倾斜缸的活塞密封圈后，两缸活塞杆工作即可同步。

液压油箱加够同型号的液压油，可排除油缸活塞工作抖动。更换倾斜油缸活塞及导向套上的密封圈和防尘圈后，倾斜油缸的活塞自动外伸、抖动，导向套外部漏油等故障均可排除。在安装倾斜缸活塞密封圈前，要先制作一个与油缸内前端卡环槽深、宽及直径相同的弹性光滑钢环填充其内，以便密封圈能顺利完好地通过卡环槽，确保密封性。

（4）CPCD5A 型叉车工作液压缸的典型故障

CPCD5A 型叉车在使用中，常见工作液压缸有以下典型故障，

其诊断与排除方法如下。

① 起升液压缸不能起升，同时倾斜液压缸不能倾斜　其原因是组合式多路换向阀中的先导式溢流阀阻尼孔被堵塞，造成溢流阀主阀芯关不死；溢流阀的先导阀阀口密封不好，导致主阀始终开启，油液泄漏回油箱。

排除方法：疏通阻尼孔，检查油液的清洁度；配研先导阀阀芯与阀座或更换零件。

② 起升液压缸间歇性起升，并伴有尖锐的啸叫声　其原因是液压油箱中油量不足；液压齿轮泵进油管接错，吸入空气；液压齿轮泵磨损严重，吸油能力降低。

排除方法：加油至规定油面；正确连接液压齿轮泵进油管；检查并更换液压齿轮泵。

③ 有负荷时门架自动下降或前倾　其原因是多路换向阀内部泄漏，导致两根起升（或倾斜）液压缸一起下降（或前倾）；某一根起升（或倾斜）液压缸的活塞密封件变形或损坏，液压油都从该液压缸的回油口流回油箱。

排除方法：更换多路换向阀；拆下任意一根起升（或倾斜）液压缸的回油管接头，如果在门架下降（或前倾）过程中该接头油液大量流出，则证明是该液压缸密封不严，应更换活塞密封件。

④ 某一根液压缸（起升或倾斜）工作时发热严重，将液压缸活塞杆与门架分离后再试车出现“爬行”现象　其原因是活塞杆不直；缸内壁拉毛，局部磨损严重或锈蚀。

排除方法：将活塞杆置于 V 形铁上，用千分表校正调直，严重者更换活塞杆；对液压缸内壁进行磨缸处理或者更换，按要求重配活塞。

(5) 日产丰田 3FD30 叉车升降液压系统工作不正常

一台日本生产的丰田 3FD30 叉车升降液压系统在使用中，货叉架上升时工作正常，粗径液压缸 8 先起升（见图 8-8），然后是细径液压缸 6 起升；但下降时，粗径液压缸 8 却和细径液压缸 6 同时下降，有时甚至是粗径液压缸 8 先下降，而且伴有刺耳的尖叫声，

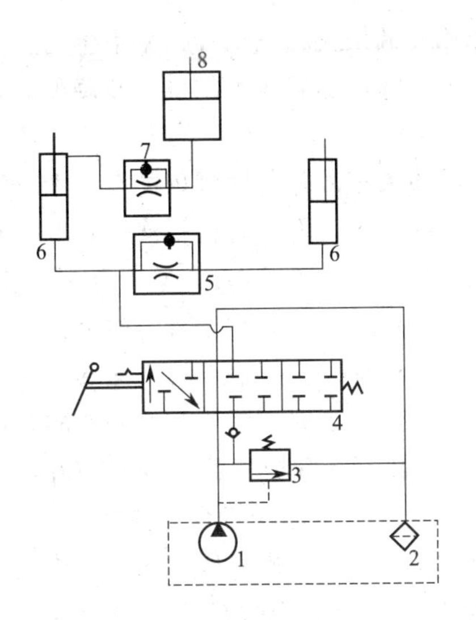

图 8-8 货叉架升降系统液压油路

1—压力泵；2—滤油器；3—溢流阀；4—控制阀；
5，7—限速阀；6—细径液压缸；8—粗径液压缸

下降速度较快。

3FD30 叉车采用自由升降的货叉架，由分居两侧的两个细径液压缸和位于中间的一个粗径液压缸来实现货叉架的自由起升和下降，其升降系统的液压油路如图 8-8 所示。为了保证货叉架上升时速度大致相同，并使液压系统的工作压力和功率恒定，要求细径液压缸的柱塞面积 M 为粗径液压缸柱塞面积 L 的 1/2，但考虑到必须使粗径液压缸先动作，因此细径液压缸的柱塞面积 M 应略小于粗径液压缸的柱塞面积的 1/2。当起升液压缸控制阀置于起升位置时，压力泵泵来的油经溢流阀、控制阀、限速阀流到细径液压缸 6，同时通过其柱塞内的中心孔流经限速阀，到达粗径液压缸 8 的缸体。由于粗径液压缸 8 的柱塞面积大于两个细径液压缸 6 柱塞面积之和，因此当油压达到 $p=G/L$ 时（G 为货叉架及货物重量之和），粗径液压缸 8 先带动货叉架上升，待粗径液压缸 8 动作全部完成以后，液压系统压力进一步升高。当油压 $p=G/(2M)$ 时，细

径液压缸 6 再带动货叉架上升。当货叉架下降时，细径液压缸 6 在限速阀 5 作用下先下降，随着压力的进一步降低，粗径液压缸 8 再下降。

经分析，造成该叉车故障的原因可能有：两个细径液压缸 6 活塞油封失效，造成内漏大，上升时粗径液压缸 8 先动作，然后再是细径液压缸 6 动作，因此影响不大。但下降时，由于活塞内泄漏大，造成压力低，当低于 p 时，粗径液压缸 8 即和细径液压缸 6 同时下降，甚至先下降。细径液压缸 6 的限速阀 5 损坏，造成下降时压力降低快，当压力低于 p 时，液压缸 8 和 6 同时动作。根据以上分析，解体检查发现细径液压缸 6 活塞油封完好，限速阀 5 阀芯折断。由于没有 3FD30 叉车限速阀备件，更换为 SFD30 叉车限速阀后，起升正常，下降时，如果操纵阀油量开口较小，则正常下降，但在油量开口较大时又出现上述故障。经检查，主要是 SFD30 叉车限速阀节流孔较大，当操纵阀油量开口较大时，油压下降快，当低于 p 时，粗细液压缸同时动作。

鉴于上述分析，并结合有关具体情况，在操纵阀操纵杆底部加一垫片，以减小操纵阀推杆行程。做上述处理后，故障现象消失，使用正常。

8.3.2 起重系统故障与排除

（1）起重系统的常见故障检修

在叉车使用中，常见起重系统可能产生的故障具体反映在以下几个方面。

① 升降速度发生明显变化　起重系统的升降性能要求为，满载最大起升速度≥21m/s，最大下降速度＜24m/s，超出此范围，则说明有故障产生。在升降过缓或降速过快的情况下，可检查安装在升降缸底座上的限速阀，当滑阀中的回位弹簧刚度值低于设计要求，滑阀与阀孔配合过紧的情况下，滑阀将不能全开，造成升速过缓。如滑阀的节流孔过大，则将造成下降速度增大。如节流孔被脏物堵住，也可能造成下降速度大大低于标准值，影响叉车作业效率。这也是不允许的，需即时排除堵塞所造成的故障。如门架侧滚

轮、主滚轮与门架配合间隙过小，则会由于摩擦力的增大而影响升降速度，甚至会引起轻载时叉架卡住不能靠自重下滑，在这种情况下，需将侧滚轮垫片组重新调整，以获得较大的侧隙。如果是由于主滚轮卡在门架槽钢中不能下滑时，可做若干次满载升降动作，此故障基本能排除（特别是新车）。

② 下滑量、自倾角过大　各型号叉车起重系统的满载货叉下滑量及自倾角的性能要求，必须在厂家规定的范围内，否则即可认为有故障产生，需即时排除。造成下滑量及自倾角增大的原因，主要是升降缸、倾斜缸或多路阀有内漏，排除的方法是需将造成内漏的密封件更换掉，除此以外，在高压管路中有渗油现象也会造成上述故障，不过这比较直观，易于排除。

③ 振动噪声大　叉车在长期的频繁作业后，部分紧固件产生松脱现象，由于摩擦滚动间隙变大（主要是侧滚轮），造成剧烈的振动现象及噪声，只要将松脱的紧固件重新紧固，侧滚动间隙调整到规定要求，即可消除。

④ 叉架产生歪斜现象　叉架产生歪斜现象直接影响到叉车整车稳定性，特别是在最大起升高度时对其影响格外明显，需引起注意。产生此故障的主要原因是左右两轮胎气压不等，只需重新补气，将两轮胎气压调整相等即可消除此故障。

（2）叉车工作装置无动作

某合力牌3t叉车在使用过程中，突然液压工作装置失灵，升降及前后倾角均无动作，但转向系统工作正常。

据分析：液压齿轮泵工作正常，此叉车工作装置与转向系统共用一个液压泵，其工作系统示意图见图8-9。因该故障是突然发生的，不论怎样加大油门，工作装置都没有动作，由此判断，举升油缸和倾斜油缸没有问题，故障范围缩小到分配阀和换向阀上。分配阀共有四个接口，即一个进油口，一个回油口，两个出油口，其中一出油口通向转向系统，另一出油口与换向阀相连而通向工作系统，因转向系统正常，由此可判断通向转向系统的这一油路肯定没有问题，最后集中到分配阀、换向阀的工作系统这条油路上来。一

种情况可能是分配阀出现问题，阀芯卡死，导致不能复位，因此泄油；另一种情况可能出现在换向阀，如果换向阀中的安全阀芯卡死，油可直接溢流回油箱。当打开分配阀与换向阀之间的液压油管后发现，此管路中的油流很小，不管怎样加大油门都没有什么变化，由此判断，问题出现在分配阀上。经拆检后发现，是由于装配液压阀芯有问题，使阀芯卡死所致，经仔细清洗后，按规范装复，故障才完全消失。

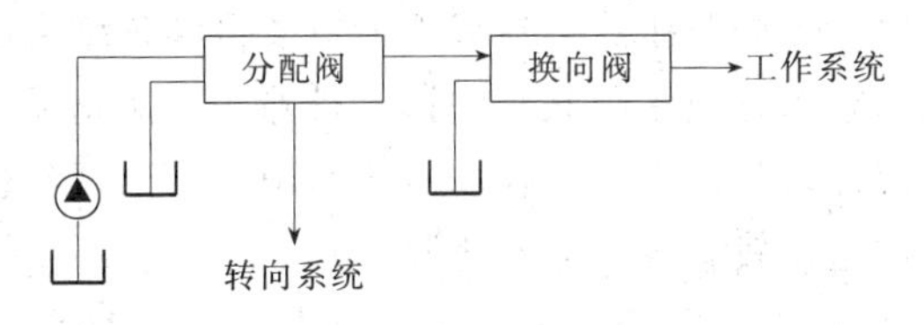

图 8-9　3t 叉车工作系统示意

(3) 叉车空载和满载起升速度正常，而下降速度慢

某 CPCD30 叉车在使用中，起升机构曾出现空载和满载起升速度正常，而下降速度慢的现象。经检查，内外门架及其间的轴承运转正常，初步判断为液压系统故障。

由图 8-10 可知，从主液压泵出来的高压油到达多路阀后，一部分分流到起升液压缸或倾斜液压缸，另一部分以恒定流量分流到液压转向器控制转向液压缸。当拉动升降滑阀时，高压油经过单向节流阀至起升液压缸活塞下面，推动活塞杆完成起升动作；当推动升降滑阀时，起升液压缸活塞的下部与低压相通，依靠自重和货重使活塞杆下降，此时起升液压缸流出的油液经单向节流阀使下降速度得到控制。

由倾斜液压缸的动作速度正常及起升速度正常可判断油源系统正常，即齿轮泵、主溢流阀及流量阀正常，且起升液压缸密封没有失效。空载将起升液压缸升至一定高度后，在多路阀端慢慢松开起升液压缸的高压油管接头，故障依然存在，由此可排除多路阀故障。同样，空载将起升液压缸升至一定高度后，在单向节流阀端慢慢松开高压油管接头，故障依然存在，由此可排除单向节流阀

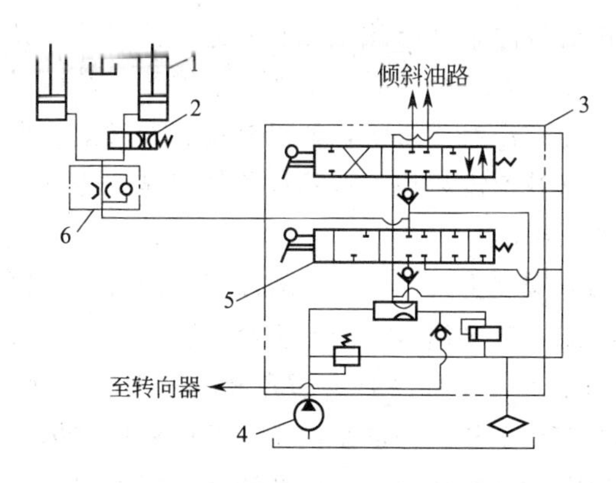

图 8-10 CPCD30 叉车液压系统原理

1—起升液压缸；2—切断阀；3—多路阀；4—主液压泵；
5—升降滑阀；6—单向节流阀

故障。因此故障段应集中在右侧起升液压缸的切断阀上，其作用是防止高压油管意外破裂而使货叉和货物急剧下降造成货损人伤事故。

正常工作时，来自起升液压缸的油通过切断阀滑阀，滑阀周围的油孔使滑阀两腔产生压力差，当此压力差小于弹簧力时，滑阀不动作，起升液压缸活塞杆的下降速度通过调节单向节流阀节流孔开口的大小来控制，使其在正常下降速度之内。当高压油管突然破裂时，滑阀两腔形成很大的压力差，滑阀左移，从而堵住其周围的油孔，只有少量的油流过滑阀端部的小孔，使货叉缓慢下降，达到安全保护的目的。

由此可以看出：造成上述故障的根本原因是下降时切断阀滑阀左移，堵住其周围油孔。由于上升速度正常，说明滑阀能顺利移动，滑阀左移非卡滞造成而因为滑阀弹簧折断或塑性变软所致。拆下滑阀弹簧，加装一垫圈进行试验，故障被排除。

(4) 叉车内门架不回位

某 CPQ3 型（采用两级门架）平衡重式叉车，由同一液压控制阀集中控制的双液压缸实现起升。在正常使用过程中出现了内门架

不能下降回位的故障，在空载正常起升速度情况下，叉车的叉架起升高度超过其 2/3 有效行程时，叉架只能继续起升而无法下降，此时叉车的起升能力没有受影响，如果缓慢起升叉架，则无此故障现象，而且叉架起升速度越快，故障现象越明显。经过检查，叉架结构无损伤或变形缺陷。

由于叉架在缓慢上升的工况下故障现象消失，所以可排除由门架损伤和变形或起升平衡链条调整不合适引发故障的可能性，可以初步判定内门架不回位故障是由起升液压缸不能正常工作造成的。起升液压缸工作不正常，一般是由于活塞或液压缸损伤、变形、泄漏，控制阀故障，气阻或油管路不畅通等原因引起的。而根据叉架在缓慢上升时故障消失以及起升能力没有受影响，可以判定故障原因是液压油管路不畅通。

经对起升液压缸进油管路进行拆卸检查发现，其中一个液压缸的进油管路的接头处黏附有异物，影响了供油流量。当集中控制阀供油时，两液压缸形成压力差，引起两个液压缸在快速起升时起升力和起升速度不同步，从而造成内门架在起升过程中逐渐发生歪斜，并与外门架卡咬，致使不能下降回位。当清除该异物后，重新试车，故障消失，叉车又恢复了正常的使用状态。

为了预防叉车内门架不回位的故障，在使用过程中应注意下列几点：不得使叉车超载或承受冲击载荷，以免门架出现损伤和变形等缺陷；保证液压油的品质，并对液压油进行定期检测和及时更换；保持液压系统的良好循环状态，使得油路畅通，连接处不松动，系统不泄漏；严格按叉车操作规程正确地操作。

（5）叉车门架起升后自动下降

由于叉车使用率非常高，各种故障时有发生，其中起升液压缸自动下滑就是较常见的故障之一。见图 8-11，当叉车起升液压缸出现自动下滑的现象时，从图中可以看出，如果排除外部管路泄漏，则可能出现泄漏的部位只有 3 处：左右起升液压缸活塞上的 Y_X 油封及起升换向阀。具体判断方法如下：将起升液压缸升起，起升换向阀处于中位后发动机熄火，拆开两个起升液压缸上 A、B

两个回油管接头，观察是否有压力油渗出，如果 A 口有油流出，则可以诊断左起升液压缸活塞上的 Y_X 油封密封不良。因为当换向阀处于中位时，D、F 油腔是靠左右起升液压缸活塞上的 Y_X 油封及起升换向阀的密封，保证其内部液体容积稳定的。当液压缸出现自动下滑的现象时，D、F 油腔内的容积会减小，根据液体不可压缩的特性可知，被减少的油液会从密封不良的部位流出。如果左起升液压缸活塞上的 Y_X 油封密封不良，油液就会从 F 腔流经 D 腔，再进入 C 腔，经 A 接口流回油箱。反之，如果 B 接口有油液流出，则可以诊断右起升液压缸活塞上的 Y_X 油封密封不良。如果 A、B 接口均无油液流出，则可以诊断换向阀阀芯因磨损而密封不良，造成油液泄漏，并可通过检查换向阀回油口是否有油渗出进一步确认。叉车倾斜液压缸自动前倾的故障也可用同样的方法进行诊断。

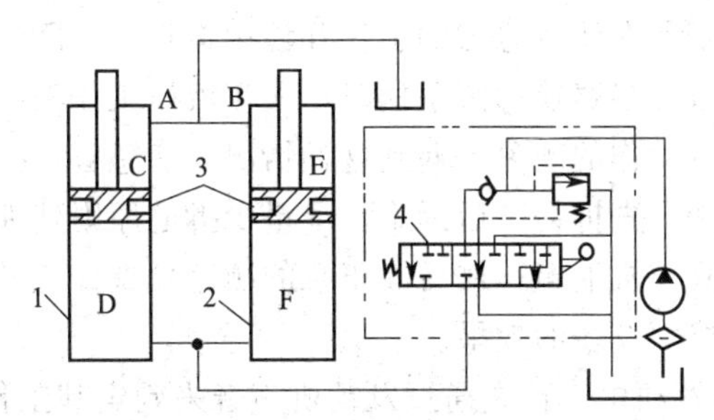

图 8-11 叉车起升液压系统

1—左起升液压缸；2—右起升液压缸；

3—Y_X 油封；4—起升换向阀

某叉车门架自动下降故障，在多次维修中，每次都利用升高门架，松开两个起升液压缸回油管接头来判断是哪个液压缸内部泄漏，并据此来更换活塞密封件。现用同样的办法检查，结果证明起升液压缸无泄漏。在起升液压回路中有齿轮泵、多路换向阀和起升液压缸这 3 个液压元件，若齿轮泵和起升液压缸均正常，故障只能出在多路换向阀上。

当升高门架并拆掉多路换向阀总回油口接头，在门架下降过程

中可以看到有少量液压油持续、缓慢地流出，如果用钢管顶住门架使之不能下降则液流停止，据此可判断是多路换向阀中的单向阀或起升控制阀出现了故障。

拆下多路换向阀解体检查，发现起升控制阀阀芯密封圆柱面有明显的刮伤、摩擦痕迹，且圆柱表面还残留着几颗微小的金属颗粒和碎片。据分析：油液中含较多杂质，造成起升控制阀阀芯磨损，导致密封不严，当起升操纵杆处于回位状态时，起升液压缸进油口与多路换向阀总回油口在控制阀内部连通，因此起升液压缸内的液压油在门架重力作用下由总回油口慢慢流回油箱，门架也就逐渐下降。进一步检查发现，起升液压回路中的线隙式滤油器的铝线已有1/3松散，起不到过滤杂质的作用，这才是产生故障的根本原因。后更换起升控制阀阀体和阀芯再试车，故障消除。

（6）叉车门架、货叉没有动作

叉车特别是在比较恶劣的工作环境中运行了一段时间以后，常常会出现当扳动多路换向阀手柄时，叉车液压工作系统所带动的门架、货叉没有动作的现象。遇到这种情况，切忌盲目拆卸，应本着多分析、判断，先拆易、后拆难，尽量少拆的原则处理；按先发动机，后换向阀、机油箱，最后液压泵的顺序检查。这样可以收到省时、省力，忙而有序的效果。

① 检查发动机　首先通过发动机声音来判定其工作是否正常；再检查叉车的运行情况和爬坡能力；最后检查发动机转速。通过上述这些手段或者直接通过自己的经验判定。排除发动机的因素后，进行下一步检查。

② 检查换向阀　拆下换向阀进油阀片后面的堵盖，检查阀片内各件是否有卡死或堵塞的现象，如有，则清洗排除；如没有，应排除换向阀故障，进行下一步检查。

③ 检查机油箱　打开机油箱盖，没有盖的情况下打开加油机。启动发动机，扳动换向阀控制手柄，看油面及回油情况。如果油面有较大波动，且有回油，可判定为液压泵内部磨损较大，产生的压力较低或不产生压力，此时可以更换或修复液压泵。如果油面有较

大波动，但不回油或有不规律地少量回油，应判定是液压泵吸油滤网被脏东西堵住，可把油箱中的油放掉，将滤油网和油箱清洗干净，把油过滤一下再用，也可更换机油。如果油面平静，也没有回油，可判定是发动机在工作而液压泵没有工作，发动机与液压泵之间的传动链脱节，可能是滚链或钢球链掉下等原因，需要检查液压泵。

④ 检查液压泵　与前面的几道工序相比较，拆卸液压泵比较困难，所以把它放在最后。拆下液压泵后，看它与传动件连接的情况，如传动件没有问题，再将液压泵解体，检查内部磨损情况，以便决定修复或更换，必要时予以修复。

参　考　文　献

肖永清，王本刚. 叉车维修与养护实例. 北京：化学工业出版社，2006